Sagan
Hanoteau
# Ein Hauch von Parfüm

Aus dem Französischen
von Ilse Walther-Dulk

Françoise Sagan
Guillaume Hanoteau

# Ein Hauch von Parfüm

Ullstein

Titel der
französischen Originalausgabe:
»Il est des parfums . . .«
Verlag Ullstein GmbH
Berlin, Frankfurt/M, Wien

Ausstattung:
Werner Rebhuhn
Gesamtherstellung:
May & Co, Darmstadt
Printed in Germany 1974
ISBN 3 550 07773 4

Zweite Auflage
Dezember 1974

. . . Parfüme gibt es,

frisch wie kinderwangen
Süß wie hoboen, grün wie eine alm –
Und andere, die verderbt und siegreich prangen

Mit einem hauch von unbegrenzten dingen
Wie ambra, moschus und geweihter qualm
Die die verzückung unserer seelen singen.

Charles Baudelaire
übersetzt von Stefan George

## *Sagan*

*Als eine Art Erinnerungsmaschine, eine Fabrik der Sehnsüchte spielt unsere Nase a priori eine traurige Rolle: Sie erinnert uns an etwas, das vielleicht einmal heiter war, aber nun nicht mehr existiert. Oder sie ruft etwas schmerzlich ins Gedächtnis zurück, von dem man nicht wußte, daß man es so sehr vermißte. Sie beschwört überraschend die Schicksalsschläge der Vergangenheit und deren Folgen wieder herauf, und das um so heftiger, als der Verstand hier völlig machtlos ist. Manche Gerüche sind melancholisch, drohend, von einer metaphysischen Aggressivität, wie zum Beispiel der Geruch des Holzfeuers im Herbst . . . »Schon wieder ist ein Sommer vorbei, und der Winter naht.« Und der Körper erschauert, weil die Jahreszeiten langsam, aber unerbittlich aufeinanderfolgen und weil es ihm vielleicht nur noch wenige Male vergönnt sein wird, Holzfeuer zu riechen.*

*Andere Gerüche dagegen sind wie Ohrfeigen. Man ging, man lachte miteinander, man glaubte, einander gut zu verstehen, und plötzlich ein Geruch ... nach irgend etwas, nach einem anderen Spaziergänger, nach ein bißchen frischer Farbe, nach einem frisch gefällten Baum – der einem plötzlich bewußt macht, daß derjenige, mit dem man spazierengeht und spricht, nicht der Richtige ist . . . auch wenn man ihn schon zwanzig Jahre kennt ...*

*Der Geruch ist wie ein ganz besonders wildes und grausames Raubtier. Mit einem Schlag zerreißt er einem das Herz, und seine Raffinessen sind wirklich erstaunlich. Dies war eine der schönsten Szenen aus Roger Vadims Film »Sait-on jamais« (»Spuren in die Vergangenheit«): Nach der Trennung neigt sich der Held nicht über das Foto der Geliebten, nein, er sucht die Spuren ihres Körpers, ihres Parfüms auf den Bettlaken und auf den Sesseln. Er ist für einen Augenblick wieder jener Wilde auf der Jagd geworden, der sich wie unsere Vorfahren nur von seinem Geruchssinn leiten läßt. Achten Sie doch einmal auf die Stimme mancher Männer, wenn sie fragen: »Du riechst so gut. Was ist denn das für ein Parfüm?« Und wie sie nach Ihrer Antwort scheinbar beruhigt, im Grunde aber bis ins Herz getroffen den Namen wiederholen, den sie schon kannten, den sie schon hundertmal auf einem Fläschchen gelesen hatten, das auf dem Toilettentisch herumstand.*

*Unerbittliche Gerüche. Man kann sich praktisch allen anderen Sinnen entziehen. Man kann die Augen schließen, eine Musik abstellen, bestimmte Berührungen vermeiden, man kann nahezu alles, wenn man fest entschlossen ist zu vergessen, aber man kann nicht aufhören zu atmen. Sie haben bestimmte Orte, bestimmte Freunde, bestimmte Stoffe und eine bestimmte Musik gemieden, Sie haben sich gegen alles geschützt, glaubten Sie, und plötzlich steigt durchs Fenster der Duft von schwerer, regennasser Erde empor, ein Duft, der Sie mit einer wahrhaft diabolischen Genauigkeit an jenen Nachmittag im letzten Herbst erinnert, als die Liebe noch ein Gesicht und einen Namen hatte. Es gibt dann zwei Möglichkeiten: ans Fenster zu stürzen und es zu schließen (was das Vernünftigste wäre), oder aber den Schock zu ertragen. Und genau das tut man meistens: Denn mit der Traurigkeit vermischt, lebt auch die Süße dieses Augenblicks wieder auf, sein Zauber, seine Hingabe – und man öffnet das Fenster und atmet mit geschlossenen Augen tief ein; alles, was einmal war und nun nicht mehr ist und jetzt, dank dieses schrecklichen Giftes, aufs neue vorhanden zu sein scheint . . . Tiefe Leidenschaften können durch den Geruch von Bohnerwachs wieder heraufbeschworen werden – und Schneelandschaften durch den Duft von Nelken.*

*Nein, der Duft ist weder snobistisch noch erbärmlich, noch vorhersehbar. Diese betäubenden und törichten, diese sprühenden und blinden Düfte, die um unsere Köpfe wehen, sind unsere Gebieter. Darüber muß man sich im klaren sein. Man glaubt sie benutzen, sich ihrer bedienen zu können, aber Vorsicht! Sie geben sich nur leihweise her, man wird sie niemals festhalten können. Selbst unsere Haut weiß das, der sie zuweilen entgleiten, indem sie den Geruch wechseln wie Sie Ihren Gesichtsausdruck.*

Erster Teil

# Der Geruchssinn und die Gerüche

## Die einzige harmlose Leidenschaft

*Sie berauschen nicht, sie verursachen keine Verdauungsbeschwerden, sie machen nicht verrückt. – Der Sündenfall hat keinen Geruch. – Das tödliche Parfüm nach Art der Borgias. – Wie die Mitglieder der Académie française mit Hilfe eines Parfüms dezimiert wurden. – War Gaston Leroux ein Vorläufer Marcel Prousts? – Ein Rosenstrauß von Fantomas. – Unter Loubet: Parfüm als Zeichen der Schande. – Ernest Renan wartet geduldig auf Pierre Loti. – Die Parfümhändler haben mich nicht vergewaltigt. – Robert Schuman und die Parfümeure.*

DIESES Buch kann von allen Leuten gelesen werden, sogar von unschuldigen Kindern.

Von allen Freuden, die durch die Sinne vermittelt werden, sind die Freuden der Gerüche die harmlosesten. Zuviel Essen verschafft Verdauungsbeschwerden. Übermäßiges Trinken führt zur Zirrhose. Und ich brauche vor keuschen Ohren erst gar nicht an die Gefahren zu erinnern, die die Freuden des Tastsinns – auch Fleischeslust genannt – begleiten.

Mit den Freuden des Geruchssinns hat man derlei Unannehmlichkeiten nicht. Man kann sich ruhig mit Parfüm überschütten, ohne einen Rausch zu bekommen. Außerdem hat die Natur in ihrer Güte unserer Nase die Fähigkeit der Gewöhnung verliehen. Man riecht das Parfüm sehr bald nicht mehr, das man im Übermaß versprüht hat. Unser Gehör genießt diesen Vorteil nicht. Man könnte sich eine Folter vorstellen, die garantiert zum Wahnsinn führt. Die Folterwerkzeuge: ein hermetisch geschlossenes Zimmer und ein Plattenspieler, der unaufhörlich ein und dieselbe Fuge von Bach spielt.

Die Freuden des Sehens sind ebenso harmlos, wird man mir entgegnen. Da bin ich anderer Meinung. Die Leidenschaft für Gemälde kann zum völligen Ruin oder ins Gefängnis führen. Wogegen die Leidenschaft für Parfüm noch nie ein Vermögen gefährdet und noch nie einen Unglücklichen in Versuchung geführt hat, eine Parfümerie auszurauben.

Eine venünftige Leidenschaft also – ist das nicht der Traum aller Moralisten?

Ich gehe mit meiner Lobrede noch weiter. Der Rauch der Zigarette wie der des Opiums ist nur schädlich, wenn man ihn inhalliert, Äther erst gefährlich, wenn man ihn trinkt.

Selbst an unserer Erbsünde hat der Geruchssinn keinen Anteil. Adam und Eva konnten nicht von dem Duft des Apfels verführt werden, weil diese Frucht kaum duftet, wenn sie noch von ihrer Schale umgeben ist. Es sei denn, gerade dieser Mangel an Duft in einem Paradies voller Wohlgerüche hätte sie verwirrt. Und diesen Mangel hätte man dann den Sündenfall genannt.

Seien wir mißtrauisch gegenüber allen Wesen und Dingen, die keinen Geruch haben.

So viele Vorzüge mußten ja Eifersucht erregen. Man hat versucht, diesen untadeligen Ruf zu untergraben. Die Historiker haben damit angefangen. Sie haben uns eingeredet, daß das Parfüm zur Zeit der Borgias ein Mittel gewesen sei, um seinen Nächsten zu beseitigen. Man benetzte seinen Handschuh mit einem wohlriechenden, tückischen Gift und drückte damit eine bloße Hand – wer hätte sich schon geweigert, eine behandschuhte Hand zu ergreifen, selbst wenn sie einem Mann gehörte, mit dem anzustoßen man sich gehütet hätte? –, und schon war es um einen Feind oder Störenfried geschehen.

Auch nicht die geringste Spur eines Beweises ist gefunden worden, um diese monströsen Verleumdungen, die eher in ein Melodrama als in die Geschichtswissenschaft gehören, zu untermauern. »Mord bei den Borgias oder Der tödliche Händedruck«, das wäre doch ein schöner Titel für einen Fortsetzungsroman im »Petit Parisien« gewesen.

Um 1910 löste der Kriminalroman derartige Geschichten ab. Damals waren die Nüstern zu vieler junger Männer von den Duftwolken der Halbweltdamen, die man im Palais de Glace erblickte, erregt worden, als daß man nicht erneut versucht hätte, das Parfüm in Mißkredit zu bringen.

Gaston Leroux, der geistige Vater von Chéri-Bibi und Rouletabille, schrieb damals den »Spukstuhl«. Es ist die Geschichte einer verhinderten Akademielaufbahn. Der große Loustalot hatte bei der Wahl für die Akademie am Quai Conti eine Niederlage erlitten und geschworen, sich an dieser alten Dame mit der großen Kuppel zu rächen. Es sollte nie wieder vierzig Akademie-Mitglieder geben, sondern nur noch neununddreißig, und nicht einen mehr. Der für den vierzigsten Stuhl – das war der Spukstuhl – Auserwählte starb immer vor oder während seiner Ernennung.

Diese Verbrechen konnten weder mit Hilfe der Vernunft noch der Wissenschaft erklärt werden. Und das aus gutem Grund, denn Loustalot verfügte über einen Sprößling namens Dédé, der zugleich genial und zurückgeblieben war. Er hatte ihn in einen Käfig im tiefsten Keller eingesperrt und gab dem armen Kind nur dann etwas zu essen, wenn er ihm die Formel einer revolutionären Entdeckung – eines tödlichen Lichtstrahls oder eines mörderischen Parfüms – preisgab. Nur ein paar Tropfen auf einen Briefumschlag. Der Neue im grünen Frack atmete sie ein – und bums! fiel er tot um.

Später wurde Gaston Leroux von Gewissensbissen geplagt und würdigte in seinem Buch »Das Parfüm der Dame in Schwarz« die beschwörende Macht des Geruchs, wobei er Proust und seine Madeleine und seine Weißdornhecken bereits vorwegnahm. Rouletabille findet nämlich dank eines Parfüms, das seit seiner Kindheit in seinem Gedächtnis haftengeblieben war, seine Mutter wieder.

Leider war das Unglück schon geschehen. Fantomas sollte das einmal Gelernte nicht wieder vergessen.

Ich kann dem Vergnügen nicht widerstehen, die ersten Zeilen dieses berühmten Romans von Pierre Souvestre und Marcel Allain, dessen zweiunddreißig Bände zwischen Februar 1911 und September 1913 erschienen, zu zitieren:

»Fantomas!
Wie bitte?
Ich sagte ... Fantomas.
Was bedeutet das?
Nichts ... und alles.
Was ist denn das?
Niemand ... und doch jemand.
Was macht denn dieser Jemand?
Er macht Angst ...«

Über diesen Fantomas, den Meister des Entsetzens, den König des Verbrechens, hat der Dichter Robert Desnos folgendes geschrieben:

»Wer ist das Gespenst
Mit den grauen Augen,
Das seinen riesigen Schatten
Über die Welt
Und über Paris wirft
Und plötzlich in der Stille
Auftaucht?
Fantomas, bist du's,
Der sich da auf den Dächern
Emporreckt?«

Ein derartiges Genie des Bösen, dieser lebende Katalog aller Schandtaten, konnte das giftige Parfüm nicht ignorieren. Er benutzte es für ein besonders ausgesuchtes Opfer, für seine eigene Geliebte, die schöne Lady Beltham. Er ließ sie an einem Rosenstrauß riechen, der auf seine Art gewürzt war.

»Hütet euch
Vor schwarzen Rosen,
Es steigt aus ihnen
Eine ermattende
Sehnsucht empor,
An der man stirbt.
Das ist eine sehr
Dunkle Geschichte –
Und wieder
Eine traurige Missetat
Von Fantomas!«

Fantomas war nicht so poetisch angehaucht, als er beschloß, ein großes Warenhaus zu ruinieren. Er begnügte sich damit, das Parfüm in den Zerstäubern durch Vitriol zu ersetzen.

Diesen Verbrecher, der sogar Könige in die Brunnen der Place de la Concorde warf, gibt es nicht mehr, und mit ihm ist auch die ganze Mordanschlags-Parfümerie verschwunden – die es nur in der Phantasie der Romanschriftsteller oder der Lügenfabrikanten gegeben hat.

Weil die Verbrecher fehlten, wandte man sich der Sittenkontrolle zu. Das ist ja eine bekannte Masche der politischen Polizei. Anfang des 20. Jahrhunderts machte man das Parfüm zum Symbol eines gewissen Mangels an Männlichkeit. Während sich im 17. Jahrhundert alle hervorragenden Männer parfümierten, wurde zu Loubets Zeiten jede Person männlichen Geschlechts, die nicht allzu schlecht roch, ohne weiteres als weibisch abgestempelt.

Da auch ich von diesen Vorurteilen beeinflußt war, habe ich mich – dieses Buches wegen – nicht ohne Besorgnis den Parfümhändlern genähert. Was konnte denn alles aus Männern geworden sein, die dauernd mit Jasmin und Rosen, mit Patschuli und Vetiver umgingen? War ich meines Geschlechts wegen nicht ein geeignetes Objekt für irgendwelche Angriffe?

Und da erinnerte ich mich an eine Anekdote. Pierre Loti, der sich schminkte und parfümierte, bewarb sich für die Académie française. An einem Donnerstag, als man am Wörterbuch arbeitete, zog ein grüner Frack Renan in eine Ecke:

»Wir können Loti nicht bei uns aufnehmen. Er führt einen schlechten Lebenswandel.«

Ernest Renan, der über vierundachtzig Jahre alt war, antwortete:

»Ach was! Das werden wir ja sehen.«

Da ich beinahe dasselbe Risiko eingehen mußte wie Renan, habe ich mich an seinen resignierten Ausruf gehalten. Ich würde ja sehen.

Wenn ich Ihnen nun sage, daß ich nichts bemerkt habe? Machen Sie kein enttäuschtes Gesicht. Ich stelle eine Tatsache fest. Man hat sich nicht auf mich gestürzt. Man hat mich nicht ausgezogen. Man hat mich nicht vergewaltigt. Schon wieder eine Verleumdung!

Man sieht auf den ersten Blick, daß der Anteil der Homosexuellen bei den Parfümeuren geringer ist als im Finanzministerium oder am Quai d'Orsay.

Als Roger Peyrefitte sein Buch »Die Botschaften« veröffentlichte, war Robert Schuman Außenminister. Schuman mußte es lesen, und sei es auch nur aus beruflichen Gründen. Er las es und erfuhr, daß dreißig Mitglieder des Diplomatischen Corps homosexuell waren.

Der Minister gab seinem Kabinettschef den Auftrag, eine diskrete Untersuchung durchzuführen. Konnte das denn wahr sein? Eine Woche später bekam er das Resultat.

»Ja, Herr Minister. Nach allem, was ich in Erfahrung bringen konnte, sind es wirklich dreißig.«

Robert Schuman seufzte nur:

»Hoffentlich sind es dieselben!«

Eine bittere Bemerkung, die Robert Schuman erspart geblieben wäre, wenn er den Beruf des Parfümeurs ergriffen hätte.

## Die Nase, das unbekannte Wesen

*Wenn Cyranos Nase eine Stupsnase gewesen wäre. – Die Nase als Requisit bei Feydeau. – Monsieur Piesse erfindet eine Tonleiter der Gerüche. – Der Geschmack verdankt alles dem Geruch. – Die Einteilung der Gerüche. – Fabre und ein verliebter Schmetterling zerstören die Legende von den Geruchswellen. – Der Mechanismus der Gerüche. – Der unbekannteste Sinn. – Ein Mitglied des Instituts gesteht seine Unwissenheit ein.*

Edmond Rostand ist sehr berühmt geworden, weil er zweiundvierzig Verse und vierzig Bilder einer Nase widmete, nur um sie lächerlich zu machen, obwohl ihr einziger Fehler war, zu groß und ein bißchen schief zu sein.

Aber es war eine Nase. Wenn die Häßlichkeit Cyrano de Bergeracs an einem fliehenden Kinn oder an einem schiefen Mund gelegen hätte, dann wäre Rostand wahrscheinlich der bescheidene, aber geschätzte Verfasser der »Fernen Prinzessin« geblieben.

Der Zinken des Gaskogners war dem Dichter von großem Nutzen, weil die Nase eine lange Tradition des Komischen hinter sich hatte. Sie bekommt einen Schnupfen. Sie blutet. Sie schnüffelt. Sie schnupft. Sie fängt die Tränen der Betrogenen und der Verlassenen auf. Man könnte fast meinen, sie sei ein Requisit aus einem Vaudeville von Feydeau.

Lassen Sie sich nichts vormachen. Der Geruchssinn, der seinen Sitz in der Nase hat, ist nicht der komischste, eher der mürrischste unserer Sinne. Er liebt es, sich als grob auszugeben. Aber diese plumpe Nase ist tausendmal feiner als das eingebildete Gehör.

An die dreitausend Gerüche kann eine geübte menschliche Nase unterscheiden. Und der Mensch, das werden Sie im folgenden erfahren, ist weit davon entfernt, ein Meister auf diesem Gebiet zu sein.

Ende des vorigen Jahrhunderts glaubte ein Engländer und Parfümeur, ein gewisser Septimus Piesse, eine Beziehung zwischen den natürlichen Gerüchen – die als einzige damals existierten – und den Tönen der Tonleiter herstellen zu können.

Zibet, Zitronell, Ambra, Tonkabohne, Neroli, Moschus und Pfefferminz fingen nach dem Vorbild der Noten d, c und fis auf den Notenlinien zu tanzen an. Das berechtigte zu den größten Hoffnungen. Die Chemiker würden nun bald ohne ihr Laboratorium, nur mit Hilfe eines Metronoms Parfüm nach den Regeln eines Palestrina, Bach oder Schönberg komponieren können.

Das hieß, den Fortschritt zu unterschätzen. Einige Jahre später überschwemmten die synthetischen Parfüms den Markt. Sie waren sehr zahlreich, und von nun an waren die Notenlinien trotz der Schlüssel und Vorzeichen zu eng, um sie alle aufzunehmen.

Was für ein Sieg des Geruchssinns über das Gehör, das uns ständig in den Ohren lag mit seinem Anspruch, die Harmonie der Welt zu lenken.

Wenn man die heutigen Zeitungen liest, die so viel Wert auf die Kochkunst legen – die Entdeckung eines Lokals ist jetzt eine Heldentat, die der ersten Seite würdig ist –, so könnte man meinen, daß der Geschmack an Nuancen reicher ist als der Geruch.

Das stimmt nicht. Der Geschmackssinn hat lediglich bessere »public relations« durch Brillat-Savarin und Curnonsky gehabt, denen es gelungen ist, so etwas wie eine Romantik des Tafelns zu schaffen – unsere letzte Romantik.

Man muß einmal die Wahrheit sagen. Der Geschmack ist ein armseliger Sinn, weil er nur vier Geschmacksrichtungen unterscheiden kann: sauer, salzig, süß und bitter.

Feinschmecker, die das Mickrige dieses Quartetts ärgerte, haben versucht, dieser Liste noch andere Geschmacksrichtungen hinzuzufügen, wie lieblich, pikant, scharf, zusammenziehend, metallisch. Bald merkte man, daß diese Eindringlinge nur Zusammensetzungen der ursprünglichen vier Geschmacksrichtungen waren, und man warf sie wieder heraus.

Warum aber diese Bevorzugung, die vielfältige Literatur, die dem Fressen gewidmet ist, die drei Sterne, die wie ein Heiligenschein verliehen werden, die Köche, die wie Volkshelden verehrt werden? Der Geschmack stiehlt. Er eignet sich einfach die Genüsse an, die von seinem Nachbarn, dem Geruch, kommen.

Wenn Sie einen Hasenbraten à la royale schmausen, so genießen Sie ihn weniger mit dem Gaumen als mit der Nase. Zum einen gehört das Salz, zur anderen aber der Duft der Sauce, das Weiche der Bindemittel, die Feinheit der Kontraste, der Geruch der Gewürze, das Aroma des Fleisches – ich wiederhole: alles, was das Besondere eines Gerichts ausmacht.

Nicht Michelin sollte die Köche prämieren, sondern Guerlain.

Gibt es etwas Faderes als eine Trüffel? Wie ein Stückchen Kork im Mund! Und dann plötzlich wird man von Entzücken erfüllt. Es ist der Augenblick, in dem ihr Duft unsere Geruchsnerven erreicht.

Beobachten Sie einmal heimlich einen Küchenchef vor seinem Herd. Er streckt die ganze Zeit die Nase in die Luft. Er schnuppert viel öfter, als daß er abschmeckt.

Sind Sie immer noch nicht überzeugt? Dann müssen wir ein Gegenbeispiel anführen. Ein berühmter Parfümeur hat mir erzählt, daß er einmal in einem Land leben mußte, wo es scheußliches Essen gab. Er wäre fast vor Hunger gestorben, aber da erinnerte er sich an eine elementare physiologische Erkenntnis. Er stopfte seine Nasenlöcher zu und zwang sich zum Essen. Von da an waren seine Mahlzeiten ohne Geschmack, aber wenigstens erträglich. Er hatte übrigens nichts Neues erfunden. Die Kinder halten sich die

Nase zu, wenn sie ihren Lebertran schlucken müssen. Und welche Gerichte, und wenn sie noch so saftig sind, kommen gegen einen Schnupfen auf? Alles geht also von der Nase aus. Hoch soll sie leben!

Die Nase ist nämlich eine Präzisionseinrichtung, ein großartiger Apparat, um Gerüche zu unterscheiden. Und die Gerüche sind nicht so eintönig wie die Geschmäcke. Sie sind unendlich verschieden.

Aristoteles hatte als erster den Einfall, sie in sechs Geruchsgruppen einzuteilen – in süße, saure, strenge, fette, bittere und stinkende Gerüche. Alle anderen konnten auf eine von diesen zurückgeführt werden.

Zwanzig Jahrhunderte später stellte der schwedische Naturforscher Linné – viele Tiere und Pflanzen verdanken ihm ihren Namen – eine andere Liste auf: wohlriechende, ambrosische, stinkende, eklige, würzige, knoblauchartige und abstoßende Gerüche.

Das bedeutete, daß er den schlechten Gerüchen den größeren Anteil überließ. Rimmel stellte daraufhin ein neues Verzeichnis von Gerüchen auf, die diesmal fast alle angenehm waren. Es waren achtzehn an der Zahl, darunter die Gerüche nach Rosen, Jasmin, Balsam, Vanille, Curry, Gewürznelken, Kampfer, Zitronen und Pfefferminz. Waren die Nasen mit der Zeit feiner geworden?

Bestimmt, denn in unseren Tagen verlängerte René Cerbelaud die Liste der wesentlichen Gerüche von achtzehn auf fünfundvierzig. Aber leider hat in diesem Verzeichnis die Poesie der Gärten und Wiesen manchmal der Technik der Laboratorien weichen müssen. Gewiß, es gibt dort die Gerüche nach Jasmin, Tuberose, Lindenblüten, aber auch Gerüche nach Phellandren, Piperazin, Wintergrünöl und Römisch Kümmel.

Die Gerüche, die die Nummer 45 tragen, erlauben uns dagegen wieder zu träumen. Es sind die neutralen Gerüche, also Gerüche ohne Geruch, Gerüche, die Alphonse Allais gefallen hätten.

Haben Sie denn nicht jeden Tag beim Rechnen mit der Null zu tun? werden mir seriöse Geister antworten.

Ich könnte Ihnen noch von Marcel Billot erzählen, dessen Nase vierzig Arten von Gerüchen entdeckt hat, die er dann in acht Serien einteilte. Die achte umfaßte die abstoßenden Gerüche. Die Gerüche nach Kasein, Käse, Knoblauch, Fisch, Moder, Buttersäure, ranzigem Fett, Ziegenbock, Schimmel, Pyridin, Merkaptan und Carbylamin. Das Geheimnis der letzten drei Bezeichnungen lüften wir nicht, sollen sie in unseren Alpträumen herumspuken ...

Der Geruch ist der Sinn, mit dessen Hilfe gewisse Stoffe, die man duftend nennt, wahrgenommen werden. Diese reizen ohne unmittelbare Berührung die Riechschleimhaut und lösen dadurch bei den Tieren Reflexe und bei den Menschen Empfindungen aus, die man als Duft bezeichnet.

Lange glaubte man, daß die duftenden Stoffe Wellen aussenden wie die Wellen der Töne und des Lichts. Es war doch hübsch, sich eine Blume vorzustellen, von konzentrischen Wellen umgeben, die unsere Geruchsnerven allmählich in Bewegung setzten. Leider stimmte das nicht.

Ein ganz einfaches Experiment widerlegte diese Theorie. Der Entomologe Jean-Henri Fabre, der gute Geist der alten Volksschulen, hatte beobachtet, daß sich die liebeskranken Schmetterlinge von ihrem Geruchssinn leiten ließen und daß die Männchen oft von sehr weit her kamen, um ein besonders begehrenswertes Weibchen aufzusuchen. Fabre nahm diese Schöne und setzte sie unter eine Glasglocke: Die Männchen ließen von ihrem Vorhaben ab. Sie flogen fassungslos davon. Der Gelehrte schloß daraus, daß der Geruch kein Lichtstrahl und auch kein Ton ist, weil er nicht die Fähigkeit besitzt, ein so dünnes Hindernis wie Glas zu durchdringen.

Es wird heute allgemein angenommen, daß ein materieller Kontakt zwischen einem Duft-Molekül und einer Zelle der Riechschleimhaut stattfinden muß, um das Phänomen

Geruch zu erzeugen. Die Zelle schickt durch den Geruchsnerv eine Nachricht ans Gehirn, das dann den Reflex oder die Empfindung auslöst.

Ein duftender Stoff muß also flüchtige Bestandteile haben, d. h. er muß bestimmte Moleküle freisetzen können. Nichts ist weniger mit Geruch behaftet als eine Glasscheibe bei normaler Temperatur. So notwendig diese Voraussetzung auch ist, sie genügt jedoch nicht. Es gibt sehr flüchtige Stoffe, die nicht riechen.

Die Gelehrten mühten sich ab herauszufinden, warum einige Stoffe duften und andere nicht. Man bestrahlte sie mit ultraroten und ultravioletten Strahlen. Man untersuchte ihr Spektrum. Hundertmal glaubte man, das Geheimnis entdeckt zu haben. Und hundertmal brachte eine ärgerliche und eigensinnige Ausnahme die Hypothese zu Fall.

Man wandte sich der Chemie zu. Zwei Stoffe mit demselben molekularen Aufbau hätten eigentlich denselben Geruch haben müssen. Aber nein, das war sehr oft nicht der Fall. Zwei höchst unterschiedliche Stoffe strömten dagegen unerklärlicherweise denselben Duft aus.

Manche Ester sind Gemische aus Säure und Alkohol. Sie haben bestimmt nichts Frühlingshaftes oder Ländliches an sich. Doch wenn man an ihnen schnuppert, kann man nicht umhin, an Obstgärten zu denken, so fruchtig ist ihr Geruch. So fruchtig, daß man sie bei der Parfümherstellung und in der Nahrungsmittelchemie verwendet. Wie soll man da durchblicken?

Pierre Buser (vom Institut) hat es auch aufgegeben. Er hat nämlich unter dem Stichwort »Physiologie« in der Encyclopédie de la Pléiade – Ausgabe von 1969 – folgendes geschrieben: »Es gibt bis heute keine stichhaltige Erklärung für den Mechanismus der Gerüche.«

Da ich hier der Poesie näher sein möchte als der exakten Wissenschaft, finde ich den Gedanken sehr angenehm, daß der Geruchssinn der unbekannteste unserer Sinne ist und daß seine Wohlgerüche rätselhaft sind.

# Im Dienst der Erinnerung

*Der Delphin kann nicht riechen. – Die Leistungen der Lachse, der Meister im Riechen. – Im Dunkel der Polarmeere. – Unser primitives Gehirn: das »Nasen-Gehirn«. – Von den Zeiten, als wir noch schnupperten. – Ein Schüler Freuds erklärt unseren mangelhaften Geruchssinn. – Weil er nichts mehr zu tun hat, wendet unser Geruchssinn sich der Vergangenheit zu. – Ein Vaudeville, das eine Tragödie hätte werden können. – Der Duft und die Dichter. – Die Wahrheit über Prousts Madeleine.*

HAU ab, du Mikrosmat!«

Wenn Ihnen ein Taxichauffeur im Vorbeifahren diese Beleidigung an den Kopf wirft, protestieren Sie nicht. Er hat recht. Sie sind ein Mikrosmat. Er übrigens auch. Wir sind alle Mikrosmaten.

Ich meine natürlich alle Menschen. Ich habe mir diese Verallgemeinerung gestattet, weil ich annehme, daß Kaninchen dieses Buch kaum lesen werden. Das Kaninchen ist ein Makrosmat. Es ist sogar, wie der Hund, ein König unter den Makrosmaten.

Der Makrosmat – aus dem griechischen *osmos*, der Geruch – ist jemand, der einen sehr entwickelten Geruchssinn hat; der Mikrosmat kann wenig Gerüche aufnehmen, und der Anosmat riecht überhaupt nichts. Das ist beim Delphin der Fall.

Damit Sie unser Unvermögen im Vergleich mit sogenannten niederen Lebewesen ermessen können, lassen Sie mich vom Leben der Lachse berichten.

Es gibt sieben verschiedene Arten von Lachsen. Eine einzige Art lebt im Atlantischen, die anderen im Pazifischen Ozean. Ich werde Ihnen etwas über die Pazifik-Lachse erzählen, weil sie am gründlichsten erforscht wurden und weil sie am bekanntesten sind.

Ihre Mutter legt sie in eine Mulde auf dem Grunde eines Gebirgsbaches. Sie sind zuerst nur winzige Eier in dem klaren und sprudelnden Süßwasser. Bald darauf verbreitet ihr Vater eine Milch über sie, die sie befruchtet. Sie müssen dann bis zum Frühling warten, bis sie Fischbrut werden, d. h. winzige durchsichtige Fische, von denen man nur die riesigen schwarzen Augen sieht.

Sie bleiben noch in ihrem Bach und werden allmählich größer. Zwei Jahre vergehen. Die Fischbrut ist zu Sälmlingen, zu Fischen von fünfzehn Zentimeter Länge mit dunkelblauem Rücken und hellen, aber dunkelgestreiften Seiten herangewachsen.

Noch zwei Jahre, und dann werden die Sälmlinge von einer Sehnsucht ergriffen. Etwas Unbekanntes ruft sie. Und jetzt steigen sie den Lauf ihres heimatlichen Baches hinab. Er mündet in einen Fluß. Sie schwimmen immer weiter. Sie entdecken einen Strom, eine breite Mündung und schließlich den Ozean. Während dieser ersten Wanderung haben sie einen silbrigen Bauch bekommen. Sie heißen von nun an Blanklachse.

Nun geht's in die weite See. Die Lachse schwimmen durch die Meere und legen dabei manchmal enorme Entfernungen zurück. Man hat zum Beispiel vor Korea einen Lachs gefischt, den man schon einmal siebentausend Kilometer entfernt, im Golf von Alaska, gefangen und dort wieder ins Wasser geworfen hatte, nachdem er beringt worden war.

Und dann wird der Lachs älter. Eine neue Erregung packt ihn. Nun wird es Zeit, an die Fortpflanzung zu denken. Das Weibchen könnte doch im nächsten erreichbaren Bach seine Eier legen. Das wäre aber zu einfach. Sie muß, von ihrem Männchen begleitet, genau die Stelle wiederfinden, wo sie geboren wurde.

Eine absurde Aufgabe. Für einen intelligenten Menschen, ohne Instrumente und ohne Karten, betrüge die Chance, diesen Ort in der Weite der Welt wiederzufinden, eins zu einer Million. Dem Lachs gelingt es.

Zuerst erreicht er, nach einer langen Wanderung im Salzwasser, die Mündung seines Flusses. Das ist eine schöne Leistung, aber seine Aufgabe ist noch nicht beendet. Er muß auch das Süßwasser bezwingen. Beim Herunterschwimmen war das leicht. Er brauchte sich nur von der Strömung treiben zu lassen. Beim Heraufschwimmen ist das etwas ganz anderes. Er muß sich im Labyrinth der Nebenflüsse zurechtfinden. Bei jeder »Kreuzung« muß er zwischen zwei, drei, vier Wegen wählen, von denen nur einer ihn dahin führt, wo sein Lachs-Schicksal ihn erwartet.

Er triumphiert über alle Hindernisse, einschließlich der Stauwehre, die die Menschen boshafterweise auf seinem Weg errichtet haben und die er mit viel Anstrengung überwinden muß.

Wie ist ein solches Wunder nur möglich? Professor A. D. Hasler, ein Gelehrter, der sein ganzes Leben den Lachsen gewidmet hat, wird es uns erklären.

Man befindet sich noch im Stadium der Hypothesen, was die Seereise betrifft. Der Lachs soll, wie die Zugvögel, die Bienen und die Ameisen, einen mysteriösen Sinn besitzen, der ihm erlaubt, seinen Standort zu ermitteln und sich beim Schwimmen nach den Gestirnen des Himmels zu richten.

Aber in den Flüssen, bei den Verästelungen der Bäche kann ihm diese Gabe nicht weiterhelfen. Die Wanderung im Süßwasser läßt sich damit nicht erklären. Da hatte Professor Hasler einen genialen Einfall. Könnte es nicht sein, daß der Lachs sich mit Hilfe eines außergewöhnlichen Geruchssinns in diesem Labyrinth zurechtfindet?

Könnte er nicht den Geruch in sich bewahrt haben, den sein heimatliches Wasser besaß, ein Wasser, das nach den Gräsern und Wurzeln des Ufers, den Kieseln und den Wasserpflanzen auf dem Grund duftete? Vielleicht fand er bereits im Ozean, an der Mündung des Flusses, diesen Geruch wieder und brauchte dann nur diesem Ariadnefaden bis zum Ort seiner Kindheit zu folgen, indem er seine Nase gegen die Strömung drückte, die mit den altbekannten Düften angereichert war?

Eine allzu hübsche Erklärung. Eine Hypothese von der Art der blauen Blume. Bernardin de Saint-Pierre zu Besuch bei den Lachsen. Das würde man Hasler geantwortet haben, hätte der Professor nicht vorsichtshalber Beweise gesammelt.

Er bewies zuerst, daß dieser wandernde Fisch einen außergewöhnlich feinen Geruchssinn besaß. Er steckte einen Lachs in ein großes Becken, in das er regelmäßig, aber nie an die gleiche Stelle, zwei verschiedene Duftstoffe spritzte. Wenn sich der Lachs dem ersten näherte, gab man ihm etwas zu fressen. Wenn er sich dem zweiten zuwandte, bekam er einen elektrischen Schlag.

Sehr schnell suchte der Fisch den einen und floh den anderen Geruch. Er konnte also eine Unterscheidung zwischen zwei Gerüchen treffen, die kaum zu unterscheiden waren.

Hasler experimentierte noch weiter. Er bewies, daß ein derart abgerichteter Lachs, der in einem See lebte, der sechzigmal größer war als der Bodensee, ein Kubikzentimeter Parfüm wittern konnte, das in diese riesige Wassermenge geschüttet worden war.

Der Lachs war ein Meister im Riechen: das war jetzt klar. Es blieb nur noch ein Problem übrig, das wichtigste. Benutzten die Lachse ihren fabelhaften Geruchssinn, um zu den sprudelnden Gewässern ihrer Jugend zu gelangen?

Hasler fing Lachse ein, die bei einer Gabelung eine Wahl getroffen hatten. Bei einigen entfernte er den Geruchssinn und warf sie vor der Mündung eines Nebenflusses wieder in den Fluß. Die Lachse mit Geruchssinn schlugen den richtigen Weg ein. Die andere Hälfte verirrte sich.

Das wollte Hasler beweisen. Der Geruchssinn führt den Lachs an seinen Laichplatz zurück. Und auch an seine letzte Stätte, denn diese Geschichte hat ein trauriges Ende. Die Lachse überleben ihr erstes und einziges Kindbett nicht. Und die Männchen gehen nach der Befruchtung zugrunde. Und wenn sie diesem Schicksal entgehen, sehen sie wie tot, wie Schatten, wie Gespenster aus und werden als arme Umherirrende von allen anderen verachtet. Man nennt sie dann Graulachse.

Der Lachs ist keine Ausnahme im Tierreich. Der europäische Aal schwimmt zum Laichen bis ins Sargassomeer und findet wahrscheinlich den Weg mit Hilfe seiner Riechorgane. Sein Leben verläuft übrigens genau umgekehrt zu dem des Lachses. Der Aal wird als Zwitter im Salzwasser geboren. Nachdem er sich für ein Geschlecht entschieden hat, lebt er ungefähr zehn Jahre im Süßwasser und geht dann zum Laichen und Sterben in sein erstes Element zurück.

Der Segler der Lüfte, die Besangans, verliert die Orientierung, wenn kein duftender Wind ihren Schnabel umspielt.

Haben Sie sich jemals die Ängste eines Seehundes in der Polarnacht vorgestellt, der unter dem Eis in völliger Dunkelheit herumschwimmt? Wie soll er sich ernähren? Wie das Loch wiederfinden, wo er Luft schnappen kann? Auch er tut es mit Hilfe seines Geruchssinns, der durch die Kälte nicht gelähmt wird.

Ich will gar nicht erst an die Leistungen der Katze erinnern, die ihren Herrn am anderen Ende von Frankreich wiederfindet, oder an den Hund, der ein Wildschwein wittert, oder an das Kaninchen, das den Jäger auf der Lauer schon von weitem riecht. Sie sind zu bekannt. Sie sind nichts Außergewöhnliches. Wir verziehen dabei schon den Mund, oder wir rümpfen vielmehr die Nase.

Wir sind unfähig, auch nur ein Minimum dieser Leistungen zu erbringen. Wir brauchen einen Caddie, um unseren Golfball wiederzufinden, der sich ins hohe Gras verirrt hat. Wir taufen unser Geruchsorgan ein bißchen abfällig

»Riechkolben«, wenn es in Tätigkeit tritt, und sagen »einen guten Riecher haben«, wenn wir bloß Glück gehabt haben.

Ganz abgesehen von den Genüssen, die sie uns verschafft, wozu brauchen wir denn eine Nase? Ich lasse Boxer und Parfümeure mal beiseite. Die Chemiker protestieren. Einer von ihnen hat den Geruch als »Sinn, der uns gestattet, chemische Produkte zu unterscheiden«, definiert. Alle Säuren haben in der Tat denselben Geschmack, aber nicht denselben Geruch, und diese Besonderheit erspart uns unzählige Katastrophen. Lassen wir also auch die Chemiker einmal beiseite.

Der gewöhnliche Sterbliche wird einfach antworten: »Unsere Nase warnt uns vor ausströmendem Gas.« Aber das ist ein Unglück, das nicht alle Tage vorkommt.

Was für eine Verschwendung von Knorpeln und Schleimhaut!

Das war nicht immer so. Wir waren einmal ruhmreiche Makrosmaten, zu einer Zeit, als dieser Begriff leider noch nicht erfunden war.

Und wären wir es nicht gewesen, dann wäre unsere Art schon längst ausgestorben. Die primitive Nase – eine wirkliche Nase, im Gegensatz zur wertlosen Nase von heute – schützte nämlich fabelhaft vor allerlei Gefahren.

Unter den unerbittlichen Lebensbedingungen der Vorgeschichte hätte ein Taubstummer vielleicht überleben können, ein Blinder oder ein Mensch ohne Geruchssinn aber bestimmt nicht.

Das Auge zeigte uns eine unmittelbare Gefahr an, aber die Nase warnte uns vor viel heimtückischeren Gefahren. Sie zerstörte den Schein. Sie lehrte uns, daß wir von Illusionen umgeben waren. Sie bewirkte, daß wir uns von der schönen Frucht mit den appetitlichen Farben, deren Fleisch aber giftig war, abwandten. Sie hinderte uns daran, unseren Durst an einer klaren, aber verunreinigten Quelle zu löschen.

Und außerdem verlängerte die Nase sozusagen das Auge. Sie spürte, was unsere Pupillen noch nicht wahrnehmen konnten. Unsere Welt hörte nicht am Horizont auf. Sie reichte noch über die Hügel, bis weit in die Wälder voll wilder Tiere, die ihren scharfen Geruch zurückließen.

Der Geruch beherrschte auch die menschlichen Beziehungen. Aus einem Duft konnte eine Freundschaft, eine Liebe entstehen. Anstatt sich zu verloben, beschnüffelte man sich, und wenn die Geruchsnerven einverstanden waren, heiratete man. Die Selektion durch den Geruch kann nicht schlecht gewesen sein, da die Menschheit inzwischen die ganze Erde bevölkert hat.

Wir müssen betonen, daß das primitive Gehirn dieser fernen Zeiten von der Wissenschaft Rhinocephalos – das »Nasen-Gehirn« – genannt wird. Das heißt, daß es vor allem für die Aufgabe bestimmt war, Gerüche wahrzunehmen. Heute finden wir ein derartiges Gehirn noch bei den Lachsen.

Jahrtausende gingen vorüber. Der Mensch entwickelte sich weiter. Der alte »Rhinocephale« wurde in eine Ecke unseres Schädels verbannt und von einem anderen Gehirn beiseite geschoben, dessen Struktur viel moderner war. Von einem Gehirn, in dem Intelligenz und Wille regierten.

Diese Intelligenz erfand eine Nahrung, die man nicht mehr zu beschnuppern brauchte, Jagden, bei denen eine Meute von Hunden den menschlichen Geruchssinn ersetzte, und Kriege, in denen Strategie statt List zum Sieg verhalf. Derart von seiner »Hausarbeit« befreit, weil er nicht mehr Gefahren aufspüren und den Fortbestand des Stammes sicherstellen mußte, wurde unser Geruchssinn zu einem Luxusartikel.

Georg Groddeck, ein Schüler Freuds, der als Psychoanalytiker das »Es« in den Mittelpunkt stellte und als Begründer der psychosomatischen Medizin gilt, hat eine andere Erklärung für unseren mangelhaften Geruchssinn gefunden. Seiner Meinung nach tauchte gleichzeitig mit der Intelligenz auch der Ödipuskomplex auf. Wie groß ist nun ein Kind von sieben Jahren? Sein Kopf befindet sich etwa auf derselben Höhe wie die Geschlechtsorgane von Vater und Mutter. Von dem Geruch, den sie ausströmen, sehr erschreckt, verlieren nun die Kinder – das heißt, wir alle – wegen der Heftigkeit dieses Schocks ihren Geruchssinn, der bis dahin intakt gewesen war. Groddeck begründet diese Theorie mit folgender Feststellung: Im Verlauf ihrer Analyse berufen sich die Patienten sehr oft auf Erinnerungen an Gerüche, die sie vor ihrem siebenten Lebensjahr, das heißt vor der Lähmung ihres Geruchssinnes, wahrgenommen hatten.

So plötzlich – dieses »plötzlich« umfaßt viele Jahrtausende – zur Untätigkeit verdammt, hätte unsere Nase ja verkümmern können. Sie tat etwas Klügeres. Sie wechselte ihre Beschäftigung. Sie gab die Zukunft, die Zeit der Pläne, auf und wandte sich der Vergangenheit, der Zeit der Gemütsbewegungen, zu. Sie wurde der beste Komplize der Erinnerung und der Phantasie.

»Himmel! Das Kreuz meiner Mutter!« Nach diesem Aufschrei fiel in vielen Melodramen des 19. Jahrhunderts der Vorhang. Beim Anblick dieses Schmuckstückes erinnerte sich der entführte und verfolgte Waisenknabe blitzartig an seine Herkunft. Seine Vergangenheit tauchte wieder auf. Und Ströme von Tränen begannen zu fließen.

Der Geruch spielt in unserem Organismus die gleiche Rolle. Unser Auge nimmt Tausende von Bildern wahr, die uns gleichgültig sind. Das muß so sein. Wo kämen wir denn hin, wenn unsere Augen sich von jedem Detail aufhalten ließen? Ganz einfach ins Irrenhaus. Im Gegensatz dazu gibt es kaum Gerüche, die uns kaltlassen. Beinahe alle, ob sie nun angenehm oder unangenehm sind, bewirken etwas in uns. Nicht nur, weil sie uns abstoßen oder entzücken, sondern weil sie in uns Erinnerungen wecken, die von fast unbekannten Gemütsbewegungen ausgelöst werden.

Der oben zitierte Marcel Billot hat, als er die verschiedenen Gerüche ordnete, nur an die Spezialisten in ihren Laboratorien gedacht, wo die Gefühle keinen Zutritt haben.

Brauchen Sie einen Beweis? Ich kannte einmal einen jungen Mann, der den Jasmingeruch – obwohl Jasmin doch ein teurer und beliebter Zierstrauch ist – ohne weiteres in die Reihe der abstoßenden Gerüche verbannt hätte. Die Ursache lag in einem persönlichen Mißgeschick. Eine Wolke von Jasminduft war ihm nämlich in die Nase gestiegen, als er einmal eine Tür öffnete, ein zerwühltes Bett, eine nackte Frau, eine hastige Flucht und seinen langjährigen Freund erblickte, der sich nun in Sekundenschnelle in den Verräter aus einer Boulevard-Komödie verwandelte.

Er hätte doch dem Bett böse sein können. Beim Anblick eines jeglichen Bettes hätte ihm doch übel werden können. Aber nein! Sein Haß hatte sich auf den Jasmin konzentriert.

Das Paradoxe der Düfte: Sie bewahren das Gut – ich freue mich, diesen Ausdruck, der höchst seriös und so verteufelt nach Verwaltungsakademie klingt, hier niederschreiben zu können – unserer verflossenen Freuden und Zornausbrüche.

Die Töne besitzen trotz Mozart, Beethoven, Boulez und der Beatles bei weitem nicht diese Macht.

Ich bin ungerecht, und ich bin nicht gern ungerecht. Das Stück von Pierre Veber und der Film, bei dem Jean Anouilh und Jacques Prévert mitgearbeitet haben, mit dem Titel »Haben Sie nichts zu verzollen?« widerlegt mich.

In einem Schlafwagen ist ein Paar gerade im Begriff, zum ersten Mal miteinander zu schlafen. Im entscheidenden Augenblick – den seit Stendhal alle Männer mehr oder weniger fürchten – klopft ein Zollbeamter an die Abteiltür und fragt laut: »Haben Sie nichts zu verzollen?« Der Mann schlafft sofort ab – und seitdem läßt ihn der Satz: »Haben Sie nichts zu verzollen?« zeitweise zum Eunuchen werden. Wovon ein Rivale boshafterweise profitiert.

Mit diesem Motiv hat Pierre Veber nur eine Unterhosen-

Komödie zustande gebracht. Was für ein sublimes Drama hätte er aber schreiben können, wenn statt des Zollbeamten eine schöne Dame in einer Duftwolke im Gang vorbeigerauscht wäre!

Kein Wunder, daß die Literatur, sobald sie es sich gestatten konnte, sensibel und nicht mehr rhetorisch zu sein, sich der Düfte bemächtigt hat, die durch die Erinnerung zur Quelle aller Verwirrungen der Seele und der Sinne werden.

Baudelaire dichtete:

»Mein Leser, hast du schon einmal
Betäubt und genießerisch
Ein Körnchen Weihrauch, das die Kirche mit Duft erfüllt
Oder an einem Säckchen mit altem Moschus gerochen?

Welch tiefes, magisches Entzücken,
Wenn uns in der Gegenwart
Die heraufbeschworene Vergangenheit berauscht.«

Maupassant hat das ein bißchen prosaischer in »Stark wie der Tod« beschrieben: »Und all diese schweifenden Düfte der Straßen, der Felder, der Häuser, der Möbel, die sanften und die üblen, die warmen Gerüche der Sommerabende, die kalten Gerüche der Winterabende ließen ferne Erinnerungen wiederaufleben – als ob diese Gerüche tote, duftende Dinge in sich bargen.«

Lucie Delarue-Mardrus schrieb:

»Der ganze Duft meiner Heimat war in einem Apfel.«

Und Paul Valéry:

»Aus einem Duft einen Tempel der Erinnerung bauen.«

Aber überlassen wir Marcel Proust die Aufgabe, dieses Kapitel zusammenzufassen. Denn Prousts Roman »Auf der

Suche nach der verlorenen Zeit« ist aus einem Gebäck mit dem Namen Madeleine entstanden, das Marcel in eine Tasse Tee getunkt hatte.

Darauf haben unsere Gegner nur gewartet: Die Leckerei der Tante Leonie war ihres Geschmackes wegen in der Erinnerung Marcels haftengeblieben.

Wenn das so wäre, hätte das ganze Werk von Proust auf einem Zigarettenpapier Platz gehabt. Es hätte mit diesem einen Satz zusammengefaßt werden können:

»Die Madeleine von Tante Leonie schmeckte süß.« Wir hatten ja schon erwähnt, wie wenig Nuancen unser Gaumen unterscheiden kann.

Dem Himmel sei Dank, daß die am Sonntag vormittag in Combray verspeiste Madeleine andere beschwörende Eigenschaften hatte, Eigenschaften, die einen Menschen mit so ausgeprägtem Geruchssinn wie Proust wirklich betören mußten.

Sein Werk wurde durch die Akazien im Bois de Boulogne, den Flieder bei Schloß Trianon, die Kastanien in Swanns Park, den Weißdorn von Méséglise, die Seerosen der Vivonne und die Geranien, deren Duft ihm das Lächeln der verschwundenen Albertine heraufbeschworen, inspiriert. Zum Beispiel: »Der dunkle und frische, zugleich nach Wald und Ancien Régime riechende Duft, der noch lange die Nasenflügel träumen läßt, wenn man in eine verlassene Jagdhütte eindringt.«

Den anderen Sinnen gestehen wir nur »das kleine Thema« zu, das Prousts Erinnerung von der Sonate Vinteuils bewahrt hatte. Aber er hat vor allem den Geruch und den Geruchssinn in folgendem Feuerwerk, in folgender Apotheose, die Sie in »Im Schatten junger Mädchenblüten« nachlesen können, verherrlicht:

»Unsere schönsten Erinnerungen finden wir draußen, in einem regnerischen Windstoß, in dem muffigen Geruch eines Schlafzimmers oder in dem Duft des ersten Strohfeuers; überall dort finden wir etwas von uns wieder – das unser Verstand, weil er nicht daran beteiligt war, verabscheut hatte –, den letzten und besten Rest der Vergangenheit, der, wenn all unsere Tränen versiegt zu sein scheinen, uns noch zum Weinen bringt.«

# Göttliche Essenzen im Dienst der Erotik

*Parfüms waren den Göttern vorbehalten. – Der Weihrauch im glücklichen Arabien. – Als Jehova sich als Parfümeur betätigte. – Wenn kokette Damen ungehorsam waren, öffnete sich die Erde. – Ein gotteslästerlicher schwarzer Markt. – Die Höflinge verstopften sich die Nasen, wenn sie sich Ludwig XIV. näherten. – Vom Geruch in der Brunftzeit zum Parfüm. – Das Parfüm: ein Aphrodisiakum. – Vom sexuellen Ursprung des Moschus, des Zibets und der Ambra. – Warum die Rosen von Bagatelle nicht mehr duften. – In der Werbung verschmäht das Parfüm als einzige Ausnahme den Sex.*

DIE Parfüms sind Huldigungen für die Götter, die von den Sterblichen aus den Tempeln und von den Altären entwendet wurden. In allen Kulturen der Antike hatte das profane Parfüm denselben Ursprung: Tempelschändung und Diebstahl. In Ägypten hatte der Mondgott Toth seine Priester die geheime Kunst gelehrt, Parfüms und wohlriechende Öle herzustellen, mit der Auflage – das versteht sich von selbst –, sich ihrer nur für seine Anbetung zu bedienen.

Die Rohstoffe dafür sind sicher importiert worden, denn um das Jahr 2300 v. Chr. – so steht es jedenfalls in der Bibel – wurde Joseph von seinen Brüdern an ismaelitische Kaufleute verkauft, die Gewürze und duftende Kräuter nach Ägypten brachten.

Die anderen Götter ahmten Toth nach. Sie verlangten, daß man während des Gottesdienstes liebliche Düfte zu ihrer Ehre aufsteigen ließ. Auf den Mauern von Karnak, im Amonstempel, hat man folgende Inschrift, die von Ramses II. oder einem seiner Schreiber angebracht worden war, entziffert: »Ich habe Dir 30000 Ochsen mit allen duftenden Kräutern und den besten Düften zum Opfer gebracht.«

Bleiben wir lieber mit beiden Beinen auf der Erde. Das Gemetzel von so vielen Ochsen mußte doch einen scheußlichen Gestank verbreiten, und die Priester, als die ersten Leidtragenden, haben sicherlich Ramses II. bedrängt, soviel Weihrauch und Myrrhe wie möglich heranzuschaffen – was ihn wahrscheinlich fast ruiniert hat.

Der Weihrauch oder Olibanum, der bei allen kultischen Handlungen verwendet wird, ist ein Gummiharz, das aus der Boswellia durch Abzapfen gewonnen wird.

Zur Zeit der Ägypter kam der beste Weihrauch – der Weihrauch für Snobs – aus dem Lande Saba. Dreitausend heilige Familien lebten dort, die nur damit beschäftigt waren, den Weihrauchbaum anzupflanzen. Die Ernte des Gummis war ein heiliger Akt. Um ihn zu vollziehen, mußten sich die Männer von ihren Frauen trennen. Aber nicht aus diesem Grund wurde das Land Saba das glückliche Arabien genannt.

Dieses glückliche Arabien ist heute nur noch eine trostlose Wüste im Jemen, eine der ärmsten Gegenden der Welt.

Die Ägypter benutzten außerdem die Myrrhe, deren Baum am Roten Meer und im Süden Arabiens wuchs, die Wurzeln der Iris, Safran, Zimt und Lorbeer aus Ceylon. Der »Kyphi« war ein Räuchermittel, das aus einer Mischung aus sechzehn Duftstoffen bestand und von den Priestern hergestellt wurde. Sein Rezept ist uns auf einer Papyrusrolle erhalten geblieben.

In Babylon, Ninive, Palmyra, Persepolis – überall die gleiche Verschwendung von Düften, die unter der Nase der Götter verbrannt wurden.

Die Hebräer lernten die duftenden Öle während ihrer Gefangenschaft in Ägypten kennen. Als sie wieder frei waren, verwendeten sie sie im Tempel von Jerusalem während des Gottesdienstes. In der Heiligen Schrift wird uns von diesen Salben berichtet. Sie trugen eine berühmte Signatur, berühmter als Guerlain, Patou oder Houbigant: Jehova. Ja, wirklich! Wenn wir dem 2. Buch Mose, Vers 30, Glauben schenken dürfen, diktierte Jehova Moses persönlich die Mischungen, die er gern riechen wollte (man wird von sich selber am besten bedient).

Und verflucht seien diejenigen, die Parfüm für ihren persönlichen Gebrauch entwenden! Korah, Dathan und Abiram, die ungehorsam gewesen waren, sollten es erfahren. Die Erde öffnete sich und verschlang sie.

Der Zorn des Himmels nützte aber gar nichts. Die Hebräer eigneten sich, wie vorher die Ägypter, die heiligen Öle einfach an. Die Versuchung war zu groß.

Im Lande des Stieres Apis waren es wahrscheinlich die Priester, die mit schlechtem Beispiel vorangingen. Sie begannen gewiß ganz vorsichtig. Ein Geschenk hier, ein Geschenk dort für die lieben Nächsten. Das brachte den Stein ins Rollen.

»Aber Schätzchen, du duftest ja!«

Die Freundin protestiert, ziert sich, behauptet, daß es eine Täuschung sei, kokettiert und gibt ein halbes Geständnis ab:

»Die Götter haben meiner Haut diesen Duft verliehen.«

Die andere läßt sich nicht an der Nase herumführen. Sie leitet eine Untersuchung ein. Entdeckt den Priester. Sie bittet, fleht ihn an, gibt sich ihm vielleicht hin. Der arme Mann muß nachgeben. Nun ist er zum Tempelschänder geworden.

Aber man gewöhnt sich an alles, sogar an die Gotteslästerung. Nach zwei Monaten treibt er bereits Handel mit seinen Geheimnissen. Nach einem Jahr wird er reich auf dem schwarzen Markt.

Es artete zu einer Leidenschaft, zu einer Verrücktheit aus. Die Götter waren sehr unvorsichtig gewesen. Die Ägypterin besaß eine sogenannte Parfüm-Haut. Auf dieser Haut bekamen Ambra, Myrrhe und Weihrauch einen Wert und eine Fülle, die sie in den Räucherpfannen und Weihrauchfäßchen nie gehabt hatten.

Zur selben Zeit, als das Parfüm für Zivilisten – wenn ich es so nennen darf, um es von dem Parfüm der Priester zu unterscheiden – geboren wurde, entstanden auch schon die Flakons. Man verschenkte die Salben in Vasen aus Porphyr, Alabaster, Achat, aus glasiertem hyazinthenfarbenen Ton, aus Saphir und Rubin. Sie waren sehr teuer.

Aber es gibt keine Mode, die nicht auf die Straße herabsteigt. Bald parfümierten sich auch die ärmeren Frauen. Sie zerdrückten Minze und Majoran und mischten sie mit Rizinusöl.

Baal, Astarte, Belus, Zarathustra mußten auch bald zusehen, wie die Schönen ihre Tempel plünderten. Die Babylonierinnen rieben sich mit so viel duftenden Salben ein, daß die Moralprediger die ganze Stadt »die große Hure« schimpften.

Trotz seines Zornes und seiner Verbote wurde der Jehova der Hebräer nicht besser behandelt. Die koketten Damen machten ihm sein Monopol für Öle und duftenden Rauch streitig. Von der weiblichen Hartnäckigkeit entmutigt, ließ er nicht einmal mehr den Erdboden sich auftun wie auf der Bühne des Châtelet.

Die Jungfrauen, die man dem König Ahasver schickte und unter denen sich auch Esther befand, wurden einer wahren Schönheitskur unterzogen. Sechs Monate lang wurden ihre Körper mit Myrrhenöl behandelt und sechs weitere Monate mit duftenden Kräutern.

Ruth benetzte sich mit Parfüm, um Boas zu gefallen, wie es auch Judith tat, um Holofernes zu verführen, oder Jesabel, um Jehu, den Sieger, zu becircen.

Die Männer machten auch mit. König David durchtränkte seine Gewänder mit Myrrhe, Aloe und Kassia, um den Töchtern der Könige zu gefallen. Dann ahmten die bürgerlichen Jüdinnen die Stars der Bibel nach. Sie benutzten Narde im Übermaß, das teuerste Parfüm der Welt, das *Joy* des Alten Testaments. Stellen Sie sich vor, diese Pflanze wuchs nur am Fuße des Himalaja.

Hesekiel wetterte, aber er wetterte so oft, daß niemand mehr auf die Verwünschungen dieses alten Knackers achtete.

In Griechenland können wir dieselbe Entweihung beobachten. Aber die Götter der Mythologie waren zu menschenfreundlich, um sich allzusehr zu erzürnen. Sie erlaubten sogar, daß die Parfümeure von Athen eine schmeichelhafte Berühmtheit erlangten. Die »Myron«-Händler (Parfüm auf griechisch) verdankten ihren Ruhm ebenso ihrer Kunst wie ihrer freundlichen Aufnahme. Ihre Boutiquen waren nämlich die Sammelstellen für alle Klatschgeschichten der Stadt. Zwischen den Einkäufen plauderte man dort, aber man diskutierte auch über Philosophie und Politik, denn die Männer fanden sich dort ebenso zahlreich ein wie die Frauen.

Jetzt war die Schlacht um den Duft gewonnen. In Rom teilten sich die Sterblichen weiterhin das Parfüm mit den besiegten Göttern.

Warum aber dieses unstillbare Bedürfnis nach Parfüm?

Es läßt sich nicht abstreiten: Im Naturzustand riechen wir. Manchmal gut. Meistens schlecht. Ludwig XIV. hatte Schweißfüße. Verzeihen Sie mir diesen drastischen Ausdruck, aber die Majestät dieser Persönlichkeit erlaubt mir wohl diese Ausdrucksweise. Er stank so sehr, daß es seinen Höflingen lästig wurde. Berufsrisiko! Aber er stank so widerlich, daß es einige vorzogen, sich zu entfernen. Und um einen Höfling zu entfernen, dazu gehört schon allerhand!

Abgesehen von diesen zufälligen Gerüchen besitzt jeder von uns seinen eigenen Geruch, den wir wie einen Steckbrief in unseren Spuren hinterlassen. Ein Bertillon des Geruchs könnte einen Unbekannten, der sich lange in einem Zimmer aufgehalten hat, beschreiben. Hat Buffon nicht behauptet, daß der Geruchssinn ein Auge ist, das die Dinge sieht, wo sie sind – aber auch, wo sie gewesen sind?

Die Geschlechtsorgane haben einen besonderen Geruch. Die verschiedenen Rassen auch. Die Bewohner von Harlem ekeln sich vor dem faden, üblen Geruch der Weißen. Wir sind für sie anscheinend Kadaver auf zwei Beinen. Aber im Alter verwandelt sich unser Geruch. Babys riechen säuerlich und Greise nach verwelkten Blättern. In unserem natürlichen Geruch ist auch unsere gesellschaftliche Stellung enthalten. Es soll bestimmte üble Gerüche geben, die nie mehr verschwinden. So rühmte sich Vidocq – ein Polizist, der Balzac als Modell diente –, daß er jeden ehemaligen Galeerensträfling in der Menschenmenge auf den Boulevards mit seiner Nase aufspüren könnte.

Auch die erotischen Fähigkeiten werden durch den Geruch verraten. Man erkennt einen Eunuchen an seinen traurigen Augen und seinem faden Geruch. Der alte Junggeselle riecht nach getrockneten Feigen. Der geliebte Mann strömt einen Geruch nach Moschus aus. Der Zuhälter braucht den Frauen nicht den Hof zu machen. Er läßt sich einfach beschnuppern. Die Frauen irren sich da nie. Rasputin stank wie ein Bock. Er wurde angebetet. Zola, der einen sehr ausgeprägten Geruchssinn besaß – was seine Werke beweisen –, behauptete, daß er in einem Depot den Waggon wiederfinden könnte, in dem sich ein jungverheiratetes Paar umarmt hatte.

Daran ist nichts Erstaunliches. Was wir so ohne weiteres riechen, stammt noch aus prähistorischen Zeiten. Das ist uns von unseren Vorfahren, den Höhlenbewohnern, geblieben. Uns haften noch die Gerüche der Brunftzeit an, die uns gezeugt hat.

Zahllose Männer und Frauen sind immer noch für diesen scharfen Geruch empfänglich. Er ist für sie das beste Aphrodisiakum. Heinrich IV. und Bonaparte sollen eine Vorliebe für starke Gerüche gehabt haben.

Wie paradox! Josephine war die parfümierteste Frau

ihres Zeitalters. So ein Widerspruch: Unser intimer Geruch reizt uns zur Paarung, doch um verführerisch zu sein, geben wir uns die größte Mühe, ihn unter künstlichen Düften zu verstecken.

Aber hängt dieser Widerspruch nicht mit der Geschichte der körperlichen Liebe zusammen? Am Anfang gab es nur den sexuellen Akt. Der Instinkt war die einzige Triebkraft. Er hatte den Zweck, die Art zu erhalten und ein Bedürfnis zu befriedigen.

Eines Tages zerstörte ein Mensch, der schon ein bißchen denken konnte – vielleicht war das sein erster Geistesblitz –, diesen Mechanismus. Er änderte diesen Ritus. Er verlängerte seine Wirkung. Er vermischte Bilder, Erinnerungen, Empfindungen mit dem Reflex. Er fing an, mit dem Kopf ebenso wie mit den Geschlechtsorganen zu lieben.

Die Zeugung war nicht mehr sein wichtigstes Anliegen, denn er hatte die Lust entdeckt. Der tierische Koitus verwandelte sich in ein so angenehmes Spiel, daß man daran denken mußte, ihn unfruchtbar zu machen, um seine Erregungen zu vervielfältigen. Eros ersetzte das unhöfliche Begehren der Primaten.

Das Parfüm nahm an diesem fröhlichen Tanz teil. Es fügte dieser Sarabande, die gerade dem Quartär entsprungen war, den subtilen Reiz der Verkleidung hinzu.

Eine Frau, die sich parfümiert, möchte eine andere werden, um die köstliche Verwirrung, die Verkleidungen schaffen, zu genießen und um ihren Partner aufzumuntern. Der künstliche Duft, den wir annehmen, erlaubt uns, mit uns selbst Versteck zu spielen, und gleichzeitig fordert er unseren Geliebten auf, an der charmantesten Galanterie teilzunehmen, an dem Spiel unserer Sinne. Wer ist denn diese Lügnerin, die man da in den Armen hält? Wer versteckt sich da hinter Narde und Myrrhe? Was wird man hinter *Arpège* oder *Mitsouko* entdecken? Eine Löwin oder eine Jungfrau? Man betäubt sich mit Illusionen. Man berauscht sich an schönen Täuschungen.

Ein Parfüm ist eine Aufforderung und manchmal eine Provokation. Aber es kann auch eine Falle sein. Es macht Sie kühn, und wenn Sie im Vollbesitz Ihrer Männlichkeit sind, werden Sie angeschnauzt. In jedem Parfüm steckt der Hintergedanke: »Aber, mein Herr, ich bin doch nicht so eine . . .«

Es gibt kein zivilisiertes Spiel ohne Risiko.

Wie jedes Spiel hat auch dieses seine Regeln. Die Maske ist erlaubt. Aber nicht die Kapuze. Eine Blondine, die das Parfüm einer Negerin benutzt, sollte sofort disqualifiziert werden. Sie ist einfach dumm, und ein Dummchen darf beim Blindekuhspiel der Lust nicht mitmachen.

Das Parfüm hat eine preziöse und sehr hermetische Sprache. Es arbeitet mit Zeichen und Anspielungen. Es verschmäht nicht den Unsinn, es streift das Absurde. Es überdeckt unsere tiefen sexuellen Gerüche, aber gleichzeitig beschwört es immer auf geheimnisvolle Weise das Geschlecht herauf, mit dem es im Urzustand nichts zu tun haben will.

Alle Bestandteile tierischer Herkunft, die bei der Parfümherstellung verwendet werden, spielen bei der Fortpflanzung der jeweiligen Art eine Rolle.

Der Moschus wird von dem Moschustier ausgeschieden, das in Zentralasien, in Südsibirien, in Tibet, in China und auf den Hochebenen des Himalaja lebt. Er befindet sich in einer Drüse unter der Bauchhaut des Wiederkäuers. Im Dezember, dem Monat seiner Liebe, strömt der Moschushirsch dank seines Moschusvorrats einen so penetranten Geruch aus, daß er von den brünstigen Weibchen noch in einer Entfernung von einem Kilometer wahrgenommen wird.

Der Zibet ist eine bräunliche weiche, salbenartige Substanz. Wo findet man ihn? In einer Drüse in der Nähe der Geschlechtsteile der Schleich- oder Zibetkatze, die in den heißen Gegenden Asiens und Amerikas gejagt wird.

Die graue Ambra, eine Art Gallenstein, den der Pottwal,

das größte Säugetier, das noch auf der Erde existiert, ausscheidet, ist auch ein Aphrodisiakum. Sie schwimmt als graue Masse auf dem Meer – besonders in der Nähe von Irland –, und der Mensch braucht sie nur herauszufischen.

Und die Blumen – sind sie nicht wahre Duftfabriken? Ihr Duft ruft die Insekten herbei. Diese kommen, um Honig zu sammeln, und tragen dann die Pollen, Quellen des Lebens, zu anderen Blumen, die auf diese Weise befruchtet werden.

Danach verliert die Orchidee sofort ihren Duft, weil er nun unnötig geworden ist. Und wissen Sie, warum die Rosen von Bagatelle nicht mehr duften? Weil sie künstlich befruchtet werden. Aus Enttäuschung haben sie aufgehört zu duften.

Für die Rätsel, die uns die Parfüms aufgeben, die ursprünglich den Göttern entwendet worden waren, gibt es, trotz der verschiedenen Etiketten auf den Flakons, nur eine Lösung: Sie sind eine verschleierte Aufforderung zur erotischen Sünde – in des Wortes edelster Bedeutung. Mit dem heute allzuoft verwendeten Ausdruck an den Eingängen der Pornofilm-Kinos und sonstiger Stätten für Verrückte hat das überhaupt nichts zu tun.

Unsere Wände, unsere Zäune, unsere Kioske sind mit Sex, mit obszönen Malereien in Plakatgröße bedeckt.

Wie verführerisch wäre für einen Parfümeur doch der Slogan, der Wahrheit mit Geschäftssinn vereint: »... ein Parfüm, das Sie begehrenswert macht!«

Aber kein Werbefachmann hat das gewagt. Persönliche Prüderie? Nein. Dieselben Werbeleute scheuen sich nicht, den ganzen Kâmasûtra zu mobilisieren, um einen Badeanzug zu lancieren. Eher aus professioneller Vorsicht. Bis jetzt haben nämlich alle Anspielungen sexueller Art, die sich auf das Parfüm beziehen, spektakuläre Mißerfolge einstecken müssen.

Das war nicht immer so. In der »Belle Epoque« und in

den verrückten zwanziger Jahren gab es Parfüms für Kokotten oder Nutten, für die in den Prospekten oder in »Frou-Frou« mit dem Hinweis, Aphrodisiaka zu sein, geworben wurde.

Heute werden diese Essenzen, die damals zur galanten Ausrüstung gehörten, nicht mehr destilliert. Riechen Sie mal das Parfüm der Straßenmädchen in der Rue Godot-de-Mauroy, es ist dasselbe, das die Damen aus Passy benutzen.

Wir müssen also feststellen: Das Parfüm ist die einzige Bastion, die der Sexwelle standgehalten hat.

Notare sind, weiß Gott, ehrenwerte Leute, zumindest in ihren Büros. Aber der Notar, der etwas auf sich hält, hat heute in seinem Vorzimmer eine Sekretärin sitzen, die ihre Schenkel zeigt. Das Testament wird dadurch heiterer.

Das Parfüm ist viel seriöser als diese Amtsstuben, es hat standgehalten. Fühlt sich die Frau, die sich parfümiert, vielleicht ein bißchen schuldig, und lehnt sie es deshalb ab, daß man sie öffentlich daran erinnert?

Das edle Parfüm besitzt noch einen weiteren Reiz: sein Schamgefühl.

# Der Duft
# als eine Quelle des seelischen Gleichgewichts

*Im alten Ägypten schenkte das Parfüm ewige Gesundheit. – Nostradamus' Parfüm schützte vor der Pest. – In London parfümierte man die Luftschutzkeller. – Die amerikanische Aromatherapie und die astrale Aromatherapie. – Das Parfüm und der Existentialismus. – Victor Hugo und Estella Blain plaudern über Parfüm. – Die traurige Geschichte von der Engländerin, die beim Liebesakt nicht ihre Lust verbarg. – Wie Liselotte 1931 das Parfüm verteidigte. – Die geheimen Wünsche der Pariserin von heute: die Mitgliedschaft im Racing und ein Parfüm aus dem Hause Dior. – Ein von den Sternen inspiriertes Parfüm. – Die Wissenschaft unterschätzt den Geruchssinn der Frauen.*

EINE so subtile Essenz muß zwei Seiten haben. Das Parfüm hat eine zweite Seite. Außer Erotik schenkt es auch seelisches Gleichgewicht und inneren Frieden.

Seit Anbeginn hatte es mit der Gesundheit zu tun, denn seine Erfinder, die ägyptischen Priester, waren gleichzeitig Ärzte.

In den Händen dieser Priester war das Parfüm sogar ein Mittel für die höchste Gesundheit: für eine Art von ewigem Leben. Es wurde nämlich bei der Einbalsamierung verwendet. Einige Rezepte für die Anfertigung einer guten Mumie sind uns erhalten geblieben. Ich finde sie wenig appetitlich und will Sie deshalb damit verschonen.

Wir überspringen Jahrtausende und befinden uns jetzt im 16. Jahrhundert, in der Zunft der Apotheker, die in ihren Läden Gewürze verkauften und in ihren Hinterzimmern parfümierte Salben herstellten. Diese heilten die kranken Körper, und ihr Duft beruhigte die leidende Seele.

Michel de Notre-Dame – der durch seine Weissagungen als Nostradamus berühmt wurde – mischte Iris aus Florenz, Gewürznelken, blutrote Rosen, Moschus und Ambra in einem Mörser. Wollte er ein Parfüm im modernen Sinne herstellen? Nein, er mixte ein vorbeugendes Mittel gegen die Pest.

Aix-en-Provence wurde von der Pest entvölkert. Aber Nostradamus und seine Patienten wurden verschont. Der Astrologe konnte sich wieder an sein Schreibpult begeben. Er verfaßte das Buch »Traktat über das Schminken«, in dem reife Frauen und Greise Hunderte von geheimen Rezepten für eine Verjüngungskur finden konnten.

Die Ärzte von damals bedienten sich der guten wie der schlechten Gerüche. Sie halfen ihnen, Krankheiten zu erkennen. Sie untersuchten nicht durch Abhorchen. Sie verließen sich auf ihre Nase. Scharlach verleiht der Haut des Kranken einen Geruch nach gemähtem Gras. Pocken stinken nach Raubtierkäfig. Gelbsucht riecht nach Moschus. Die Zuckerkrankheit nach Heu. Riecht man ein bißchen nach Honig? Rette sich, wer kann! Es ist die Syphilis.

Wir sind jetzt nicht mehr auf Gnade und Barmherzigkeit einem Schnupfen ausgeliefert, der unseren Arzt bei der Diagnose behindern könnte. Das »Check-up« hat die Nase entthront. Was aber dem Geruch nicht geschadet hat. Er besteht heute immer noch darauf, eine heilkräftige Wirkung auszuüben.

Deutsche und schweizerische Ärzte haben seine Wirkung auf das menschliche Verhalten studiert. Seitdem wird in manchen Werkstätten und in manchen Schulen Parfüm zerstäubt. Jetzt gibt es weniger Unfälle bei der Arbeit und nicht so viele schlechte Schüler. Und während der schrecklichen Bombenangriffe auf London wurde immer Lavendel in den Luftschutzräumen versprüht, um gegen den üblen Geruch der Massen anzukämpfen, aber auch, um die Ängstlichen zu beruhigen und auf diese Weise eine Panik zu verhindern.

Aber das Parfüm hat noch mehr aufzuweisen. Es hat jetzt

ein eigenes Heilverfahren: die Aromatherapie, die durch das Einatmen von Düften eine Erleichterung unserer Beschwerden bewirkt. In den Vereinigten Staaten soll ein Heilpraktiker dank dieser Therapie ein Vermögen verdient haben.

In Frankreich hat der berühmte Astrologe Georges Muchery die astrale Aromatherapie erfunden. Jede Krankheit steht unter einem Sternzeichen und der Patient auch. Es genügt, eine Beziehung zwischen beiden herzustellen.

So wird das Bettnässen – Verzeihung, aber Muchery hat gerade dieses Beispiel gewählt – durch den Saturn und die Waage geheilt, indem man eine Mischung von Benzoe, Geranium und Moschus inhaliert.

Erwarten Sie aber nicht, daß Ihnen diese Behandlungskosten von der Krankenkasse ersetzt werden. Die Aromatherapie gehört nicht zur anerkannten Medizin.

Die moderne Frau verlangt vom Parfüm nicht mehr, daß es Krankheiten wie Bettnässen oder Hämorrhoiden heilt – ein weiteres von Muchery angeführtes Beispiel, der offensichtlich eine Schwäche für Beschwerden hat, die stinken –, sie erwartet von ihm eher seelische als körperliche Gesundheit.

Man parfümiert sich für andere, die man gerne betören möchte, aber man parfümiert sich auch nur für sich selbst. Man möchte sich selbst riechen, weil man, wenn man seinen eigenen Geruch spürt, fühlt, daß man existiert.

Die erste Art des Parfümierens ist eine Projektion, die zweite: Konzentration. Die erste ist »für den anderen«. Die zweite ist »für sich«. Es hat einen onthologischen Wert, wie man früher sagte, als das strukturalistische Kauderwelsch den existentialistischen Jargon noch nicht aus der Mode gebracht hatte. Aber lassen wir die Philosophie beiseite. Wir müssen jetzt wieder seriös werden. Die Frau möchte sich in ihrer Umwelt wohl fühlen – ich hätte fast geschrieben: »in ihrer Haut«, aber man soll keine Gelegenheit versäumen zu zeigen, daß man über die großen Probleme unserer Zeit Bescheid weiß. Und gehört nicht auch das Parfüm zur Umwelt?

Das Parfüm schenkt ein gutes Gewissen. Mit jedem Atemzug fühlt die Frau, die sich parfümiert, daß sie gesund, ausgeglichen, intelligent ist, daß sie den Humor von Daninos versteht, daß sie Barjavels Mut schätzt und daß sie entschieden gegen »Das große Fressen« ist.

Dieses Parfüms wegen braucht eine Frau nicht zu erröten. Wenn sie Hausfrau ist, kann sie es nehmen, um ihre fünf lieben Kleinen in das Internat Sainte-Marie des Angelots zu bringen, um dort vor den Nasen der anderen Mütter zu bestehen.

Das »Lexikon des Parfüms« hat, nachdem es Zitate aus den Werken großer Dichter gebracht hatte, in seiner letzten Auflage auch einige Filmstars und -sternchen nach ihrer Meinung über das Parfüm befragt. Sie haben sich alle zu dem Parfüm »Ich bin gesund und frisch gewaschen« bekannt. Und keine zu dem Parfüm »Folgen Sie mir doch, junger Mann«.

Sie waren nicht alle in gleich guter Form. Die Aussprüche von Ursula Andress: »Ich bin gern den ganzen Tag parfümiert« und von Catherine Allégret: »Wenn ich weder Parfüm noch Eau de Toilette hätte, wäre ich sehr unglücklich«, sind nicht umwerfend. Zugegeben: »Das Parfüm ist ein Hauch des Himmels« ist auch nicht besser. Aber es ist von Victor Hugo.

Die beste Antwort kommt von Estella Blain: »Wenn ich etwas auf eine einsame Insel mitnehmen müßte, so wäre das mein Parfüm.« Man kann die Einsamkeit einer parfümierten Frau nicht treffender ausdrücken.

Ich höre schon, wie die Skeptiker protestieren: »Sie schummeln! Die Frau von heute, diese Amazone, die nach den Statistiken schon mit sechzehn Jahren entjungfert wird, kann doch nicht mehr die Vorurteile des vorigen Jahrhunderts haben.«

Wir dürfen aber nicht vergessen, daß unsere Gefährtinnen, trotz ihres manchmal herausfordernden Benehmens, gerade einer Sklaverei von mehreren Jahrtausenden entronnen sind.

In seinem schönen Buch »Eros und Kultur« erinnert uns René Nelli daran, daß um 1930 ein sanfter Jüngling vor Gericht erschien. Er hatte seine Geliebte, eine entzückende Engländerin, ermordet. Er warf ihr vor, beim Liebesakt zu schreien. Mit einem anderen? Nein, mit ihm. Sie hätte ihn gern geheiratet. Er hatte sich geweigert. Eine Frau, die Lust empfand und das nicht verheimlichte, konnte nur eine schlechte Mutter sein. Und aus Entrüstung über ihre Seufzer habe er sie schließlich umgebracht. Die Geschworenen konnten das so gut verstehen, daß sie ihn beinahe freigesprochen hätten. Und das ist erst vierzig Jahre her!

1931, etwa zur gleichen Zeit, veröffentlichte Liselotte in der »Bibliothèque du Petit Echo de la Mode« einen »Leitfaden für die Schicklichkeit«, der Benimmfragen, gesellschaftliche Verpflichtungen und mondäne Gepflogenheiten behandelte.

Die Definition des Parfüms, die Liselotte im letzten Kapitel gibt, ist sozusagen eine offizielle Definition, die den Stempel der guten Sitten von damals trägt.

»Die Blume stirbt nicht ganz«, schreibt Liselotte, »ihre kleine Seele strömt aus dem Parfüm, das aus ihr gewonnen wird, und die Frauen, die sich mit ihrem sanften Duft benetzen, bewahren etwas von dem Dasein der Blume, die nur einige Stunden, die Spanne eines Vormittags, gelebt hat.«

Ihr Vorgehen war geschickt: Sie machte aus dem Parfüm, dem Komplizen einer Lust, die verabscheut wurde, etwas Kitschiges. Unsere heutigen Werbefachleute haben das wieder aufgegriffen. Auch sie umhüllen das »böse« Parfüm mit übertriebenem Lob.

Für diese Art von Parfüm schufen sie ihre besten Werbetexte: »Ein Parfüm, das von Ihnen spricht . . . aber mit leiser Stimme.« Oder: »Lubin kleidet Sie mit *Eau Neuve.*« Verstecken Sie Ihre Nacktheit, die ich nicht ertragen kann.

Sie dachten vielleicht, daß das Parfüm entkleidet? Aber nein, es macht angezogen.

Einer der erfolgreichsten Werbeleiter hat mir gestanden, daß das Parfüm, um verkauft zu werden, den sozialen Aufstieg versprechen muß. Nach seinen Reden zu urteilen, hat eine durchschnittliche Pariserin in den Dreißigern, Frau eines leitenden Angestellten, nur zwei heimliche Wünsche im Leben: Mitglied im Racing Club de France zu werden und unter den Bäumen des Croix-Catelan ein teures Parfüm spazierenzutragen. Jede Zeit hat ihren besonderen Geist.

Eine Untersuchung, die 1970 unter Parfümkäuferinnen stattfand, hat zum Teil die Auffassung meines Werbefachmannes bestätigt. Und doch muß ich einen Vorwurf anbringen. War es denn nötig, so viel Geld auszugeben und so viele Computer einzusetzen, um zu erfahren, daß die reichen Frauen mehr Parfüm benutzen als die armen?

Diese Schlußfolgerung erinnert mich an eine Anekdote. Einer meiner Freunde hatte merkwürdige Beschwerden. Er konnte nicht verhindern, daß er in der Öffentlichkeit gewisse ungehörige Laute von sich gab. Er beschloß, sich behandeln zu lassen. Da er sehr reich war, begab er sich in die teuerste Klinik von Boston. Er wurde chemisch, physikalisch, biologisch untersucht. Man ließ ihn Tests machen. Er wurde von der Stimmritze bis zum Schließmuskel geröntgt. Man maß seine Temperatur, seinen Blutdruck und fühlte seinen Puls. Man analysierte seinen Herzschlag und die Zuckungen seines Gehirns. Man forderte ein horrendes Honorar.

Und schließlich gab man ihm ein Rezept. – Man hatte ihm ein Mittel gegen Durchfall verschrieben!

Wenn das Parfüm ein derart intimes Accessoire ist, wo kann sich eine Frau denn Rat holen, bevor sie diese Ergänzung ihrer selbst wählt?

Georges Muchery empfiehlt ihr, sich auf die Sterne zu verlassen. Er schreibt in »Astrale Magie der Parfüms«:

»Ein Parfüm, das zu Ihrer Persönlichkeit paßt, wird für Sie der wirksamste Talisman sein, und zwar aus folgenden Gründen: Ihr Parfüm trägt durch die unbewußten Reaktionen, die es auf Ihren Organismus ausübt, dazu bei, das humorale Gleichgewicht, das Sie bei der Geburt mitbekommen haben, aufrechtzuerhalten.«

Das humorale Gleichgewicht wird durch den Stand der Gestirne bei unserer Geburt bestimmt. Dieses angeborene humorale Gleichgewicht ist nichts Geringeres als unser Schicksal. Es birgt die Summe des Glückes in sich, die uns zusteht. Es ist also sehr wichtig, daß es nicht gestört wird, wenn wir glücklich sein wollen.

Die Parfüms können eine Störung verhindern, weil sie geheime astrale Kräfte besitzen.

So ist zum Beispiel die Ambra ein Löwe-Saturn von cholerisch-melancholischem Temperament. Ihr Duft fesselt das Begehren und macht beharrlich. Der Moschus ist eine Waage-Saturn von sanguinisch-cholerischem Temperament. Er belebt die Gefühle. Das Patschuli schenkt ein langes Leben. Die Orchidee hat einen intellektuellen Duft. Der Geruch des Wacholders begünstigt die Abtreibung, während zum Beispiel der Geruch des Salbei die Frauen fruchtbar macht.

Diese kurzen Betrachtungen über das magische Schicksal der Menschen werden durch einen Prospekt, den man zwischen den Seiten des Buches »Astrale Magie der Parfüms« findet, etwas beeinträchtigt. Er empfiehlt das Parfüm Nummer VII, eine Kreation aus dem Jahre 1932, von dem ein Flakon mit 30 Gramm achtzehn Francs kostet.

Aber es gibt noch etwas Besseres. Für nur 36 Francs können Sie einen Flakon Parfüm mit 25 Gramm Inhalt in einem Kästchen bekommen. Er enthält ein persönliches Parfüm Nr. VII, das von Spezialisten nach Ihrem Geburtsdatum angefertigt wurde. Die Räucherstäbchen aus diesem Parfüm – zwölf Francs kostet das Päckchen mit fünfzehn Stück – begünstigen die Meditation, entwickeln die Gabe des Hellsehens und verjagen die Krankheitsstoffe, die unseren Äther verpesten.

Lassen wir das Magische und wenden wir uns nun der Universitätsgelehrsamkeit zu. 1972 hat Hermermann in Straßburg über die »Psychologie des Parfüms« promoviert.

Das Fazit dieser gelehrten Doktorarbeit war, daß die weiblichen Nasen nichts von Parfüm verstehen. Das war keine willkürliche und weiberfeindliche Verleumdung. Es war eine durch Experimente bewiesene wissenschaftliche Tatsache. Hermermann präsentierte fünfzehn Versuchspersonen zwei Parfüms ohne Namen, die nur mit den Buchstaben A und B bezeichnet waren. Die fünfzehn Versuchspersonen befanden, daß diese beiden Parfüms in vielen Punkten ähnlich seien.

Zwei Wochen später machte Hermermann einen erneuten Versuch und nannte jetzt die Namen der beiden Parfüms: *Concreta* von Molinard und *Vivara* von Pucci. Die Versuchspersonen konnten diesmal keine Ähnlichkeit feststellen. Und dasselbe Parfüm, das man als »frisch und diskret« bezeichnet hatte, war nun unter dem Namen *Concreta* »warm und lang haftend«.

Das Parfüm *Sous le vent* von Guerlain läßt manche Leute an eine Dame am Steuer ihres Sportwagens, andere dagegen an eine hingegossene Südseeinsulanerin denken.

Wir wollen nicht übertreiben. Diese Experimente beweisen, daß nicht jede beliebige Nase fähig ist, Parfüms zu unterscheiden, aber sie beweisen durchaus nicht, daß die Frauen unfähig sind, einen Duft für sich selbst zu wählen, selbst wenn sie sich in den Bezeichnungen irren und »warm« mit »diskret« verwechseln.

Sie sind sogar – trotz aller Magier und Professoren von der Sorbonne, die vielleicht nach alten Junggesellen-Kippen riechen – die einzigen Sachverständigen in diesem Bereich, denn es gibt weder Maschinen, die Düfte messen, noch Retorten, die das innere Glück destillieren können.

Ich habe das moralische Porträt des Duftes beendet. Ich erteile jetzt meiner Komplizin Françoise Sagan das Wort.

*Meine persönlichen Erinnerungen an Parfüm sind äußerst banal. Es gibt da keine Spur von dicker Milch, nicht einmal das Parfüm meiner Mutter – in Straß –, die sich vor einem tollen Fest über meine Wiege neigt. Nein, ich erinnere mich nur an einen einzigen starken Duft – an einen echten Duft, weil er durch Feuer entstand –, an den Duft des Strohfeuers. Jeden Herbst stieg derselbe Geruch, melancholisch und sanft wie gewisse Erinnerungen, aus den Feldern empor, aber er beschwor auch die Stadt und die kommende Winterkälte und den Schnee herauf. Für uns Kinder war es ein symbolischer Geruch: Es roch nach Ferien-Ende. Adieu Getreideernte! Es lebe die künftige Lorbeerernte!*

*Danach, oder vielmehr zur gleichen Zeit, war Krieg. Ich erinnere mich nun an das Parfüm meiner Mutter, denn während der Bombenangriffe auf Lyon war es ihre größte Sorge, gut frisiert und leicht parfümiert in den finsteren Keller hinunterzugehen, der uns noch finsterer erschien, weil wir die einzigen waren, die sich in diesen Nächten um Parfüm kümmerten. Wir hatten aber beim Warten nie Angst. Dieses Parfüm, dessen Namen ich vergessen habe, hätte Fracas von Piguet heißen können. Dann kam die Rückkehr nach Paris und damit die Entdeckung des »sündigen« Parfüms. Das gilt natürlich nur für mich. Jeder in unserem Haus wußte nämlich, daß in einer bestimmten Etage eine Dame von ihrem Körper lebte und daß die Zahl der Gentlemen, die den Aufzug nahmen, beträchtlich war. Stellen Sie sich ein junges Mädchen vor, noch ein halbes Kind und ein bißchen naiv, mich zum Beispiel, das den Aufzug kurz nach der Dame benutzt und erstaunt den schweren Duft von Mitsouko riecht. Nun wurde für mich der Begriff Parfüm, der richtige, endlich greifbar: das verruchte Parfüm . . ., aber ich war eher neidisch als entrüstet. Ich wußte damals noch nicht, daß die sogenannten Damen »von Welt« und die Prostituierten dieselbe Vorliebe für dieselben Düfte haben.*

*Berauschende, giftige, schwüle Düfte, wunderbare Düfte der verschleierten Liebe ... Ich sage ausdrücklich verschleiert, weil der Moschus, der natürliche, starke und rein animalische Geruch, den Heinrich IV. so liebte (der einmal seiner Geliebten Gabrielle d'Estrées schrieb: »Waschen Sie sich nicht mehr, meine Liebe, ich komme in acht Tagen«), kurz, dieser natürliche Moschus wird heute mit anderen, synthetischen Düften umhüllt, vermischt und verdeckt.*

*Seit die Düfte nicht mehr als Opfergaben für die Götter bestimmt sind, sondern im Gegenteil von den Menschen für die Menschen benutzt werden, muß der Moschus, der wollüstigste von allen Gerüchen, verborgen bleiben. Heute kauft man kein Parfüm, um schnurstracks mit einer Meute von Männern, die einem nachlaufen, ins Bett zu gehen (im Gegensatz zur läufigen Hündin), man kauft Parfüms, um sich selbst, den anderen und seinem Geliebten zu gefallen.*

Zweiter Teil

# Was ist ein modernes Parfüm?

# Von der Antike bis zur Französischen Revolution: Das Parfüm emanzipiert sich von den Salbölen

*Von den drei Phasen des Parfüms: Kopf-, Herz- und Grundnoten. – In der Antike hat es gestunken. – Sogar die Weine wurden parfümiert. – Die ersten Neuerungen: die Entdeckung der Destillation und der Verwendung des Alkohols. – Die Araber bewahren die Geheimnisse von Byzanz. – In den Harems werden die Düfte feiner. – Die Kreuzfahrer führen das Parfüm ein. – Eine Zeit, die den Kaffee, den Tee und den Kakao noch nicht kannte. – Die Entdeckung Amerikas: ein Glücksfall für die Parfümeure. – Wie Grasse von der Gerberei zum Blumenpflücken überging. – Das »Lebenselixier«: ein Monopol der Klöster. – Das Wasser der Königin von Ungarn als Vorläufer des modernen Parfüms. – Die mysteriöse Geschichte des Eau de Cologne. – Ist Johann Maria Farina ein Mythos? – Die beiden Altmeister Pivert und Houbigant werden zu Bahnbrechern.*

WAS ist ein Parfüm?

Die Tradition verlangt, daß ich Ihnen mit Definitionen aus den großen Lexika in den Ohren liege. Ich halte Sie für erwachsen genug, um selbst zur Bibliothek zu gehen und dort in den einschlägigen Werken nachzulesen.

Ich begnüge mich also damit, in Gedanken ein Flakon von Chanel oder Patou unter Ihrer Nase zu öffnen.

Was empfindet eine Frau, die eine Diamantenkette, die man ihr gerade geschenkt hat, in ihrem Kästchen blitzen sieht? Einen Schock. Sie ist fasziniert. Sie kann ihren Blick von diesen Edelsteinen nicht abwenden, die doch eine Stunde später noch genauso prächtig sein werden. Trotz seines Feuers ist der Diamant leblose Materie.

Ganz anders ist der Genuß, den Ihnen ein Flakon Parfüm

verschafft, den man zum ersten Mal öffnet. Das Parfüm lebt. Jedes Parfüm hat drei aufeinanderfolgende Phasen. Ein Parfüm ist ein Nacheinander, die Summe einer Kindheit, einer Jugend und eines reifen Alters, wie das menschliche Leben.

Das Dasein wäre sehr interessant, wenn nicht alles so langsam ginge. Wieviel Geduld muß man aufbringen, um endlich zu erleben, daß der Gute bestraft und der Böse belohnt wird! Was das Parfüm betrifft, da braucht man nicht so lange zu warten.

Kaum haben Sie den Stöpsel entfernt, werden Sie überwältigt. Das Parfüm ist jung. Es ist noch ohne Nuancen. Es möchte auf Anhieb geliebt werden. Für die Fachleute ist dies der Angeruch. Wenn es sich verflüchtigt, entfaltet das Parfüm zuerst seine »Kopfnoten«, seine »notes de tête«.

Einige Minuten verstreichen. Durch die Berührung mit der Umwelt wird das Parfüm ruhiger. Es schockiert nicht mehr. Seine Verwegenheit wird von seinem Charme abgelöst. Es will nicht mehr verblüffen, es will verführen. Jetzt entfalten sich die »Herznoten«, die »notes de cœur«.

Das Herz (wie es die Parfümeure nennen) des Parfüms lebt nur einen Abend. Nach den Vorzügen nun die Tugenden! Es handelt sich jetzt nicht mehr darum, unbeständig zu sein, sondern, koste es, was es wolle, zu überleben. Das Parfüm wird seriös, es verströmt seine tiefsten Quellen. Dies ist auch das endgültige Parfüm, das beurteilt wird. Deswegen hat man diesen wesentlichen Duftnoten den Namen »Grundnoten«, »notes de fond«, gegeben.

Diese Entwicklung ist nicht zufällig. Sie ist gewollt. Der Parfümeur ahmt das Theater nach und teilt seine Erfindung in drei Akte ein. Bei manchen Parfüms haben diese drei Akte keinerlei Beziehung zueinander. Das sind mißglückte Parfüms.

Der Angeruch eines guten Parfüms muß über den Mittelgeruch den Nachgeruch vorbereiten. Gewiß, es kann, es muß Überraschungen geben: Duftnoten, die einen Augenblick unharmonisch wirken. Sie sind notwendig, um Kontraste zu unterstreichen. Aber die verschiedenen Phasen müssen sich wie durch Zauberei eine aus der anderen mit Anmut entfalten.

Es gibt kein hervorragendes Parfüm, in dem die Duftnoten nicht miteinander verbunden sind, weil die Kunst der Parfümeure vor allem Harmonie erzeugen möchte.

Ich spreche jetzt von den modernen Parfüms, die mit der Chemie zu tun haben. Aber das war nicht immer so. Wie hätten die Parfüms denn Symphonien sein können zu einer Zeit, als die Symphonie, die ihnen als Modell diente, in der Musik noch nicht erfunden worden war?

Huysmans spricht in seinem Vorwort zu »A Rebours«, das er zwanzig Jahre nach dem Roman schrieb, im Zusammenhang mit den duftenden Substanzen der Kirche von Thymiana, das in der Bibel erwähnt wird und das man unter den Glocken verbrannte, wenn sie getauft wurden.

Das Rezept ist im 2. Buch Mose überliefert. Leider ist es unmöglich, heute eine gewisse Muschel aufzutreiben, die man zu seiner Herstellung braucht.

Schade! Dieses seltsame Thymiana wäre etwas anderes gewesen als der fade und benebelnde Weihrauch unserer frommen Kindheit. Es war höchstwahrscheinlich – von Ägypten bis Rom – das Parfüm der Antike. Man verbrauchte in den Tempeln und dann in den Häusern schrecklich viel davon. Die Myrrhe war vermutlich kaum subtiler. Es waren schwere Gerüche, die mehr betäubten als entzückten.

Man benutzte auch Öle und Balsam. Wenn ich nur daran denke, bekomme ich eine Gänsehaut. Wenn die Gastmähler zu Ende waren, haben die eitlen Herren und die schönen Damen sicher ranzig gerochen. Oh, ihr Wohlgerüche Arabiens! Die Dichter lügen so oft! Meiner Meinung nach roch es bei antiken Orgien wie in unseren alten Massagesalons, diesen Höhlen, die nach öligen Tüchern stanken. Doch wir wollen nicht ungerecht sein – mit vielleicht ein oder zwei muffigen Düften aus dem Souk, dem Bazar oder dem Jahrmarkt als Beigeschmack.

Und diese Manie damals, alles mit Balsam zu mischen, sogar den Wein! Ein guter Tropfen aus dem Libanon schmeckte nach Weihrauch. Im »Hohenlied Salomos« kredenzt die Gattin ihrem Geliebten eine Schale mit parfümiertem Wein. Ich muß mich zusammennehmen, um mich nicht zu erbrechen. Man gab den zum Tode Verurteilten einen mit Myrrhe versetzten Wein zu trinken, um ihre Leiden zu mildern. Auch Christus am Kreuz bekam ihn von seinen Henkersknechten. Markus bestätigt es. Matthäus leugnet es. In Griechenland trank man Myrrhine, einen Cocktail aus Rotwein, Myrrhe und Weihrauch, und Sapria, das eingeweichte Veilchen und Hyazinthen enthielt. Diese zuletzt genannten Getränke hatten wenigstens einen Vorzug. Man sollte es nicht für möglich halten: aber wenn man sie trank, bekam man keinen Kater.

In Rom machten die Salböle nicht weniger Furore. Das »rhodion« roch nach Rosen, das »metopium« nach bitteren Mandeln, das »narcissium« nach Narzissen, der »crocinus« nach Safran. Es gab noch viel kompliziertere. Die »Königssalbe«, die für den König der Parther hergestellt wurde, enthielt siebenundzwanzig verschiedene Duftstoffe.

Diese Beliebtheit der Salböle rührte von einer Eigenschaft der Fette her. Sie nehmen den Duft von Blumen oder Wurzeln sehr leicht an und halten ihn fest. Die Salböle wurden also durch Mazeration, durch das Einweichen von Blüten in Fetten, erzielt, und die römischen Parfümeure scheuten sich nicht, dafür den Talg von Eseln, Kamelen, Löwen oder Hunden zu verwenden.

Aber die erste Revolution in der Parfümherstellung fand nicht in Rom statt.

Das geschah im dekadenten Byzanz.

Nikolas von Alexandrien mit dem Beinamen Myrepsos, der Salbenmacher, und Oribasius schrieben Abhandlungen über die Destillation oder die Kunst des Alambik. Diese Kunst beruht auf der Tatsache, daß die meisten Duftstoffe vom Wasserdampf festgehalten werden.

War das nur ein wiederentdecktes Geheimnis? Es wird behauptet, daß die ägyptischen Priester schon Terpentinöl destilliert hätten. Und in den »Weden«, den heiligen Schriften der Inder, wurden fünfzehn Jahrhunderte vor Christus religiöse Opfer beschrieben, bei denen die Priester Rosen- und Kalmusessenz verwendeten.

Darüber streiten sich die Gelehrten. In Byzanz wurde jedenfalls die Destillation mit einer nicht weniger wichtigen Entdeckung verbunden: der lösenden Kraft des Alkohols. Das war bereits ein Schritt auf dem Wege zu unseren modernen Parfüms, die alle alkoholische Lösungen sind.

Um den Okzident zu erreichen, mußten diese neuen Methoden aber noch einen langen Umweg machen und zuerst von den Arabern übernommen werden, die nach dem Untergang von Byzanz sich dieses Schatzes bemächtigten.

Er kam in gute Hände. Die Entdeckung des Kompasses, das Studium der Winde, insbesondere der Monsune, hatte aus den Arabern kühne Seefahrer gemacht. Sie segelten nach Sansibar, zu den Häfen des Persischen Golfes und Indiens, nach Ceylon und Sumatra, und dank dieser weiten Fahrten erwarben sie das Monopol für duftende Substanzen und Gewürze.

Dann kam Mohammed, und das Gedankengut des Islam erlebte einen einzigartigen Aufschwung. Gelehrte und Alchimisten verbesserten die Entdeckungen aus Byzanz. Um besser destillieren zu können, erfanden sie die Kühlrohre und verwendeten eine Waage.

Aber sie hielten ihre Experimente nicht geheim. Geber veröffentlichte die »Summa Perfectionis«, in der er seine Destillations- und Sublimationsverfahren schilderte.

Zu dieser Zeit stellten bereits Handwerker Alkohol und destilliertes Wasser her, unter anderem das »Rosenwasser«, den Stolz des Orients, und das Wasser der Wollust.

Es wäre ungerecht, bei der Schilderung dieser Eroberungen den Harem als Quelle des Fortschritts zu vergessen. Die Frauen langweilten oder zankten sich dort. Das Parfüm lenkte sie ab oder half ihnen, die Gunst des Paschas zu erobern. Das Resultat: das Parfüm wurde feiner. Es war nicht mehr das schwere Salböl von früher. Der Duft wurde leichter. Es steckte allmählich etwas dahinter.

Gehen wir aus Chauvinismus noch weiter zurück. Welche Rolle spielten die Gallier und die Franken in dieser Zeit? Ich schäme mich, es zu gestehen: Diese Ferkel kannten keine Parfüms. Nur als sie von ihren Gemahlinnen gepiesackt wurden, führten sie schließlich einige ein, aber es waren die schlechten Erzeugnisse aus Rom.

Die Araber erlösten uns von dieser Barbarei: erstens indem sie die Universität Montpellier gründeten, die wegen dieses Ursprungs immer die Tradition der Öle und der duftenden Essenzen bewahrt hat, und zweitens, indem sie sich weigerten, der Christenheit die heiligen Stätten zurückzugeben. Man zog gegen sie zu Felde. Die Kreuzfahrer kamen dann mit einigen Krankheiten zurück, aber sie brachten auch Geschenke für ihre Damen mit. Die finsteren Burgen wurden von lieblichen Düften erfüllt. Alle Wohlgerüche des Orients dufteten unter den Pechnasen des Okzidents.

Man übertrieb das sogar ein bißchen. Mathieu de Coucy erzählt, daß Philipp der Gute, Herzog von Burgund, für ein Festmahl die Statue eines Kindes errichten ließ, »das Rosenwasser pißte«. Ein Vorläufer des »Manneken-Pis«, das damals im Dienste der Werbung stand!

Alles wurde parfümiert, die Rosenkränze inbegriffen. Es gab mit Moschus parfümierte Rosenkränze – fromme Dinge, um unfromme Gedanken zu bekommen. Sogar die Bilder. Anne de Bretagne hatte in ihrem Alkoven eine »Madonna mit Jesuskind«, die nach Ambra duftete.

Diese Exzesse hatten wenigstens einen Vorteil. Sie zwangen die Apotheker, neue Rezepte zu entwickeln. Sie verkauften Terpentin-, Rosmarin-, Salbei-, Lavendel- und Zimtöl. Ende des 13. Jahrhunderts schrieb der Doktor Pierre de Paris ein Traktat über Parfüms, in dem leider die Hexerei noch einen zu breiten Raum einnahm, denn er empfahl Lotionen aus Krötensaft und Hundeblut zur Schönheitspflege.

Das Paris dieser Zeit konnte übrigens noch keinesfalls den Anspruch erheben, die Hauptstadt der Parfümeure zu sein. Die hochwertigen Wohlgerüche kamen aus Cordoba, der Stadt der Kalifen, der Erbin von Damaskus und Bagdad. Aber bald importierte man sie aus Venedig, dem Umschlagplatz für Düfte und Gewürze.

Die Gewürze waren gerade im Begriff, die Landkarten und die Lebensweisen zu verändern. Stellen Sie sich einmal vor: Das Mittelalter kannte weder Tee, Kaffee noch Kakao. Zucker war ein Luxusartikel, und man hatte die Angewohnheit, »teuer wie Pfeffer« zu sagen, weil dieses Gewürz so selten und so begehrt war. Die Gewürze schützten vor der Pest und gaben gleichzeitig den faden Gerichten von damals einen pikanten Geschmack.

Und außerdem regten sie nicht nur den Appetit, sondern auch die Erfindungsgabe an. Sie beflügelten beinahe genauso die Phantasie wie die Berichte von Marco Polo oder »Das Buch der Wunder« des Chevalier de Mandeville, der Ägypten, Asien und China von 1350 an besucht hatte. Es war der Bedarf an Gewürzen, der Vasco da Gama, Christoph Columbus und Magellan über die Meere schickte, um die beste Route für Pfeffer und Muskat zu suchen.

Diese Abenteurer kehrten mit Kisten voller Gewürze zurück, die nicht nur für die Küche, sondern auch für die Parfümretorten bestimmt waren.

Von nun an besaß der Okzident Rohstoffe. Er brauchte nur noch aus der Destillation, dem einfachen Laboratoriumsexperiment, eine Industrie zu machen.

Die Renaissance hat unserer Kultur den modischen Handschuh geschenkt. Vorher war er aus Eisen und nur ein Teil der Rüstung, die die Ritter des Mittelalters vor den Stößen der Degen und Rapiere schützte. Die Handwerker jenseits der Alpen machten nun aus Leder für die Herren und aus Seide für die Damen Handschuhe, die zur vornehmen Kleidung paßten. Sie waren so geschickt, daß manche ihrer Meisterwerke in eine Nußschale gingen. Diese Wunderwerke schützten zwar kaum vor der Kälte, doch was für ein Fortschritt gegenüber den eisernen Handschuhen!

Aber – es gibt keine Rosen ohne Dornen. Die Kriegshandschuhe konnten rosten. Die Friedenshandschuhe stanken, wenn sie nicht aus Seide waren.

Um diesem Übel abzuhelfen, nahmen unsere Handschuhmacher Gamsbockleder, tränkten es in Sandelholz- und Bergamotte-Öl, bestrichen es mit Zibet und Moschus und nannten es »Peau d'Espagne« – »Spanisch Leder« – und verkündeten dann überall, daß es fast wie Menschenhaut dufte.

Dieser Slogan war wahrscheinlich nicht gut, denn Anne-Marie de La Tremoille mit dem Beinamen Nerola konnte ihre Handschuhe nicht riechen und parfümierte sie deshalb mit Pomeranzenblütenessenz. Sie wurde sehr viel nachgeahmt – und sogar noch übertroffen, denn man parfümierte Handschuhe von nun an auch mit Frangipani und Ambrette. Und aus Dankbarkeit nannten die Parfümeure die Essenz aus Pomeranzenblüten, die sie verwendet hatte, »Neroli«.

Jetzt bemächtigten sich also die Handschuhmacher des Parfüms und verdrängten die Apotheker. Und das veränderte das Schicksal einer reizenden kleinen Stadt.

Grasse, das nur ein paar Schritte vom Mittelmeer entfernt lag, hatte sich schon früh vom Meer abgewandt. Seine Bewohner mit ihrem gesunden bäuerlichen Menschenverstand hatten bald begriffen, daß alles Unheil – Seeräuber oder Pest, die Geißel der Häfen – vom Meer her kam. Sie wurden also Bauern oder Kaufleute.

Wieder andere gerbten Leder. Das Verb »gerben« ist eigentlich nicht der richtige Ausdruck, denn sie benutzten keine Gerberlohe. Sie arbeiteten lieber mit einem duftenden Pulver, das aus den Blättern der Minze hergestellt wurde. Die derart behandelten Leder hatten eine schöne grüne Farbe und waren von erstklassiger Qualität.

Als Ende des 16. Jahrhunderts italienische und spanische Moden Frankreich überschwemmten, zögerte Grasse nicht lange. Die ganze Stadt (in der später Fragonard geboren wurde) spezialisierte sich auf die Herstellung feiner Handschuhe.

Die Handschuhe und Wämser aber mußten noch parfümiert werden. Grasse begann also, duftende Öle herzustellen, und wieder hatte das Städtchen Glück. Essenzen aus Blumen und Früchten wurden die Basis für beinahe alle Parfüms. Wer war dafür besser ausgerüstet? Auf seinen Feldern gab es wilde Pomeranzen, Lavendel, Mimosen, Jasmin, dessen Samen aus Indien eingeführt worden war, italienische Tuberosen und Rosen im Überfluß.

Die Destillatorien vermehrten sich. Gewiß, das war keine neue Errungenschaft. Bereits Perikles hatte die Wissenschaft von der Destillation begründet, und die Medici in Florenz waren die Bahnbrecher dieses Gewerbes gewesen. Gonverville hatte sein Schloß in eine wahre Fabrik verwandelt, in der Damaszenerrosen verarbeitet wurden. Mit Destillierkolben – spaßeshalber auch Uringlas oder Ente genannt –, die mit Sonnenstrahlen oder manchmal auch mit Pferdeäpfeln erhitzt wurden, hatten die Parfümeure die verschiedenartigsten Wässer vom Rosen- bis zum Rosmarinwasser erzeugt. Grasse selbst hatte seine Karriere mit der Destillation von Blättern des bitteren Pomeranzenbaumes eingeleitet.

Neu war nur, daß sich jetzt eine ganze Stadt der Herstellung von Parfüm widmete und daß die Art der Herstellung bereits eine Position zwischen Handwerk und Industrie einnahm.

Wir haben gerade vom Wasserdampf, der bei der Destillation eine wichtige Rolle spielt, gesprochen, aber was ist inzwischen aus dem Alkohol der Araber geworden?

Er war Mitte des 15. Jahrhunderts von Arnaud de Villeneuve und seinem Schüler Raymond Lulle wiederentdeckt worden. Und doch wurden schon seit Anfang des 14. Jahrhunderts von Mönchen und Geistlichen alkoholische und duftende Lösungen nach Rezepten der arabischen Alchimisten hergestellt.

Zu Anfang hatten sie ganz bescheidene Absichten. Sie benutzten sie nur zum Händewaschen. Aber allmählich wurden sie kühner. Einmal trank einer von ihnen freiwillig davon. Er schrieb dieser Flüssigkeit eine heilkräftige Wirkung zu. Seine Brüder nannten diese Lösung daraufhin »Lebenselixier« und sicherten sich das Monopol.

Seit dem 16. Jahrhundert nannte man diese Mixturen, die in den Klöstern hergestellt wurden, »Kräuterwässer«. Sie waren Heilmittel gegen fast alle Beschwerden. Das berühmteste dieser Kräuterwässer war das »Regina Wasser«, dessen Geheimnis von der Äbtissin des Klosters Santa Maria Novella in Florenz eifersüchtig gehütet wurde.

Es gab außerdem »Eau admirable«, »Eau sans pareilles« und vor allem Melissengeist, der sich bis heute erhalten hat und den Barfüßermönche nach Frankreich einführten. Allerdings heilte er noch keine Herzkrankheiten. Man verwendete ihn damals vorzugsweise als ein Mittel gegen die Pest.

Waren die Geheimnisse der Mönche gelüftet worden? Oder hatten die Parfümeure die Arbeiten von Arnaud de Villeneuve direkt gelesen?

Jedenfalls kam nun ein »Wasser der Königin von Ungarn« auf den Markt, das durch die Destillation von Alkohol mit Rosmarinblättern gewonnen wurde. Der Prospekt, der ihm beilag, war ziemlich reißerisch. Eine gewisse Elisabeth, Königin von Ungarn, behauptete, es von einem Einsiedler erhalten zu haben, und um dem Himmel für dieses Geschenk zu danken, habe sie sich dann geweigert, den König von Polen zu heiraten.

Dieses »Wasser der Königin von Ungarn« war nichtsdestoweniger der Vorläufer einer Neuerung, der zweiten umwälzenden Neuerung in der Parfümherstellung. Unter der Regierung Ludwigs XIII. und Ludwigs XIV. entstanden weitere Kräuterwässer, wie zum Beispiel das »Eau d'Emeraude«, von dem Madame de Sévigné so entzückt war. Und bald benutzten die Frauen nur noch alkoholische Parfüms.

Das war das Ende der Salben und Öle. Der Flakon hatte den Sieg über die fettigen Pasten davongetragen.

Ich bin mit den Kräuterwässern noch nicht fertig. Ich komme auf das »Regina Wasser« und auf das Florentiner Kloster noch einmal zurück.

Ich muß Sie jedoch warnen. Ein paar Zeilen werde ich ohne die Hilfe der Geschichte fortfahren. Die Legende wird mich leiten, aber was macht das! Ein heiteres Märchen ist mehr wert als eine triste Wahrheit.

Man sagt, der Italiener Giovanni Paolo Feminis habe von der Äbtissin des Klosters Santa Maria das berühmte Geheimrezept erhalten. Wie mochte ihm das wohl gelungen sein? Wir wollen dieser unsicheren Nachricht jedoch keine Verleumdung hinzufügen. Dieser Paolo habe später das Rezept seinem Neffen Johann Maria Farina vererbt, der sich 1709 in Köln niedergelassen hat. Und der habe dann das »Regina Wasser« unter dem Namen »Aqua Mirabilis«, später »Aqua Coloniensis« oder »Eau de Cologne« hergestellt.

Uff! Wir können nun wieder zu dem rumpelnden Karren der Geschichte zurückkehren.

Die erste verbürgte Tatsache ist: Dieses »Eau de Cologne« hatte einen ungeheuren Erfolg, nicht nur in Deutschland, sondern in ganz Europa.

Die zweite Tatsache ist: Ein gewisser Gianmaria Farina, geboren in Novara in Italien, ist 1766 in Köln gestorben.

Sechs Jahre früher, 1760, stand in einer Annonce in den Pariser Zeitungen, daß das »Eau Farina« bei Sieur Brouet, Krämer und Drogist, in der Rue Dauphine zu haben sei.

Es wird immer verwirrender. 1762 dementierte ein anderer Farina namens Johann Anton, wohnhaft in Köln in der Glockengasse. Er sei der alleinige Besitzer des echten Rezepts, und sein »Kölnisch Wasser« werde in Paris nur von Sieur Onfroi, Königlicher Destillateur an der Place Saint-Michel, verkauft. Preis der Flasche: dreißig Sous.

Wer war nun der echte Farina? Und gab es überhaupt einen echten Farina? War Johann Maria Farina nicht ein Mythos? Behaupten nicht heute noch alle Parfümeure in Köln, die einzigen Besitzer des authentischen Rezepts zu sein?

Um diese Fragen zu klären, habe ich die Archive der Firma Roger & Gallet, der Erbin des *Eau de Cologne Jean-Marie Farina,* durchstöbert.

Ich habe nicht die geringste Spur einer Äbtissin entdecken können. Es war Paolo – und nicht Giovanni Paolo – Feminis, seines Zeichens Friseur, der Mitte des 18. Jahrhunderts auf dem Rücken eines Maultiers nach Köln kam. Er hatte das »Aqua Mirabilis« erfunden, dem seine Nachfolger den Namen »Eau de Cologne« gaben. Seine Nachfolger waren seine vier Neffen, die Farinas, die Feminis, als seine Geschäfte gutgingen, hatte nachkommen lassen.

Lieber Leser oder liebe Leserin, nur ruhig Blut! Eilen Sie jetzt nicht zur Universität, um eine Dissertation über die vier Farinas zu schreiben – was gerade Mode ist. Die Archive eines Parfümeurs sind nicht die Archive des Quai d'Orsay. In der Rue du Faubourg-Saint-Honoré erzählt man die Geschichte von Feminis und seinen undankbaren Neffen – sie hätten ihm zu Ehren das »Eau de Cologne« doch »Eau Feminis« nennen können – mit einem gewissen Lächeln in den Mundwinkeln.

Eine viel wichtigere Einzelheit ist übrigens in der Akte Farina nicht zu finden. Wie wurde aus dem Gesundheitswasser »Eau de Cologne« in Paris ein Toilettenwasser? Es ist das Verdienst von Madame Dubarry, die sich als erste damit besprühte, nicht um eine Krankheit zu heilen oder um sich vor mancherlei Übeln zu schützen, sondern mit der einzigen Absicht, gut zu riechen, ohne stark zu duften.

Das »Eau de Cologne«, das aus Zitronen-, Neroli-, Bergamotte- und Rosmarinöl besteht, ist nicht so stark wie ein Extrakt. Diese Mixtur war schon beinahe ein modernes Parfüm. Es war eine alkoholhaltige, wässrige Lösung, die mehr oder weniger verdünnt sein konnte. Es fehlte ihm jedoch noch eine Eigenschaft, die es erst viele Jahre später erwerben sollte.

Und doch gab es in Paris zur Zeit Ludwigs XVI. und Marie Antoinettes schon zwei Boutiquen, die später in der zweiten Hälfte des 19. Jahrhunderts Parfüms verkauften, die den Gipfel der Vollkommenheit erreichten.

Bereits 1774 hatte sich Louis-Toussaint Pivert, der Begründer der Firma L.-T. Pivert, dessen L.-T. so viele Generationen neugierig gemacht hatte, auf dem Boulevard de Strasbourg etabliert. Sein Laden wurde wahrscheinlich 1837 von Balzac in »César Birotteau« geschildert, aber darüber sind sich die Balzac-Forscher nicht einig.

Um aufs Land, in das Dorf Roule zu gelangen, schlug man einen Weg zwischen Gärten und Baustellen ein. Dieser Weg sollte bald eine wirkliche Straße werden, die Rue Saint-Honoré. Dort, wo sich heute die Britische Botschaft befindet – dieser Teil der Rue Saint-Honoré heißt heute Rue du Faubourg-Saint-Honoré –, stand ein Palais, das Palais des Herzogs de Charost, dem ein Haushofmeister, Monsieur Houbigant, vorstand. Der hatte einen Sohn, der keine Neigung besaß, ein besserer Diener zu werden. Und dieser Jean-François, ein Patensohn der Herzogin, eröffnete 1775 im Alter von 23 Jahren in der Rue Saint-Honoré Nr. 19 eine Boutique, auf deren Ladenschild die Worte standen: »Der Blumenkorb, Handschuhe und Parfüms«.

Diese beiden alten Firmen wurden ein Jahrhundert und

einige Jahre später die Bahnbrecher einer umwälzenden Neuerung in der Parfümherstellung. Sie waren die ersten, die synthetische Produkte verwendeten, eine Neuentdeckung der organischen Chemie.

Tradition im Dienste des Fortschritts! Man kann den Pariser Parfümeuren kein größeres Kompliment machen.

# Von einer Neuerung zur anderen oder vom »Eau de Lubin« zum Nitrobenzol

*Die geruchlose Revolution. – Während der Schrekkensherrschaft beschäftigte sich Jean-François Lubin mit dem Duft der Blumen. – Ein Farina in Paris. – Napoleon trank »Eau de Cologne«. – Wer war César Birotteau? – Die erste Zeitung, die von Guerlain parfümiert wurde. – Lord Liederjan bestellt ein Parfüm für einen einzigen Abend. – Unter Louis-Philippe wurden die berühmten Pariser Geschäfte gegründet. – Im Zweiten Kaiserreich wurde Paris die Hauptstadt der Künste und des Luxus. – Pommes frites in Jasminöl: das ist das Ende eines Kaiserreichs. – Ein unerschwingliches Nitrobenzol, das aber nach bitteren Mandeln riecht. – Eine Ausstellung in London mit den ersten chemischen Parfüms. – Eine Fabrik in Paris und die erste Herstellung von synthetischen Parfüms.*

STELLEN Sie sich einen fast hundertjährigen Blinden vor, der außerdem taub und auf seine Nächsten angewiesen ist. Er wird jeden Tag eine Stunde unter den Arkaden des Palais-Royal spazierengeführt. Er wird wieder nach Hause gebracht. Er wird in einen Sessel gesetzt und dann seiner Einsamkeit überlassen.

Was passiert denn draußen? Sicher etwas Ernstes. Aber was? Schaut mal nach! Wenn er fragt, klopft man ihm beruhigend auf die Wangen. Nur diese Art von Antwort kann er verstehen.

Er kann sich aber mühelos erinnern. Oh, dieses »Frangipani«, wie oft war ihm das in die Nase gestiegen! Wie kann man bloß eine Frau von einem Mann unterscheiden? Sie riechen alle nach »Frangipani«. Dann hatte »Ambre royal« das »Frangipani« abgelöst. Dieses verflixte »Ambre royal«! Ein Hauch davon, und man wurde wieder jung. Und erst die parfümierten Puder, die Puder »à la Reine« oder »à la Maréchale« von Houbigant, wie angenehm sie dufteten!

Und plötzlich rochen die Leute nach gar nichts mehr. Oder vielmehr, sie rochen. Sie strömten ihren eigenen Geruch aus. Wie schrecklich! Säuerliche Gerüche nach Spülbecken. War Paris ein Zuchthaus geworden? Oder ein Kloster? Eines dieser Klöster, wo nur gebetet wird?

Unser Greis begann hinüberzudämmern, als die Parfüms plötzlich wiederauftauchten. Ein Karneval von Parfüms. Man fühlte sich fast an einen Strand der Antillen versetzt, so duftete es nach Zimt und Vanille.

Was war passiert? Eine Revolution, lieber Alter, eine Revolution, die man mit der Nase wahrnehmen konnte. Die Freiheit an den Wänden, die Guillotine auf dem Platz, Strenge in jedem Satz der vielen Reden. Man war unterdessen vom parfümierten Marquis zum nicht weniger parfümierten Stutzer übergegangen. Zwischen den beiden hatte es zwar den Sansculotte gegeben, der nicht parfümiert war, aber seine Herrschaft war nur von kurzer Dauer. Von der Dauer einer Illusion.

Aber nun zurück zur Wirklichkeit.

In der Rue Sainte-Anne Nr. 55, gegenüber dem Haus, in dem Bossuet starb, und in der Nähe des Hauses, in dem Lulli wohnte, eröffnete ein junger Mann von vierundzwanzig Jahren eine Boutique.

Seine Freunde hatten ihm abgeraten, Parfüms zu verkaufen. Wir befinden uns im Jahre 1798. Es sind noch unsichere Zeiten. Die Zeit ist noch nicht fern, wo ein Bürger, der gut roch, als verdächtig angesehen wurde und Gefahr lief, seine Tage auf einer Guillotine zu beschließen, und wo ein bißchen Puder auf dem Kopf dazu führen konnte, seinen ganzen Kopf zu verlieren.

Der Thermidor hatte Ordnung in diese Unordnung gebracht. Die Modedamen zeigten jetzt ihre Schenkel. Und was ihre Busen betraf, so konnte von Zeigen nicht mehr die Rede sein, sie hielten sie den Passanten sozusagen unter die Nase. Würde diese Frivolität nicht noch weitere Katastrophen herbeiführen?

Pierre-François Lubin ließ sich nicht beirren. Er war jung, und er liebte die Zeit, in der er lebte, mit ihren nach Moschus duftenden, aber zynischen und schrecklich aufregenden Tagen. Man tanzte zweifellos auf einem Vulkan, aber belebte das nicht die Ballsäle? Vor allem, wenn man den Eintritt mit großen Gefahren bezahlt hatte?

Im übrigen war Pierre-François Kaufmann, und sein Laden »Zum Wappen von Frankreich« war immer gut besucht. Es war ein Laden alten Stils, der an die früheren Handschuhmacher und Parfümeure und paradoxerweise auch an unsere heutigen Geschenkboutiquen erinnerte. Man verkaufte dort Braut- und Taufgeschenke, Dominos für Maskenbälle, Handschuhe für den Tag oder für die Nacht, Handschuhe zum Ausgehen oder Schönheitshandschuhe, die mit Creme bestrichen waren, um die Hände geschmeidig zu machen.

Aber das waren nur Nebensächlichkeiten. Lubin glaubte an die Parfüms. Er hatte sie in ihrer Heimat, in Grasse, kennengelernt, wo er mehrere Jahre unter der Anleitung eines Meisters gearbeitet hatte.

Als die Schreckensherrschaft in Paris, Lyon und Nantes wütete, machte er als braver Schüler Notizen über das Pfropfen des Jasmins aus der Provence, über die Enfleurage der Hyazinthen und über den sanften, erfrischenden Duft der Reseda, der aber leider durch die Destillation zerstört wird. Diese Notizen hatte er in Hefte eingetragen, die er nie aus der Hand gab, denn sie enthielten mehr als hundert Rezepte und Ratschläge.

Zum Einstand lancierte er das *Eau de Lubin,* dem folgender Werbetext beigefügt war: »Eau de Lubin, um die Wohnung zu parfümieren. Dieses bekannte Wasser verwendet man, indem man es auf einer heißen, aber nicht glühenden Schaufel verdampfen läßt. Es strömt die lieblichsten Düfte aus, ist aus duftenden Pflanzen hergestellt und hat die Eigenschaft, die Luft zu parfümieren und zu reinigen, ein Vorzug, den Duftblättchen nicht haben. Es kann auch als Parfüm verwendet werden.«

Ein Versuchsballon, aber ein erfolgreicher! Bald konnte Lubin seinen Kundinnen – zu denen auch Josephine Beauharnais gehörte – einen Katalog mit grünem Umschlag und zweiunddreißig Seiten zusenden.

Aber sein Ruhm wurde von der Prinzessin Pauline Borghese, der sinnlichsten der Schwestern Napoleons, begründet. Er widmete ihr ein Puder und den *Extrait double à la Borghèse,* die bald am Kaiserlichen Hof sehr begehrt waren.

Lubin runzelte die Stirn.

Wer war der Konkurrent, der sich in der Rue du Faubourg-Saint-Honoré Nr. 333 niederließ?

Jean-Marie Farina. Er behauptete, der Neffe des berühmten Feminis zu sein. Er hatte soeben die Tochter seines Teilhabers Durochin entführt, um durch eine alles wiedergutmachende Heirat die geschäftliche Verbindung zu festigen.

Dieser Piemonteser war sehr raffiniert. Er verbreitete einfach, daß sich der Kaiser mit seinem *Eau admirable* besprühe und daß er sogar einen Schluck vor jeder Schlacht trinke, um seinen Geist zu beflügeln.

Stimmte das? Später bestätigte Madame de Rémusat in ihren »Memoiren« diese Orgien. Sechzig Flakons pro Monat. Und oft stand auf dem Tisch des Kaisers ein grüner geschliffener Flakon zwischen den Generalstabskarten. Aber war dieses Eau de Cologne nicht von dem Hoflieferanten Tessier hergestellt worden?

Allerdings konnte Napoleon während seiner Regierungszeit durchaus seinen Lieferanten gewechselt haben. Jean-Marie Farina gab sich in seinen Prospekten als »Hoflieferant Ihrer Majestät der Kaiserin und Königin Marie Louise, Ihrer Kaiserlichen Hoheit Madame Mère, Seiner Majestät des Kaisers und Königs und mehrerer französischer und ausländischer Fürsten« aus. Hätte er diese Kühnheit besessen, wenn er dazu nicht berechtigt gewesen wäre?

Lubin besaß keine derartigen Dokumente, um wirksam werben zu können. Deshalb versuchte er es mit einer anderen Taktik. Er äußerte keinen Zweifel an der Kundschaft seines Konkurrenten. Er suchte sich einfach einen noch berühmteren Paten, den Farina nicht aufweisen konnte.

Die Wissenschaft war große Mode. Napoleon, der eine neue Kultur mit Hilfe der Ingenieure schaffen wollte, unterstützte sie. Und Lubin richtete sich danach. Während sein Konkurrent Farina sich rühmte, alte Hausrezepte, das Geheimrezept des Feminis, zu verwenden, stellte Pierre-François ein Eau de Cologne »nach den Prinzipien des berühmten Lavoisier« her.

Über diese Plänkeleien sollten Sie nicht lächeln. Sie haben vielleicht ein Kunstwerk inspiriert, ein Kunstwerk, das uns besonders interessiert, weil es die Abenteuer eines Parfümeurs in der ersten Hälfte des 19. Jahrhunderts beschreibt.

1837 war Balzac in einer verzweifelten Lage. Seine Gläubiger verfolgten und der »Figaro« bedrängte ihn. Er hatte von dieser Zeitung einen Vorschuß bekommen und mußte ihn zurückzahlen. Er begab sich also an seinen Schreibtisch und verließ ihn siebzehn Tage später, halbtot, aber ein Manuskript mit dreihundert Seiten unter dem Arm. Was für eine Schöpferkraft!

Oh, er kannte sich gut in dem Thema seines neuen Romans »César Birotteau« aus, der das Drama eines ehrlichen Parfümeurs schildert, der Bankrott macht. Er selbst hatte, als er Drucker in der Rue Visconti war, die Schrekken eines Konkurses und eines Vergleichs kennengelernt.

Die Gelehrten haben behauptet, daß Pierre-François Lubin Balzac für César Birotteau als Modell gedient habe.

Seine Bewunderer brauchen darüber nicht entsetzt zu sein. Birotteau ist ein Heiliger und Märtyrer des Pariser Geschäftslebens. Übrigens hat ihn nicht die Parfümerie ruiniert. Die Spekulation und ein skrupelloser Notar waren schuld daran. Andere Balzacforscher aber haben Lubin ausgeschlossen, weil er nie vor dem Ruin stand – ebensowenig wie Pivert, der auch in Frage gekommen wäre –, und haben Bully, den Erfinder eines Toilettenessigs, in Betracht gezogen.

Nichtsdestoweniger gibt uns Balzac wertvolle Aufschlüsse über die Lebensbedingungen eines Parfümeurs um 1830. Wir müssen es zugeben: Sie sind bescheiden. Birotteau ist ein arrivierter Parfümeur, einer der ersten in der Stadt. Er besitzt in der Rue Saint-Honoré, ein paar Schritte von der Place Vendôme entfernt, eine Parfümerie, »Zur Rosenkönigin«, woher unter dem »Ancien Régime« auch Marie-Antoinette ihre Puder und Flakons bezog. In einer großen Fabrik in der Vorstadt du Temple läßt er seine »Sultaninencreme« für die Handpflege und sein »Venus-Wasser« für die Pflege des Teints (»Es erfrischt und belebt die Farben«) herstellen – beide vom Institut de France geprüft.

Trotz seines Erfolges ist César Birotteau aber ein einfacher Boutiquebesitzer geblieben. Ein großer Ball, den er veranstaltet, beschleunigt seinen Untergang. Die wenigen Aristokraten oder wichtigen Leute, die sich einfinden – weil César Royalist ist –, mokieren sich über seine Manieren.

Was die zeitgenössischen Kritiker betrifft, so werfen sie Balzac vor, aus einer so einfachen Person einen Romanhelden gemacht zu haben. Sie vergessen, daß in »César Birotteau« noch ein anderer Parfümeur vorkommt, der ebenso gut, großzügig und ehrlich ist wie César, der aber die Zukunft in seinem Fach einleitet: der klumpfüßige Popinot.

César hat ihm seine letzte Entdeckung, sein »Kephalol«, ein Mittel gegen Haarausfall, anvertraut. Es wird noch in

Handarbeit hergestellt, weil man dieses Öl durch Zermahlen von Haselnüssen gewinnt, die en gros in den Markthallen gekauft werden. Revolutionär ist – dank Popinot und Gaudissart, einem genialen Handelsvertreter, dem Balzac noch ein ganzes Buch seiner »Menschlichen Komödie« widmet – die Art und Weise, wie es lanciert wird.

Es handelt sich darum, einen Rivalen, das »Médissard-Öl«, das vorgibt, Haare wieder wachsen zu lassen, zu entthronen.

In seinem Prospekt greift das Kephalol seinen Gegner heftig an. Es zitiert die Wissenschaft, das Institut, die Autorität der alten Griechen und Römer und beweist damit, daß ein Haar nie wieder wachsen kann, wie es das feindliche Öl lügnerisch behauptet. Man kann nur das Ausfallen des Haares verhindern.

Ein naiver Streit, der an den Eau-de-Cologne-Krieg zwischen Lubin und Farina erinnert. Balzac erwähnt übrigens in »César Birotteau« mehrmals das Eau de Cologne, zum Beispiel auf Seite 45:

»Das angeblich aus Konstantinopel kommende Rosenwasser wird wie das Eau de Cologne in Paris hergestellt. Diese Herstellungsorte sind den Franzosen zuliebe erfunden worden, die die Erzeugnisse ihres Landes nicht leiden können.«

Aber besonders der Presse gegenüber zeigt sich Popinot als Neuerer. Er verspricht Finot, einem Autor ohne Talent, der das Geschäftemachen der Literatur vorzieht, fünfhundert Francs für eine große Zeitung und zweihundert Francs für eine zweitrangige Zeitung, wenn darin dreimal im Monat das Kephalol erwähnt wird. Er hat damit einen neuen Beruf erfunden: die »public relations«.

Andoche Finot stürzt sich also auf seine Freunde und Bekannten. Er belagert die Redaktionen und geht in den Foyers der Theater auf und ab, immer mit dem Satz auf den Lippen: »Denken Sie an mein Öl, lieber Freund!«

»Er schmuggelte Artikel in die Zeitungen, indem er den Redakteuren Geld gab. Listig wie ein Statist, der Schauspieler werden will, geschickt wie ein Springinsfeld, der nur sechzig Francs im Monat verdient, schrieb er eindrucksvolle Briefe, schmeichelte er allen, erwies er den Chefredakteuren schmutzige Dienste, um seine Artikel zu bekommen. Geld, Diners, banales Gerede, alles diente seiner rastlosen Werbetätigkeit. Mit Theaterkarten bestach er die Drucker, die gegen Mitternacht den Satz der Zeitungen vollenden, indem sie noch einige Artikel, die für ›Notfälle‹ stets bereitliegen, in der Rubrik ›Verschiedenes‹ unterbringen. Finot erschien dann in der Druckerei und tat so, als müsse er noch einen Artikel korrigieren. Als jedermanns Freund ließ er sein Kephalol über die Regnauld-Salbe, die Brasilianische Mixtur, über alle Erfindungen triumphieren, die als erste so klug gewesen waren, den Einfluß der Presse und die Wirkung einer wiederholten Reklame auf die Öffentlichkeit zu nutzen. In diesen paradiesischen Zeiten waren die meisten Journalisten ziemlich stur, sie ahnten noch nichts von ihrer Macht, sie kümmerten sich bloß um Schauspielerinnen wie Florine, Tullia, Mariette usw. Sie nörgelten an allem herum und brachten nichts zustande. Andoche hatte weder die Absicht, eine Schauspielerin zu lancieren, noch ein Theaterstück anzubringen, noch einem Vaudeville zum Erfolg zu verhelfen, noch Geld für seine Artikel zu fordern. Im Gegenteil, er schenkte zur rechten Zeit Geld oder lud zum Mittagessen ein. Es gab also keine Zeitung, die nicht über das Kephalol schrieb ...«

Gaudissart brauchte nur noch durch die Provinz zu eilen und die Pariser Zeitungen zu schwenken, die das Kephalol lobten und sich über die Dummköpfe lustig machten, die noch glaubten, daß Haare wieder wachsen könnten.

Ahnen unsere Tageszeitungen, die heute mehr von der Reklame als vom Verkauf leben, daß sie Gaudissart und dem kleinen Gauner Finot so viel verdanken?

Was die Parfümeure von 1840 betrifft, so verstanden sie Balzacs Belehrungen. Sie erkannten die große Bedeutung der Presse, und damit wurden aus den kleinen Boutiquenbesitzern bald Großkaufleute und wenig später Industrielle.

Gelobt sei das Kephalol, das vielleicht sogar ein gutes Haarwuchsmittel gewesen ist. Werden nicht heutzutage in der Haarkosmetik in Ermangelung von Haselnüssen Muskatnüsse verwendet?

»Wie kann man nur an einer Zeitung schnuppern? Was für eine Idee, meine Liebe. Sie wird nach Druckerschwärze stinken.«

Das sagt ein Mann zu seiner Frau, die einen Spitzenkragen, Berthe genannt, trägt – wir befinden uns immer noch im Jahre 1840 – und die ein Modejournal, »Die Sylphide«, an ihre zarte Nase hält.

»Sie irren sich, mein Freund. Dieses hier duftet. Der Herausgeber hat den glücklichen Einfall gehabt, diese Titelseite mit tausend anderen einige Tage zwischen Duftkissen von Guerlain zu legen.«

Der zurechtgewiesene Gatte zuckt mit den Schultern. War Guerlain nicht dieser Parfümeur und Essigbrauer, der sich seit 1828 in der Rue de Rivoli im Palais Meurice gegenüber den Tuilerien niedergelassen hatte?

Erst am Vorabend hatten diejenigen Zeitungen, die nicht parfümiert waren, von ihm berichtet. Eine auffällige Equipage hatte vor seinem Laden gehalten. Lord Seymour war ihr entstiegen, wobei ihm ein Zwerg in Livree behilflich war. Was wollte denn dieser König der Dandys, den die Bewohner der Vorstadt Courtille Lord Liederjan nannten, bei Guerlain? Die Regale plündern?

Er war gekommen, um ihm einen besonderen Auftrag zu geben. Er hatte das »Maison Dorée« gemietet und die hübschesten Frauen von Paris eingeladen, die sich im allgemeinen in diesem verrufenen Haus, dem Tempel der

Kokotten, nicht sehen ließen. Aber sie träumten davon. Er wollte, daß sie dort von einem tückischen Duft empfangen würden, der verrückt machte und der am nächsten Tag in keiner Boutique zu haben wäre. Lord Seymour verlangte von Guerlain also eine Neuschöpfung für einen einzigen Abend.

Der Dandy hatte sich nicht zufällig an ihn gewandt. Pierre-François-Paul Guerlain aus Abbeville, wo sein Vater als einfacher Töpfer lebte, war bereits kein Parfümeur mehr, wie ihn Balzac beschrieben hatte.

Da er nicht mehr von einem Chemiker abhängig sein wollte, und sei es auch ein Monsieur Vacquelin, Mitglied des Instituts und Wohltäter des César Birotteau, hatte er Chemie und Pharmazie in England studiert.

Zu Anfang hatte er in der Rue de Rivoli *Fleur d'amande,* eine Creme für die Hände, und *Suc laiteux de rose* verkauft. Dann war er kühner geworden. Er hatte sich den Essenzen, den Höhepunkten seiner Kunst, zugewandt. Er schuf etwas Neues. Er ließ die einfachen Extrakte aus Rosen oder Patschuli links liegen und dachte sich Mischungen aus. Die Eaux de Cologne waren zwar ebenfalls Mischungen, aber sie wurden meistens ihrer wohltuenden Wirkung und nicht ihrer verschiedenen Düfte wegen benutzt.

Guerlain widmete sich nun ganz diesen Nuancen. Er stimmte sie aufeinander ab, stellte sie gegeneinander, verschmolz sie, kurz, er verwandelte das Parfüm in eine Musik aus Düften.

War er der erste? Nur Journalisten glauben, daß es bei jeder menschlichen Aktivität einen ersten gibt. In Wirklichkeit ist das Leben weitaus vielschichtiger als ein »close-up«. Auch den Bahnbrechern gehen immer Vorläufer voraus, die verhindern, daß die Geschichte einer Siegerliste gleicht.

Um uns nicht zu kompromittieren, sagen wir also, daß Pierre-François-Paul Guerlain der erste Magier des Parfüms gewesen ist.

Aber dieser Magier war gleichzeitig ein guter Geschäftsmann. Er baute auf dem Lande, weit von Paris, wo die Grundstücke am billigsten waren, eine Fabrik. Wenn sie erhalten geblieben wäre, würde sie heute an der Place de l'Etoile stehen.

Trotz seiner geschäftlichen Sorgen kümmerte sich Guerlain selbst um die kleinsten Einzelheiten. Er wußte, daß in der Parfümerie die Aufmachung genauso wichtig ist wie der Inhalt, und gab deshalb Gavarnie den Auftrag, die Etiketten seiner Flakons zu entwerfen.

Die elegantesten Kunden kamen in seinen Laden. Und doch wußte Guerlain bereits 1840, daß er für andere Triumphe bestimmt war. Die Gesellschaft veränderte sich. Die Kaufleute waren im Begriff, die höchsten gesellschaftlichen Stellungen zu erobern. César Birotteau war auf dem besten Weg gewesen, dieses Ziel zu erreichen. Nicht seine Kühnheit hatte ihn zum Scheitern gebracht. Eher seine Schüchternheit.

Von nun an verkauften an jeder Straßenecke die kleinen Modeboutiquen, die »armen Teufeln« oder »Kleinverdienern« gehörten, nach Katalog. Eine geniale Idee! Der Kaufmann ging dazu über, seine Kunden zu Hause anzusprechen.

1839 kaufte Révillon das Pelzgeschäft Givelet, das berühmteste in Paris. Aber warum sich auf das Kostbarste, auf Zobel und Biber, festlegen? Es gibt doch billigere Pelze: Skunks und Opossum. Révillon gelang es, jedem Modegeschäft eine Abteilung für Pelze anzugliedern, die er selber betreute.

Thierry Hermès eröffnete in denselben Jahren seine Werkstätten an der Stelle, wo früher die Alhambra gestanden hatte. Fieschis Attentat hatte das Temple-Viertel entwertet. Die Mieten waren billig. Er stellte dort die schönsten Pferdegeschirre der Welt her.

Charles Christofle kaufte die Patente des französischen Chemikers Henri de Ruolz. Er hatte entdeckt, daß man mit

Hilfe der Elektrolyse die widerstandsfähigsten Metalle mit einer feinen Schicht kostbaren Metalls überziehen konnte.

Und was wurde aus Guerlains Kollegen? Houbigant und Pivert, die Altmeister, gab es immer noch. Lubin hatte sein Geschäft einem seiner Lehrlinge, Félix Prat, dem ersten Vertreter einer großen Dynastie, überlassen. Jean-Marie Farina zog sich, nachdem er das *Eau de la Belle Géorgienne* und *l'Extrait des Trois Grâces, l'Extrait d'Apollon* und *l'Extrait du prince Poniatowski* erfunden hatte, in seinen Geburtsort Santa-Maria Maggiore zurück, wo man ihm zu Ehren einer Glocke seinen Namen gab: der Farinella. Sein Geschäft wurde von Léon Collas erworben, der einer alten Familie aus der Pariser Gegend angehörte.

Neue Parfümeure gesellten sich nun zu dieser Gruppe. J. B. Gellé war 1826 der Hoflieferant der Herzogin von Berry. Millot besaß seit 1839 ein Geschäft an der Porte Saint-Martin. Bourjois trat 1840 zum ersten Mal in Erscheinung.

Guerlain selbst zog um. Er zog 1844 von der Rue de Rivoli hundert Meter weiter in die Rue de la Paix. In dieser Straße, die Napoleon zur schönsten Straße von Paris machen wollte, erlebte er das Zweite Kaiserreich.

Das Paris der Chansons, das Paris, das man in den Zeitschriften verherrlicht, das Paris, das man kennt, auch wenn man in irgendwelchen Einöden gar nichts anderes kennt, das kosmopolitische Paris, das großzügige Paris, das Paris, das Talente fördert und Picasso oder Chagall zu Parisern machte, dieses Paris wurde im Zweiten Kaiserreich geboren. Haussmann hat vielleicht einige alte Häuser zerstört, aber er hat Frankreich eine Hauptstadt mit Herz geschenkt.

Aber breite Straßen allein genügten nicht. Nur untätige Soldaten bummelten durch die zu neuen Straßen. Sie mußten noch durch Schaufenster belebt werden.

Napoleon III. führte fort, was Louis-Philippe begonnen hatte. Der Kaiser der Franzosen förderte die neue Aristokratie der Kaufleute, die viel zum Glanz von Paris beitrugen. Es war, wie alle neuen Aristokratien, eine robuste Aristokratie, die sich bis heute fast intakt erhalten hat, trotz dreier Kriege, einer Revolution, zweier Besatzungszeiten, einer Säuberung und einiger Krawalle und Barrikaden.

Wo kaufte ein eleganter Herr im Zweiten Kaiserreich seine Bonbons? Bei Boissier oder bei Seugnot. Seine Schokolade? Bei Marquis oder bei Debauwe und Gallais. Einen Fächer? Bei Duvelleroy. Handschuhe? Bei Houbigant.

Wir alle haben diese Geschäfte gekannt, oder wir kennen sie noch. Nur Gibus Neveu, der Hutmacher, ist verschwunden, aber erst, nachdem er als Erfinder des Klappzylinders ins Lexikon gekommen war.

Ein Hof, der nicht allzu geziert, auch nicht allzu verschlossen und sogar ziemlich aufwendig war, dessen Fürst sich manchmal schmeichelte, nur ein Emporkömmling zu sein, ein Hof, wo es erlaubt war zu blenden – welch ein Glücksfall für Parfümeure und andere Hersteller von Luxusgütern!

Die Prinzessin Mathilde bewundert einen Schmuck, den ihr Freund, der Graf de Nieukerke, Schirmherr der schönen Künste, einem Ballettmädchen geschenkt hat. Sie möchte den Künstler, der dieses Meisterwerk geschaffen hat, kennenlernen. Nieukerke bringt sie in die Rue Neuve-des-Petits-Champs. Sie interessiert sich für den Juwelier. Sie lanciert ihn. Und bald kann Louis-François Cartier, der Ahnherr der Juwelierdynastie Cartier, sich vergrößern und seine Wunderwerke in einem Schaufenster am Boulevard des Italiens, in der Nähe des Café Anglais und der Opéra-Comique, ausstellen.

In den Tuilerien, bei einem der Soupers, die an den sogenannten »Montagen der Kaiserin« stattfinden: Man geht zu Tisch und bricht alsbald in Schreie des Entzückens aus. Ein neues Silbergeschirr wird eingeweiht. Fünfzehn große Teile und zweihundert kleinere Teile, und das Ganze von einer Allegorie überragt: Frankreich, von der Religion, der Gerechtigkeit und der Macht beschützt. Man ist sehr besorgt: Wurde nicht vor kurzem bei der La Païva eingebrochen? Der Kaiser lacht laut auf.

»Die Diebe wären schön angeschmiert. Das ist ja alles nur versilbert.«

Ja! Als er an die Macht kam, kein Geld hatte und sich nicht ruinieren wollte, hatte er bei Christofle eine Bestellung aufgegeben. Kaum hatte er dieses Geständnis gemacht, war der Name Christofle auch schon berühmt.

Auch Worth verdankte seinen guten Ruf der Kaiserin Eugénie. Worth war der erste Mode-Diktator. Und wäre Révillon ohne die Tuilerien nicht weiterhin in seinen Katalog-Läden hocken geblieben? Als der Hof auf ihn aufmerksam wurde, konnte er Pelze wie einfache Stoffe zuschneiden. Vor seiner Zeit sahen die prächtigsten Zobelmäntel wie Säcke aus. Unter seiner Schere nahmen sie Form an.

Eugénie hatte einmal große Sorgen. Wie sollte sie ihr Cabriolet kutschieren, ohne ihren berühmten Teint der schädlichen Sonne auszusetzen? Emile Hermès, der Sohn von Thierry, half ihr aus dieser Verlegenheit und machte ihr eine Peitsche, die zugleich Sonnenschirm war. Das war eine einmalige Peitsche, die nie von einem anderen Sattler nachgemacht werden konnte.

Aber Emile war das seiner Kaiserin wohl schuldig. Betrog er nicht ihren Gatten? Oder war es der Kaiser, der ihn zum Hahnrei machte? Die Frage war schwer zu beantworten, weil der Herrscher und der Sattler sich mit einigen anderen die Reize der Cora Pearl teilten.

Wie weit liegt doch die Zeit von César Birotteau zurück! Der Handel hatte vielleicht noch nicht die ganze Welt erobert, aber er hatte sich bereits im vornehmsten Teil niedergelassen.

Diese Cora Pearl, die ein einziger Satz berühmt gemacht hatte – sie hatte in Offenbachs »Orpheus in der Unterwelt«

nur: »Ich bin Cupido« mit englischem Akzent gesagt –, importierte ihre Salben und Puder aus England.

Zu Unrecht! Sie hätte alles, was sie brauchte, auch in Paris finden können. Bei Violet eine »Schönheitsschatulle«, die mit Schminke gefüllt war; bei Delettraz eine »Kaiserseife« und eine »Liliencreme«; bei Viard eine »Veloutine«, die angeblich das Reispuder ersetzen konnte; bei Candès eine Milch gegen Sommersprossen und bei Legrand einen neuen Rivalen des Eau de Cologne in dem ewigen Konkurrenzkampf der Wässer, das »Eau des Alpes«.

Seien wir fair. Das erste in Paris eröffnete Schönheitsinstitut wurde von einer Landsmännin Cora Pearls geleitet. Man hatte ihr den Spitznamen Rachel l'Emailleuse gegeben, weil man glaubte, daß die alternden Schönen zu ihr kamen, um sich die Haut emaillieren zu lassen.

Das wurde noch lange nach dem Sturz des Zweiten Kaiserreiches geglaubt. Als Kind habe ich noch solche angeblich emaillierten Damen gesehen. Man sagte mir, daß sie nicht lächeln dürften. Alles wäre sonst abgeplatzt.

Aber was war in diesem strahlenden Paris, das gerade die Gasbeleuchtung und die äußerst sparsame elektrische Beleuchtung (zwei Laternen auf der Place du Carrousel) bewunderte, wo es schon eine Straßenbahn, eine »amerikanische Eisenbahn«, gab, die von zwei Pferden gezogen wurde, wo auf der Seine anläßlich der Weltausstellung kleine Personendampfer schwammen, aus unseren Parfümeuren geworden?

Houbigant befindet sich immer noch, inzwischen steinreich geworden, in der Rue du Faubourg-Saint-Honoré. Die Firma Jean-Marie Farina hat Léon Collas inzwischen seinen beiden angeheirateten Vettern Armand Roger und Charles Gallet überlassen. Beide stammen aus der Normandie, sind Parfümeure und zugleich Feinschmecker. Die beiden Teilhaber haben auf ihrem Eßtisch eine Flasche stehen, deren Korken von einer Gänsefeder durchbohrt ist, damit der Essig nur tröpfchenweise herausfließt.

Das 19. Jahrhundert ist nicht nur das Jahrhundert der ruinösen galanten Damen, sondern auch das Jahrhundert eines Laffitte – ein Bankier, der sein Vermögen einer Stecknadel, die er vom Boden aufhob, verdankte. Warum sollte man dieses geniale Sparsystem nicht auch in der Parfümerie anwenden? Die Frauen, selbst die verrücktesten Kokotten, geizen mit ihrem Parfüm. Die beiden Teilhaber lassen sich ihre Idee patentieren, nennen ihre Gänsefeder »Styligoutte« und schmücken damit ihre Flakons.

Pierre-François-Paul Guerlain, Vater von zwei Söhnen, Aimé und Gabriel, hat sich in das Geplänkel der Eaux de Cologne gestürzt, ohne die Herstellung seltener und manchmal einzigartiger Parfüms aufzugeben. Er brauchte aber keine deutschen oder piemontesischen Quellen zu erfinden. Er begnügte sich damit, sein »Eau de Cologne impériale« Eugénie zu widmen. Und von nun an kann er auf seine Seifen mit Blumenduft aus Italien und der Sierra Morena – die Vorliebe für das Ausländische, die Balzac entlarvt hatte, wird fortgesetzt – oder auf die Flakons seines Parfüms *Bouquet* schreiben: »Hoflieferant S. M. der Kaiserin Eugénie«.

Die Firma Lubin spielte noch eine bedeutende Rolle in der Geschichte dieser Jahre. Während der Belagerung von Paris und der Hungersnot requirierte man ihre Jasminöle. Und mit diesem Nektar für die Nase machte man Pommes frites. Wenn man den Preis des Jasmins in Betracht zieht, waren das bestimmt die teuersten Pommes frites der Geschichte.

Das Fest war nun aus. Napoleon III. hatte einmal verkündet: »Das Kaiserreich ist der Frieden«, und dieses Kaiserreich war jetzt zerstört worden durch den dümmsten aller Kriege.

Geblieben waren nur eine gewisse Geistesart und ein blühender Handel, der bereit war, den technischen Fortschritt, den die aufkommende Industrie mit sich bringen würde, zu nutzen.

Um diese theoretischen Fortschritte zu erläutern, wollen wir nun die glänzenden Ballsäle verlassen und uns den strengen Laboratorien zuwenden.

Die Chemie befaßt sich hauptsächlich mit zwei Verfahren: der Analyse und der Synthese. Mit Hilfe der Analyse werden einzelne Stoffe, die sich in chemischen Verbindungen befinden, bestimmt. Die Synthese ist das umgekehrte Verfahren: aus einzelnen Stoffen versucht man, chemische Verbindungen herzustellen.

Zu Anfang des 19. Jahrhunderts gab es zwei Richtungen in der Chemie: die anorganische und die organische Chemie, die sich mit der tierischen oder pflanzlichen Materie, die Leben besitzt, befaßt.

Die erste organische Synthese war die Synthese des Harnstoffes. Sie war von Wöhler entwickelt worden. Bald nahm dieser Zweig der Chemie, dank der genialen Entdeckungen Berthelots, einen großen Aufschwung. Tausende von chemischen Verbindungen wurden mit Hilfe der Synthese hergestellt.

Als Mitscherlich durch Synthese das Nitrobenzol entdeckte, notierte er auf einem Blatt Papier: »Schwachgelbe Flüssigkeit. Geruch nach bitteren Mandeln.«

Dieser Mandelgeruch, der ohne Verwendung von Mandeln entstand – der Chemiker hatte Gase komprimiert und Benzolsäure destilliert –, hat ihn wahrscheinlich gar nicht interessiert. Die Synthese von Nitrobenzol war nämlich sehr teuer, tausendmal teurer als das Zermahlen einer Tonne Mandeln.

Zwanzig Jahre später, bei einer Ausstellung im Crystal Palace in London, die von den Parfümeuren organisiert worden war, konnte man jedoch, wenn man ein Probefläschchen an die Nase hielt, einen Geruch nach bitteren Mandeln wahrnehmen, der nicht von Mandeln herrührte. Der Flakon enthielt eine alkoholische Lösung aus Nitrobenzol, das inzwischen erschwinglich geworden war, weil man es aus Kohlenteer gewinnen konnte.

Das war aber nicht das einzige Wunder. Es gab noch einen Duft nach Birnen, der von einem Amylazetat, und einen Geruch nach Äpfeln, der von einem Amylvalerianat herrührte.

Chemische Parfüms: diese Worte paßten einfach nicht zusammen, und die braven, phantasielosen Bürger, die den Crystal Palace besuchten, glaubten wahrscheinlich nicht an die Zukunft dieser vielversprechenden Produkte. Begeben wir uns auf ihr Bildungsniveau: Dr. Faustus wußte genau, was es ihn gekostet hatte, die ewigen Gesetze der Natur in Frage zu stellen.

Und trotzdem ließ der Franzose Georges de Laire 1876 in Paris in der Rue Saint-Charles, in einem Viertel mit Fabriken und Lagerhallen, mit Pfaden und Gäßchen, das damals noch nicht von Hochhäusern beherrscht wurde, die erste Fabrik für synthetische Parfüms errichten.

Er produzierte dort Vanillin, Heliotropin, Cumarin und Terpineol. Die organische Chemie machte riesige Fortschritte, aber würden die Parfümeure mit ihren empfindlichen Nasen diese garstigen Stoffe akzeptieren?

Sie akzeptierten sie nicht nur, sondern sie wollten sogar noch andere. Die Parfümeure des Zweiten Kaiserreiches hatten endlich die Substanzen gefunden, die ihnen bis dahin noch für ein modernes Parfüm gefehlt hatten.

## Ein chemisches Produkt, das die Natur nicht beeinträchtigt, sondern besser zur Geltung bringt

*Was ist ein modernes Parfüm? – Die großen drei aus dem Tierreich. – Der Tongking-Moschus ist etwas für Schmuggler. – Vom Jasmin, dem König der Düfte. – In den Jasminfeldern beginnen die Frauen manchmal zu taumeln. – Grasse, das Weihrauchfäßchen. – Nur aus Bulgarien kommen die besten Rosen. – Thymian und Lavendel lieben England. – Wie ein Baum gequält wird. – Die vier Methoden der Gewinnung natürlicher Essenzen. – Die Destillation mit Dampf siegt über das Wasserbad. – Es gibt nur ein Werkzeug für die Enfleurage des Jasmins: die Frauenhand. – Dank der flüchtigen Lösungsmittel entsteht eine Industrie. – Ein synthetisches Produkt wird kreativ, nachdem es zuerst nur imitiert hat. – Das Mißgeschick des Moschus im kommunistischen China. – Das Parfüm erhält den Nobelpreis. – Avantgardistischer als Picasso.*

WIE ein kleiner Hahn mit einer Blütenkrone feiert der Jasmin die Ankunft des Tages. In der Morgendämmerung verströmt er seinen schweren Duft. Dann schließt er seine Blüten und verblaßt, verkümmert und verwelkt unter den Strahlen der Sonne. Erst in der Abenddämmerung lebt er wieder auf und beginnt erneut zu duften. Der Jasmin ist die Blume Federico Garcia Lorcas. Sie erfüllt sein ganzes Werk mit ihrem Duft.

Das Amylzimtaldehyd gibt es in der Natur nicht. Es entsteht aus der Kondensation von Önanthaldehyd und Benzaldehyd in alkalischem Milieu. Es riecht nach Jasmin.

Heute sind beide, die bescheidene Blüte und der chemische Stoff, in den ausgefallenen Flakons der teuersten Parfüms enthalten. Glauben Sie nur nicht wie so viele

Leute, daß das synthetische Produkt ein Surrogat, ein Ersatzmittel, ist, das nur beigefügt wird, um die Kosten möglichst niedrig zu halten. Das Luxusparfüm im Zweiten Kaiserreich war eine Mischung aus natürlichen Essenzen. Das moderne Parfüm von heute ist dagegen immer eine Mischung aus natürlichen Essenzen und synthetischen Duftstoffen.

Diese Vereinigung ist kein Zugeständnis. Sie ist für die Feinheit, Einheit und Haftbarkeit, kurz für die Qualität des Parfüms erforderlich.

Man kann natürlich den Duft einfacher Feldblumen diesem neuen Parfüm vorziehen. Jeder hat das Recht dazu. Aber man kann einem Parfüm aus unserer Zeit nicht seine Beziehungen zur Chemie vorwerfen. Es hätte ohne sie gar nicht entstehen können.

Ein Fahrrad hat zwei Räder. Wenn es nur eins hat, ist es kein Fahrrad mehr.

Die natürlichen Stoffe, die für die Herstellung von Parfüm verwendet werden, stammen entweder aus dem Pflanzenreich oder aus dem Tierreich.

Wir wollen uns jetzt mit letzterem befassen. An erster Stelle stehen hier die großen drei der Parfümerie: die graue Ambra, der Moschus und der Zibet.

Die graue Ambra entsteht im Darm des Pottwals. Wenn diese Substanz ausgeschieden wird, schwimmt sie auf dem Meer. Sie ist nicht sehr appetitlich und stinkt nach Kuhfladen. Wenn Ihnen nicht übel davon wird, können Sie die weiche Masse in eine alkoholhaltige Lösung tauchen. Dann füllen Sie das Ganze in einen Flakon. Wenn Sie es benutzen wollen, brauchen Sie es bloß abzugießen und zu filtern.

Aber leider wird die graue Ambra von Tag zu Tag seltener. Durch das unkontrollierte Abschlachten der begehrten Pottwale wurde diese Tierart fast ausgerottet, so daß die Amerikaner diese Massaker verbieten mußten.

Der Moschus wird uns vom Moschustier geliefert, das

den Moschus produziert – das ist eine Binsenwahrheit. Aber Achtung! Es gibt zwei Arten von Moschus: den Tongking-Moschus, der aus den Hochgebirgen Tibets und Chinas kommt, und den kabardinischen Moschus, der aus Sibirien stammt. Der Hautbeutel, der den Tongking-Moschus enthält, ist kugelförmig, und der kabardinische Beutel (man könnte meinen, das sei ein Titel von Labiche) ist länglich. Diese Besonderheit könnte uns völlig gleichgültig sein, wenn der Tongking-Moschus nicht weit wertvoller als der kabardinische Moschus wäre und wenn die um die Moschustiere herumstreichenden Betrüger nicht so zahlreich wären.

Das ist ihr beliebtester Trick: Mit einer dünnen Sonde bewaffnet, füllen sie kabardinischen Moschus in einen tongkinesischen Moschusbeutel, den sie zuvor seines wertvolleren Inhalts beraubt haben.

Der Zibet wird von der Zibetkatze produziert. Die Gewinnung des Zibets müßte eigentlich den Protest der Tierschützer hervorrufen. Die Zibetkatze, weiblichen wie männlichen Geschlechts, wird in einen sehr engen Käfig gesperrt. Dann wird sie gereizt. In ihrer Wut scheidet sie den Stoff aus, den ihre Peiniger haben wollen. Diese gelbliche Materie wird genauso wie die Ambra verarbeitet.

Der Zibet wurde früher in einem sehr hübschen Behälter, in einem Büffelhorn, geliefert. Heute wird er in triste Kanister gefüllt, und die Büffelhörner hängen jetzt wie Trophäen aus alter Zeit in den Laboratorien herum.

Das Gefolge dieser großen drei ist sehr klein und besteht nur aus dem Castoreum, dem russischen Castoreum, das nach Teer, und dem kanadischen Castoreum, das nach Kienäpfeln riecht. Beide haben dieselbe Herkunft. Das Castoreum oder Bibergeil befindet sich in einer Hauttasche in der Nähe des Anus des Bibers.

Die pflanzlichen Bestandteile des Parfüms sind viel zahlreicher. Das sind Blumen, Früchte, Körner, Wurzelstöcke, Wurzeln, Hölzer, Rinden, Balsame und Gummiharze.

Die höchste Ehre gebührt dem Jasmin, dem König der duftenden Blumen. Er ist ein Strauch, der zu den Ölpflanzen gehört und mit dem Ölbaum verwandt ist. Er blüht von August bis November, aber seine Sommerblüten duften am stärksten. Sie werden meistens von Frauen gepflückt. Frauenhände besitzen eine größere Geschicklichkeit als Männerpfoten. Es muß nämlich sehr schnell gehen, da nur die offenen Blüten abgepflückt werden. Es ist ein Wettlauf mit der Sonne, unter der die Blütenblätter sich wieder schließen. Ungefähr zweitausend Handbewegungen sind nötig, um ein Kilo Blüten zu pflükken. Eine gute Arbeiterin pflückt drei Kilo pro Tag, eine schlechte zwei Kilo und eine Meisterin vier. Zu Anfang ist es angenehm, in einem duftenden Jasminfeld zu arbeiten. Manche Pflückerinnen werden jedoch von dem starken Geruch betäubt. Mit ihrem Korb im Arm beginnen sie wie betrunken zwischen den Büschen zu taumeln.

Der beste Jasmin der Welt wächst in Grasse, das der Dichter Mistral als das »Tal der Liebe«, das »Gelobte Land« und das »Weihrauchfäßchen« besungen hat.

An den Hängen des Estérel könnte man die Namen der Monate durch Blumennamen ersetzen. Von Januar bis Mai blühen dort die Veilchen. Sie wurden aber von der Wurzellaus befallen, und vor einigen Jahren gingen fast alle ein. Daraufhin wurden Viktoria-Veilchen ausgesät, die robuster sind, aber nicht soviel ätherische Öle enthalten. Im Februar werden die Mimosen gepflückt. Ein Sprichwort behauptet, daß sie verwelken, wenn eine untreue Frau sie berührt. Sie sind wirklich empfindlich und sensibel. Im April blühen die Jonquillen. Von Juli bis September werden die Tuberosen gepflückt. Sie werden morgens, wenn sie aufblühen, mit der Schere abgeschnitten und dann so schnell wie möglich in die Fabrik gebracht. Der November ist die Zeit der Cassie, die rote Blüten hat und mit der Mimose verwandt ist, des Rosmarin, des Kirschlorbeers und des Salbei.

Dieses Paradies von der Größe einer Gemeinde verdankt seine Fruchtbarkeit zum größten Teil seinem Klima mit einer Durchschnittstemperatur von 14 Grad und einem Rekord an Sonnentagen. Von dieser Fruchtbarkeit leben fünftausend Blumenbauern. Sie ernten jedes Jahr drei Millionen siebenhunderttausend Kilo Blüten.

Die besten Rosen kommen aus Bulgarien. Sie wachsen östlich von Sofia und sind der größte Reichtum dieses Landes. Nach der Entdeckung der synthetischen Duftstoffe bekam Bulgarien Angst. Die Nachfrage nach Rosen ließ nach. Viele Rosenfelder wurden zerstört. Die Krise war gerade bezwungen, da gab es 1968 einen Zwischenfall, von dem ich Ihnen zu gegebener Zeit berichten werde.

Der Lavendel ist eine Kreuzung zwischen dem Thymian und der gemeinen Katzenminze. Obwohl er aus Persien und von den Kanarischen Inseln stammt, liebt er den nebligen Himmel Englands. Kenner kaufen Lavendelöl nur in London. Die Minze kommt ebenfalls aus England. Ihr Hauptanbaugebiet ist Surrey. Patschuli wird in Singapur gepflückt und dann nach Frankreich importiert, wo es verarbeitet wird. Ylang-Ylang, mit dem nach »1900« klingenden Namen, kommt aus Java.

Die Nelke ist aus der Mode gekommen – weil sie von den Schauspielerinnen gehaßt wurde! Sie sollte angeblich bei der Premiere Unglück bringen.

Balsam ist eine Mischung aus Harz und ätherischen Ölen. Er wird bei der Parfümherstellung sehr oft verwendet. Es gibt Kanada-Balsam, Tolu-Balsam und Benzoe.

Der Peru-Balsam oder schwarze Balsam wird von einem großen Baum ausgeschieden, der auf den Bergen in der Nähe des Pazifischen Ozeans wächst. Man gewinnt ihn, indem man große Einschnitte in seine Rinde macht. Diese Wunden werden dann mit Lappen verbunden. Der Baum blutet. Die Lappen werden wieder abgenommen. Die Wunde wird daraufhin mit einer Fackel ausgebrannt, aber nicht, um die Vernarbung zu beschleunigen, sondern um sie noch mehr zum Bluten zu bringen. Dann braucht man nur noch die Lappen zu sammeln, sie auszukochen und auszupressen, um den Balsam zu erhalten.

Der Erfindergeist der Menschen kann so grausam sein, daß er sogar den Bäumen ihren Duft entreißt! Der Weihrauch, der Weihrauch unserer Kirchen, unserer Kirchenlieder und unserer Chorknaben, ein Gummiharz der Terebinthe, ist auch eine Frucht derartiger Grausamkeiten.

Diese Blumen, diese Früchte, diese Wurzeln, diese Balsame und ihre Verwandten, die Gummiharze – die einen sind flüssig, die anderen fest –, werden in die Fabriken von Grasse geliefert. Was geschieht nun mit ihnen? Wir wollen ihnen einen Besuch abstatten. Aber Vorsicht! Nur keine Verwechslung! Erwarten Sie nicht, daß einige dieser Fabriken die Namen Guerlain, Patou oder Lanvin tragen. In Grasse werden nur die »huiles essentielles« oder Essenzen produziert, die Guerlain, Patou oder Lanvin geliefert werden. Diese verwenden dann die Essenzen in ihren eigenen Fabriken (die sich meistens in der Umgebung von Paris oder in der Normandie befinden) für die Herstellung von Parfüm.

Naturanbeter und Verächter alles Synthetischen werden wahrscheinlich enttäuscht sein. Die Fabriken von Grasse, in denen man die Blumen unseres Herrgotts verarbeitet, sind keine Fabriken zum Spielen wie z. B. Trianon, das ein Bauernhof für bändergeschmückte Schäfchen war. Es sind richtige Fabriken mit Dampf und Manometern.

Vier Methoden werden heute angewendet, um die Düfte der Pflanzen zu gewinnen.

Die *Destillation:* Sie basiert auf dem Prinzip, daß Wasserdampf Duftstoffe mit sich reißt. Sie wird in einer Retorte ausgeführt, die durch eine Flamme oder durch ein Wasserbad oder durch Dampf erhitzt wird.

Bei der Destillation mit offener Flamme werden die Blüten der Pflanzen in das Wasser im unteren Teil der Retorte gelegt. Das Ganze wird zum Kochen gebracht. Der

Wasserdampf, der mit Duftstoffen beladen ist, geht durch den Kolbenhals und erreicht den Kühler. Dort schlagen sich die ätherischen Öle nieder und fließen dann in ein besonderes Gefäß.

Die frisch gepflückten Blüten werden sofort in das Wasser der Retorte geworfen, während die Wurzeln zuerst zerstoßen und manchmal bis zu achtundvierzig Stunden eingeweicht werden müssen.

Diese Prozedur hat einen Nachteil. Es ist schwierig, die Retorte gleichmäßig zu erwärmen, und deshalb besteht die Gefahr, daß die Essenzen zu stark erhitzt werden, was ihren Duft beeinträchtigt. Um dergleichen zu verhindern, haben die Araber das Wasserbad erfunden, das alle Hausfrauen kennen.

Aber eine echte Verbesserung wurde erst erreicht, als man begann, mit Wasserdampf zu destillieren. Die Blüten kommen jetzt nicht mehr mit der Flüssigkeit in Berührung. Der heiße Dampf umspielt sie und reißt ihre Duftstoffe mit sich.

Ein weiterer Fortschritt aus neuester Zeit ist die Vakuumdestillation. Sie erlaubt, mit sehr viel niedrigeren Temperaturen zu arbeiten. Auf diese Weise werden die Duftstoffe nicht mehr durch die Hitze zerstört.

Diese verschiedenen Arten der Destillation bringen alle die sogenannten »huiles essentielles« oder Essenzen hervor.

Die *Expression* ist in Grasse unbekannt, denn dieses Verfahren betrifft allein die Zitrusfrüchte und wird nur in Sizilien und Kalabrien, dem Land der Zitronen, Orangen und Bergamotten, angewandt. Diese Früchte haben in ihrer Schale, und nur in ihrer Schale, kleine, mit Duftstoff gefüllte Zellen. Man muß sie also reiben, um ihre Essenz zu gewinnen.

Die *Mazeration:* Bei dieser Methode gibt es zwei Verfahren, die kalte und die warme Mazeration, die aber beide auf derselben Eigenschaft der Fette beruhen: Wenn man Blüten in Fett einweicht, so nimmt es ihre Duftstoffe an.

In Grasse nennt man die kalte Mazeration *Enfleurage*. Das ist das poetischste und teuerste aller Verfahren. Leider wird es kaum noch angewendet und nur noch für besonders anspruchsvolle Kunden praktiziert. Frauen in weißen Kitteln sitzen vor großen Tischen. Sie legen Jasmin, Tuberosen, Rosen oder Orangenblüten vorsichtig auf gerahmte Platten, die dick mit einem Fett bestrichen sind. Die Blumen werden – eine nach der anderen – so nebeneinandergelegt, daß sie vollständig den Grund berühren. Dann werden die vollen Platten aufeinandergestellt. Das Fett nimmt die Duftstoffe auf. Nach ein paar Stunden werden die Blüten entfernt und sofort durch neue ersetzt, nachdem man sorgfältig die Fettschicht mit dem Messer aufgeritzt hat, um die Kontaktfläche zu vergrößern.

Die abgenommenen Blumen werden nicht weggeworfen. Sie besitzen ja noch Spuren von Duft. Man behandelt sie mit einem Lösungsmittel, und sie ergeben dann eine Essenz, die »essence de châssis« genannt wird. Ich brauche wohl nicht zu betonen, daß diese Essenz zweitklassig ist.

Bei der warmen Mazeration werden die Blüten in warmem Öl eingeweicht. Tuberosen, Jasmin, Jonquillen, die noch nach dem Schnitt Duftstoffe produzieren, werden nicht auf diese Weise behandelt. Aber für Kassia, Mimosen und Hyazinthen ist die warme Mazeration sehr geeignet.

Beide Arten von Mazeration erzeugen mit Duftstoffen beladene Fette, die Pomaden genannt werden. Diese werden dann einer Waschung unterzogen, indem man sie in Alkohol taucht. Auf diese Weise entsteht ein »Extrait«.

Aber die Mazeration ist inzwischen überholt. Den Parfümeuren steht heute eine viel wirkungsvollere Methode zur Verfügung: die *Extraktion mit flüssigen Lösungsmitteln*. In einen Verteiler wird bei niedriger Temperatur ein flüchtiges Lösungsmittel eingefüllt: Benzol, Schwefelkohlenstoff, Chlorid oder Petroläther. Dann werden die Pflanzen in einem Behälter hineingetaucht. Darauf tritt die Retorte in Aktion. Bei diesem Destillationsprozeß verflüchtigt sich das Lösungsmittel und läßt die schwereren Essenzen zurück.

Das scheint sehr einfach, von jedem Laboranten ausführbar zu sein. In den Fabriken von Grasse sind die Verteiler riesige Maschinen, die im Laufe der Zeit sehr oft ihre Form gewechselt haben. Früher waren diese Verteiler unbeweglich. Heute sind sie beweglich und ähneln riesigen Rädern. Man nennt sie übrigens Boudon-Dumont-Räder oder Tournaire-Räder.

Mit der handwerklichen Herstellung ist es also vorbei. Die Herstellung natürlicher Essenzen ist zu einer richtigen Industrie geworden, die eine wachsartige Masse, das Konkret oder »concrète«, produziert. Dieses fast harte Konkret wird dann in Alkohol gelöst, gefiltert, bei minus fünfzehn Grad ausgefroren, wieder konzentriert und ergibt dann ein reines Blütenöl, eine »essence absolue« oder kurz ein »absolu«.

Balsame, Harze und Gummiharze werden ebenfalls mit flüchtigen Lösungsmitteln behandelt. Dadurch entstehen Resinoide, eine zähe, harzige Masse. Aus diesen Resinoiden gewinnt man durch Lösen in Alkohol die sogenannten Infusionen oder Tinkturen.

Bevor diese Produkte den Parfümschöpfern geliefert werden, müssen sie noch durch verschiedene andere Verfahren verfeinert werden. Würden Sie sich gern mit einer ekligen grünen Flüssigkeit parfümieren? Nein. Deshalb müssen einige dieser Essenzen oder »absolus« noch gereinigt werden.

Riechen Sie mal an einer Rose. Sie haben dabei sicher den Eindruck, einen einzigen Duftstoff zu riechen, so einheitlich wirkt dieser Geruch. Das ist aber ein Irrtum. Die moderne Chemie hat es uns bewiesen. Die Rosenessenz ist eine Mischung aus Geraniol, Citronellol, Ester, Stearylalkohol, Nerol, Eugenol, Linadol, Aldehyden und so fort.

Manche Essenzen enthalten sogar Stoffe, die beinahe geruchlos sind, wie z. B. die Terpene. Man hat versucht, sie zu eliminieren, um diese Essenzen konzentrierter zu machen. Die terpenfreie Zitronenessenz zum Beispiel ist nämlich dreißigmal konzentrierter als die gewöhnliche Zitronenessenz. Die Parfümeure sind sich über diesen Punkt nicht einig. Die Natur schafft nichts Nutzloses. Andererseits sind diese Terpene Bindemittel, und wenn man sie entfernt, verlieren die Essenzen ihre Geschmeidigkeit.

Wie dem auch sei, wir sind jetzt am Ende dieses Abschnittes angelangt. Den Parfümschöpfern stehen jetzt Essenzen – ob terpenfrei oder nicht –, »absolus« und Infusionen zur Verfügung, die den Parfüms bester Qualität einen Hauch von Wald, Wiese oder Tropen verleihen, den kein synthetisches Produkt ersetzen könnte.

Die chemischen Produkte sind heute unentbehrliche Ergänzungen der natürlichen Rohstoffe.

Als die chemischen Produkte entdeckt wurden, dachte man zuerst nur daran, die Natur, das heißt den Duft einer Blume oder den Duft des Moschus, nachzuahmen.

Diese Nachahmung war notwendig, denn viele Blumen, oft sogar die bekanntesten, liefern keine Essenzen oder liefern sie nur in so geringer Menge, daß sie zu den Seltenheiten in den Laboratorien gehören. Ich denke dabei an Orchideen, Maiglöckchen und Veilchen. Da sie zu unrentabel sind, konnten sie kaum verwendet werden.

Die Möglichkeiten dieser Ersatzprodukte waren damit aber noch nicht erschöpft. Man merkte es bald. Diese synthetischen Parfüms leisteten gute Dienste, selbst wenn die imitierte Essenz reichlich vorhanden und billig war.

Die Natur ist launenhaft. Sie produziert nicht in jeder Saison automatisch die gleiche Qualität. Weinkenner freuen sich darüber. Es gibt mittelmäßige Jahrgänge und Spitzenjahrgänge. Auch die Parfümeure hätten sich für ein Jahrhundertparfüm entscheiden können. Zum Beispiel: Jasmin, Jahrgang 1893, von dem die Kenner noch lange gesprochen hätten. Sie taten es aber nicht, weil das Parfüm nicht wie der Wein mit den Jahren besser wird. Sie wählten die wirtschaftlichere Gleichförmigkeit, die aber schwer zu erreichen ist. Wieviel Veredeln, wieviel Filtern ist dazu erforderlich!

Die synthetischen Produkte ermöglichten den überempfindlichen Duftspezialisten nun endlich eine kontinuierliche Gleichwertigkeit, die zu erreichen sie sich bisher vergeblich bemüht hatten. Glaskolben sind in Grade eingeteilt. Blüten sind es nicht. Ihr Duft läßt sich nie genau messen.

Wir haben bereits die Ausrottung des Pottwals bedauert. Das ist aber leider nicht die einzige Sorge der Parfümeure. Die benötigten Rohstoffe scheinen sich einen Spaß daraus zu machen, in den unwegsamsten Gegenden des Erdballes zu wachsen, wo sie außerdem oft noch von Naturkatastrophen oder politischen Katastrophen wie Kriegen, Revolutionen oder einfach von den Launen der Machthaber bedroht werden.

Es war eine alte Tradition: Die bulgarische Rose lieferte eine Essenz und die Rose aus Grasse, auch Mairose genannt, ein »absolu«. 1968 gab es plötzlich eine böse Überraschung. Sofia lieferte keine Essenzen mehr. Es wurden nur »absolus« angeboten. Man protestierte natürlich und erhielt folgende Antwort: »Das ist eine Entscheidung der Regierung. ›Concrètes‹ sind haltbarer als Essenzen und daher besser geeignet, gegen die fallenden Kurse anzukämpfen.«

Die französischen Parfümeure wandten sich daraufhin an andere Lieferanten, an Marokko und Südafrika, die diese Chance freudig ergriffen. Heute haben die Bulgaren ihren Irrtum eingesehen, aber vielleicht ist es schon zu spät. Sie sind jetzt gezwungen, von Tür zu Tür zu gehen, um ihre wiederauferstandene Essenz loszuwerden.

Eine andere Verknappung, die durch die Politik ausgelöst wurde: Das Moschustier, das den Moschus produziert, lebt in Tibet. Die Parfümeure hatten dort seit langem ihre ständigen Lieferanten, denen sie jedes Jahr Moschus sozusagen mit zugehaltener Nase abnahmen. Aber nur bis zu dem Tage, an dem Tibet vom kommunistischen China erobert wurde. Der Moschus wurde nun verstaatlicht und nach Frankreich geschickt, ohne daß man sich um seine Herkunft kümmerte, was für die Herstellung von feinen Parfüms eine Katastrophe war.

Mit den in Frankreich, in der Schweiz und in Deutschland fabrizierten synthetischen Duftstoffen geht man, Gott sei Dank, keine derartigen Risiken mehr ein.

Der große Umschwung in der Parfümherstellung fand in dem Augenblick statt – es war um 1900 –, als man entdeckte, daß das synthetische Parfüm nicht nur nachgeahmt werden konnte. Es war auch fähig, kreativ zu sein.

Zuerst konnte es seine künstlerischen Fähigkeiten als ergänzende Zutat beweisen. Wenn es nämlich einem bestimmten Duft beigefügt wurde, so unterstrich und verstärkte es ihn und gab ihm eine Würze, die er als einfache Feldblume nicht besessen hatte. Es unterstrich den Duft, wie ein Diamant die Schönheit einer Frau unterstreicht. Ihre Schönheit ist auch ein Geschenk der Natur. Sie wird trotzdem von dem Feuer dieser Steine, die von Goldschmieden geschliffen, poliert und zu Ketten oder Diademen zusammengesetzt werden, betont.

Weiberfeinde bedauern, daß es die nackte Eva aus dem Paradies nicht mehr gibt. Sie haben sicher nicht recht, denn sonst wären die Frauen, die ja nach allen Verführungsmöglichkeiten Ausschau halten, schon lange ihren Ratschlägen gefolgt.

Die größte Sorge der Parfümeure ist zu verhindern, daß sich ihr Zauberwerk zu schnell verflüchtigt. Seit der Entstehung der klassischen Parfümerie versuchen sie, sowohl die Kopfnoten zu halten, was kaum möglich ist, weil sie sich sogleich verflüchtigen, als auch die konstanteren Herznoten, obwohl sie sehr launenhaft sind, und schließlich die Grundnoten, auf die man sich als einzige verlassen kann, zu bewahren. Natürliche Produkte, vor allem Moschus oder Zibet, helfen ihnen dabei, so wie Hunde dem

Schäfer helfen, seine Herde zusammenzuhalten. Man nennt sie deshalb Fixateure.

Die chemischen Produkte haben sich gerade für diese Aufgabe als hervorragend geeignet erwiesen. Gewiß, man darf nicht zuviel von ihnen verlangen. Sie halten die mutwilligen Duftnoten nicht länger als ein paar Sekunden. Trösten wir uns. Keinem anderen Stoff wird es gelingen, sie länger zusammenzuhalten. Wäre das überhaupt wünschenswert? Rührt die Schönheit des Parfüms nicht gerade daher, daß man bei ihm das Gefühl hat, daß die Zeit nicht vergeht, sondern sich verflüchtigt? Alles auf unserer irdischen Welt ist nur flüchtiger Rauch.

Das Wort Parfüm leitet sich nämlich aus dem lateinischen »per fumum« her und bedeutet »durch Rauch«.

Wie merkwürdig ist doch die Entwicklung dieser synthetischen Duftstoffe. Ihnen verdanken zwei Forscher, Paul Sabatier und Victor Grignard, den Nobelpreis für Chemie des Jahres 1912. Ein anderer Forscher, Louis Bouveault, war Professor für Medizin an der Universität Lyon. Sanderères war Domherr. Das Trefol, über dessen Bedeutung ich noch sprechen werde, wurde zum ersten Mal von Darzens in einem ehrwürdigen Laboratorium der Pariser Technischen Hochschule hergestellt.

Und alle diese würdevollen Herren standen im Dienste des frivolsten Luxus, des flüchtigsten aller Vergnügen!

Aber waren diese Gelehrten wirklich so ernsthaft, wie es ihre akademischen Titel vermuten lassen? Albert Verlay, in der Nachfolge von Georges de Laire einer der Begründer der industriellen Herstellung synthetischer Parfüms, war zum Beispiel ein Schüler von Eric Satie und der Komponist mehrerer Symphonien.

In solchen Händen mußte diese Industrie sich ja von den Wegen, die von einer ängstlichen Vernunft vorgeschrieben waren, entfernen. Sie war es satt, nur zu imitieren und zu ergänzen. Sie begann also zu erfinden. Sie schuf Gerüche, die in der Natur nicht existieren.

Im Mittelalter wäre die Kühnheit, die göttliche Ordnung der Dinge derart zu verändern, sicher mit dem Flammentod bestraft worden. Im Jahre 1888 gab es keine Scheiterhaufen mehr. Was die Wissenschaft – wenigstens die allgemein bekannte – nicht daran hinderte, sehr konformistisch zu sein. Auch die Sorbonne baute ihre Vorurteile nicht ab. Sie verstärkte sie vielmehr.

In der Kunst war der Respekt vor der Harmonie der Welt ein absolutes Gesetz. Lassen wir die Kitschmaler, die in den Salons große Erfolge hatten, beiseite. Sogar die Kühnsten in der Malerei, die Impressionisten, die Nabis, die Fauves, und Debussy in der Musik hätten es nicht verletzt. Picasso, Braque und der Kubismus, Schönberg und seine Zwölftonmusik und die Antikunst von Duchamp und Picabia waren noch nicht in Erscheinung getreten.

Eine bescheidene Industrie ist diesen Revolutionären vorausgeeilt. Sie hat den Mut gehabt, die Antinatur zu proklamieren.

Ihre Chemiker begannen Parfüms zusammenzustellen, die viel revolutionärer waren als die künftigen abstrakten Bilder, weil derartige Quadrate, Kuben und die Sphären Mondrians bereits bekannt waren, während kein Mensch jemals die Düfte bestimmter synthetischer Parfüms gerochen hatte.

Und das auf einem Gebiet, wo Geduld nichts nützt. Eine Symphonie kann den Pfiffen standhalten und lange auf Bewunderer warten. Ein Parfüm nicht. Es ist vergänglich und flüchtig.

Trotzdem haben die Erfinder neuer Gerüche den Sieg errungen, während die revolutionären Künstler, die sich an unsere Augen und an unsere Ohren wandten, sich jahrelang gedulden mußten, bevor sie sich durchsetzen konnten. Ihre durchschlagenden Erfolge verdankten sie sicher unserem Geruchssinn, der am wenigsten von all unseren Sinnen mit der Vernunft verknüpft ist.

Unser Geruchssinn ist also avantgardistisch.

# Von den »Nasen«, den poetischen Chemikern, die Parfüms erfinden

*Huysmans hat den »Nasen« sehr geschadet. – Er hat aber das moderne Parfüm vorausgeahnt. – Monsieur des Esseintes glaubte, Parfüms im Raum komponieren zu können. – Ein armseliger Ästhet in Sachen Parfüm: Dorian Gray. – Von der Übereinstimmung zwischen Nase und Männlichkeit. – Eine geheime Liste. – Erogene Düfte und schlappmachende Düfte. – Gibt es einen Mozart unter den »Nasen«? – Ein Parfümeur, der die Technische Hochschule in Paris besucht hat. – Weibliche »Nasen« sind sehr selten. – Es gibt keinen Verband der Parfümschöpfer. – Vom Riechstreifen, dem Werkzeug der »Nasen«. – Wie man sein Geruchsgedächtnis üben kann. – Jeden Morgen einen Wettbewerb unter »Nasen«. – Wo sind die großen »Nasen« von damals geblieben? – Gerüche, in Zahlen ausgedrückt. – Von der Inspiration der Parfümschöpfer. – Die Parfümorgel und der Computer. – Jean Carles, die berühmte »Nase«, zeigt uns, wie ein Parfüm komponiert wird. – Rosenessenz kann einen Duft verändern. – Die Einsamkeit des Parfümerfinders. – Die Qual der »Nasen«: Sie riechen alles, gute und schlechte Gerüche. – Von den Qualitäten eines Parfüms. – Wie aus natürlichen und synthetischen Duftstoffen ein Parfüm entsteht.*

Da die moderne Parfümerie zuerst eine Kunst und dann erst ein gutes Geschäft ist, stellt sich die Frage: Wer erfindet eigentlich ein Parfüm? Eine »Nase«. So wird der Erfinder in Fachkreisen genannt. Er ist Chemiker. Seine Riechzellen sind äußerst empfindlich. Er besitzt ein außergewöhnliches Geruchsgedächtnis, hat Geschmack und Phantasie. Aber er muß außerdem noch Begabung mitbringen.

Er signiert seine Meisterwerke nicht. Die Leute, die seine Parfüms kaufen, kennen ihn nicht. Aber in der Parfümbranche kennt man ihn gut, und wenn er Talent oder Genie besitzt, dann reißt man sich um ihn, und er wird sehr hoch bezahlt.

Ich muß gestehen, daß ich Bedenken hatte, als ich meine erste »Nase« besuchte.

Ich fürchtete, auf einen Ästheten undefinierbaren Geschlechts zu stoßen, der, in Samt gehüllt, in einem duftenden Boudoir zwischen obszönen Räucherfäßchen und wohlriechenden Phallussymbolen aus Gold lebt.

Diesen schlechten Ruf verdanken die »Nasen« zwei Romanfiguren.

J. K. Huysmans hat 1883, als er gerade im Begriff war, mit Zolas Naturalismus zu brechen und sich zum Katholizismus zu bekehren, Jean Floressas des Esseintes erfunden. Des Esseintes ist der Typ des »Dandy fin de siècle« und wird als solcher in der Literaturgeschichte weiterleben. Er entstammt einer alten Familie, deren Lebenskraft sich in vielen Jahrhunderten erschöpft hat. Er ähnelt, ohne jedoch dessen Veranlagung zu besitzen, einem Ahnherrn, der ein Geliebter des Herzogs von Epernon war.

Zu Beginn des Buches hat der vom Spleen zerrissene, von der Neurasthenie bedrückte und überspannte des Esseintes – nachdem er die Frauen und all ihre Reize genossen – seine Güter verkauft, dafür Staatsanleihen erworben und sich in eine Villa ohne Nachbarn in Fontenay-aux-Roses zurückgezogen. Und an diesem Ort, der zugleich weit weg ist und nahe bei Paris liegt, möchte er die völlige Ungebundenheit der Einsamkeit genießen. Er stürzt sich in das Studium der lateinischen Sprache, wobei er Petronius mehr schätzt als Cicero, beschäftigt sich mit Edelsteinen (»Der Cymophan mit seinen azurblauen Flammen, die über den milchigen Farbton züngeln, der im Inneren fließt«, oder »der Saphirin, der bläuliche Phosphorfeuer auf einem dumpfen schokoladenbraunen Grund entzündet«), begeistert sich einen Augenblick für das Werk Gustave Moreaus und entdeckt schließlich das Spiel der Düfte.

Natürlich weiß er auch dort Bescheid, und er ahnt, beziehungsweise er kennt schon die neuen Möglichkeiten der Parfümerie.

»Niemals«, schreibt Huysmans an einer Stelle, »entstammen die Parfüms den Blumen, deren Namen sie tragen; der Künstler, der es wagen würde, seine Elemente einzig der Natur zu entnehmen, würde nur ein entartetes Werk ohne Wahrheit und ohne Stil schaffen, da die durch Destillation von Blumen gewonnene Essenz nur eine sehr entfernte und sehr vulgäre Ähnlichkeit mit dem Aroma der lebenden Blume besitzt, die ihren Duft auf den Feldern verströmt.«

Und dann verteidigt Huysmans die synthetischen Duftstoffe schon folgendermaßen im voraus:

»Mit Ausnahme des unnachahmlichen Jasmins, der keine Kopie, keine Ähnlichkeit duldet und das Beinahe zurückweist, werden alle Blumen durch Verbindungen von Alkoholauszügen und Spiritus dargestellt, die der Vorlage das Eigenartige entreißen und ihm das gewisse Etwas, den zusätzlichen Ton, den berauschenden Duft, den seltenen Stil, hinzufügen, der das Kunstwerk ausmacht.«

Des Esseintes ist überzeugt, daß der Geruch ebensolche Genüsse wie das Gehör oder das Sehvermögen verschaffen kann, und entschließt sich nun, ein Bukett, das heißt eine Mischung aus Blütenölen zu komponieren.

Da er eine feine und erfahrene Nase hat, studiert er die Zusammenstellungen der großen Parfümeure von einst, also von Atkinson und Lubin, von Chardin und Violet, von Legrand und Piesse. Er trägt alle Produkte, die in der Parfümerie verwendet werden, zusammen. Er besitzt sogar den echten Mekka-Balsam. Dieser Balsam wurde aus dem Amyris opobalsamum gewonnen und war nur für die Könige von Juda bestimmt. Bei der Zerstörung Jerusalems wurde dieser Baum, der zur Gattung der Rutazeen gehört, ausgerottet. Es wird behauptet, daß außer der Phantasiegestalt des Monsieur des Esseintes nur das Pariser Museum einen Flakon, ein echtes Museumsstück von unschätzbarem Wert, besitze.

Des Esseintes macht sich nun an die Arbeit. Er geht dabei wie eine echte »Nase« vor. Er komponiert eine Grundnote, fügt Herz- und Kopfnoten hinzu. Huysmans muß zweifellos wirkliche Parfümeure gekannt haben.

Aber des Esseintes fiel durch die Art und Weise, wie er seine Essenzen mischte, ganz aus dem Rahmen. Die echten »Nasen« füllen sie in Reagenzgläser oder in Flakons, bevor sie sie mit Alkohol mischen. Des Esseintes hatte die verrückte Idee, sie mit Hilfe eines Zerstäubers im Zimmer zu versprühen, um eine sofortige Wirkung zu erzielen. Nach Ansicht der Spezialisten ist das eine absurde Methode. Die Duftstoffe vereinigen sich nur, wenn sie zusammen reifen. Düfte, die in der Luft versprüht werden, prallen einfach aufeinander, und aus diesen Kollisionen, die von keiner chemischen Reaktion gemildert werden, entsteht nur ein Mißklang.

Die Parfümerie ist nichts für einsame Ästheten. Die Kunst der Düfte ist eine kollektive Kunst.

Die Versuche von Fontenay-aux-Roses nahmen übrigens ein schlimmes Ende. Die allzu geübte Nase von des Esseintes begann, alle Gerüche in ihrer Umgebung, die schlechten wie die guten, zu riechen, und er wurde beinahe verrückt dabei.

Dieser des Esseintes ist, mit unseren Augen gesehen, ziemlich unausstehlich. Aber er war dennoch kein schlechter Kerl. Er hatte zweifellos einen Hang zum Schönen, selbst wenn dieses Schöne allzu raffiniert war. Was seine Parfümkultur betrifft, so war sie sehr umfassend und, wie Sie wohl bemerkt haben, nicht ohne Erfindungsgeist.

Sein Jünger ist viel verdächtiger. Er ist in dem berühmten Buch von Oscar Wilde »Das Bildnis des Dorian Gray« zu finden. Es ist (durch die literarische Kunst kaum verhüllt) niemand anderes als Lord Douglas, der Wilde kompromittierte und dessen Extravaganzen den Dichter schließlich in das Gefängnis von Reading brachten.

»Dorian Gray begann sich mit Parfüms und ihrer Herstellung zu beschäftigen und destillierte stark duftende Essenzen oder verbrannte duftende Harze aus dem Orient. Er hatte begriffen, daß es keine Geisteshaltung gab, die nicht eine Ergänzung in den Sinnen fand, und er versuchte, ihre wirklichen Beziehungen zu entdecken. So schien ihm der Weihrauch der Duft der Mystiker zu sein und die graue Ambra der Duft der leidenschaftlichen Naturen. Er kam zu der Erkenntnis: Veilchenduft beschwört die Erinnerung an verflossene Liebschaften wieder herauf, Moschus macht verrückt, und Champaca verdirbt die Phantasie.«

Was für Banalitäten! Hatte es dieser schöne junge Mann denn nötig, den gelehrten Parfümeur zu spielen, um den Weihrauch als den Duft der Mystiker und das Veilchen als den Sänger der verflossenen Liebschaften zu entdecken?

Er hätte das den englischen Spinnstuben überlassen sollen. Dort hätte man sich ebenso originell ausgedrückt wie er.

Die dumme Eitelkeit dieses banalen Schülers von des Esseintes wurde damit bestraft, daß sich sein Bildnis bei seinem Tode wie eine schlechte Mischung veränderte und plötzlich alle seine versteckten Laster zeigte. Trotzdem hat Dorian Gray den »Nasen« sehr geschadet.

Gleich bei meinem ersten Besuch bei einer »Nase« löste sich meine Voreingenommenheit in nichts auf. Sie war nur durch diese abscheuliche Lektüre genährt worden. Die »Nasen« wohnten nicht in gepolsterten Opiumhöhlen. Ihre Gesten wurden nicht von durchsichtigen Schärpen unterstrichen. Sie waren verheiratet und Familienväter. Es gibt sogar »Nasen«, deren Talente sich vom Vater auf den Sohn vererben, wie bei den Guerlains.

Eine Begegnung fegte endgültig alles Zwielichtige und

jeden Vergleich mit Dorian Gray und seinen lockeren Sitten hinweg. Es gibt nämlich eine weibliche »Nase«. Ich habe sie gesehen. Ich habe mit ihr geplaudert. Sie heißt Madame Couturier und hat das Parfüm *Coriandre* erfunden.

Allerdings gibt es im Gegensatz zu dem übersensiblen des Esseintes und zu dem zwielichtigen Dorian Gray noch eine andere Theorie, die Pierre Blaizot (dem ich hiermit ausdrücklich meine Bewunderung und Dankbarkeit beweisen möchte) in seinem schönen Buch »Parfüm und Parfümeure« untersucht hat. Ich verdanke ihm sehr viel.

Seit der Antike ist jedermann überzeugt, daß die Nase ein Aushängeschild ist, das auf eine Eigenschaft hinweist, die unser Schamgefühl verschweigt. Von einer großen Nase soll man bei den Männern auf eine wohlgefüllte Hose schließen können. So wählte zum Beispiel Heliogabal seine Gespielen für das Laster nach der Größe ihrer Nase aus. Johanna von Neapel machte es bei ihren Liebhabern genauso.

Dieses Problem wurde von der Wissenschaft sowohl in Deutschland als auch in England einer sorgfältigen Prüfung unterzogen. Nach Mackenzie sollen bestimmte Teile der Nase mit der gleichen Schleimhaut bedeckt sein wie das männliche Organ.

Die Ergebnisse dieser Untersuchungen waren jedoch negativ. Negativ für das Ansehen der Cyranos mit großen Nasen. Es soll keine Übereinstimmung bestehen.

Bertillon, der Erfinder der Gerichts-Anthropometrie, ein Experte auf diesem Gebiet, war da anderer Meinung. Ein berühmter Schauspieler teilte diese Überzeugung auch nicht und machte sich deshalb die Mühe, eine Liste der riesigen Riechorgane aufzustellen. Es gibt nach seiner Meinung, in der Reihenfolge der Größe, zuerst die Knolle, dann die Tulpe, die Banane, die Rübe, die Gurke, den Schnorchel, den Rüssel und – nur zum Träumen – das Ungeheuer vom Loch Ness.

Viele Männer haben nach dem Lesen dieser Liste protestiert. Die Männlichkeit läßt sich nicht in Zentimetern messen. Es gibt riesige Nasen, die sehr faul sind. Die Protestler wurden aber sofort, ohne daß man ihr Riechorgan examiniert hätte, in die Kategorie der Knollennasen eingestuft.

Ich habe im Laufe meiner Untersuchungen festgestellt, daß die professionellen »Nasen« im allgemeinen große Riecher haben, aber mehr darüber kann ich leider nicht sagen. Die Parfümeure, ihre Frauen und ihre Freundinnen sind diskret.

Ich möchte aber dieses heikle Thema nicht fallenlassen, ohne die Eltern, deren Tochter eine »Nase« heiraten will, zu beruhigen. Sind die Düfte, mit denen eine »Nase« jahrelang leben muß, nicht starke Aphrodisiaka? Von Nostradamus gibt es ein Rezept für ein duftendes Öl, das die Fähigkeit besitzen soll, sogar die Triebe eines Eunuchen aus dem Serail zu erwecken: »Man nehme pulverisierte Alraune und Magnetstein, übergieße beides mit dem Blut von sieben männlichen Sperlingen, die am linken Flügel abgestochen wurden, und gebe dann siebenundfünfzig Gramm graue Ambra, sieben Gramm Moschus, siebenunddreißig Gramm Zibet und drei Denier Levkojen und Aloe hinzu.« Ich muß es ausschließen, weil man dieses Öl mit Zucker und Kreta-Wein trinken soll. Der Geruchssinn wird hier gar nicht angesprochen.

Andererseits gelten Moschus, Ambra, Zibet, Levkojen und Aloe, die in dieser Zusammenstellung auftreten, als besonders betörende Gerüche. Der Wohlgeruch der Alraune, einer Pflanze aus der Familie der Orchideen, ist süßlich und fade. Man hat heute kaum mehr Gelegenheit, ihn zu riechen.

Aber in seinem Laboratorium hat der Parfümeur Gelegenheit, auch dämpfende Düfte, Gerüche, die wie Brom wirken, zu riechen. Der Duft des Eisenkrauts macht impotent, behaupteten früher die Ammen. Liselotte von der

Pfalz empfahl jungen Priestern, die von der Fleischeslust geplagt wurden, den Duft des Tees. Der Duft der Seerose, des Schierlings, des Kampfers und des Stechapfels soll ebenfalls eine abschlaffende Wirkung haben.

Im Labor der Parfümeure gleicht sich beides wahrscheinlich aus. Das wäre zu wünschen, wenn auch Zibet und Moschus bei der Zubereitung von Parfüms viel öfter verwendet werden als Seerosen.

Die Eltern, die der Zukunft ihrer Tochter wegen jetzt hoffentlich beruhigt sind und nun die Gewißheit haben, daß sie keinem durch seinen Beruf sexbesessenen Unglücksraben ausgeliefert wird, werden nun an ihren Jüngsten denken. Wie wird man eine »Nase«? Ist die Berufung zur »Nase« angeboren? Gibt es kleine Mozarts unter den »Nasen«? Wenn Sie Buchhalter in der Elektrobranche sind, kann Ihr Kind Ihnen dann eine Mischung anbringen, die Ihre Riechschleimhaut verblüfft und die es wunderbarerweise erfunden hat, als es mit Essenzen spielte?

Damit brauchen Sie gar nicht zu rechnen. Der Geruchssinn wird zu Hause und in den Kindergärten zu wenig gefördert, um ein solches Wunderkind hervorzubringen. Im übrigen hat die Werbung für »Nasen« noch keine wirkliche Begeisterung bei der Jugend ausgelöst. Die Ersten der Klasse fühlen sich eher zum Zweispitz der Technischen Hochschule als zum Riechstreifen der Parfümeure hingezogen. Natürlich kann auch die Technische Hochschule manchmal zu den Düften führen. Ein Beispiel: Jacques Rouché, ein Pionier der zeitgenössischen Parfümerie.

Und dann gibt es ja noch Vorurteile. Man hat mir folgende Geschichte von einem Vater erzählt, der, als er von dem Berufswunsch seines Sohnes hörte, entsetzt ausrief:

»Er will eine ›Nase‹ werden? Wie schrecklich! Ein handwerklicher Beruf!«

Wie gelangt man also in so ein geschlossenes Milieu, wie es das Milieu der »Nasen« ist? De Gaulle wurde einmal gefragt, ob es stimme, daß seine Heirat eine Liebesheirat war. Der General antwortete geradeheraus: »Eine arrangierte Heirat – wie jede Heirat!« Ich kann der Versuchung nicht widerstehen, hier genauso kurz zu antworten: »Durch Beziehungen.«

Ernest Beaux, eine berühmte »Nase«, der Erfinder des *Nr. 5* von Chanel, hatte einen älteren Bruder, der vor dem Ersten Weltkrieg Geschäftsführer bei Rallet, einem der beiden größten Parfümeure im zaristischen Rußland, war.

Henri Robert ist ebenfalls eine bekannte »Nase«. Er hat *Nr. 19,* das letzte Parfüm, das Chanel herausbrachte, komponiert. Sein Vater Joseph Robert hatte schon 1888 die Extraktion mit flüssigen Lösungsmitteln entwickelt, die man heute noch bei der Herstellung von »concrètes« und »absolus« aus Rosen anwendet.

1890 kaufte die Firma Antoine Chiris dieses Verfahren und beauftragte Joseph Robert, in Grasse eine Fabrik dafür einzurichten. Dort wurde Henri Robert geboren und lief schon als Kind in den Laboratorien herum, beobachtete Retorten und Reagenzgläser, ging immer kühner mit ihnen um und mischte schließlich auch Buketts. Er war vielleicht kein Mozart. Aber er zeigte schon als Jugendlicher eine große Begabung. Nie hätte er daran gedacht, einen anderen Beruf als den einer »Nase« zu ergreifen.

Auch Vincent Roubert stammte aus einer Parfümeurfamilie. Er war der Schöpfer von *Aimant,* einer der größten Erfolge von Coty. Jean Desprez war der Urenkel von Madame Millot, der Frau von Félix Millot, der 1839 die Parfümerie Millot gründete. Jean Desprez wird *Crêpe de Chine,* ein Parfüm, das großes Aufsehen erregte, zugeschrieben. André Fraysse, ein Parfümeur bei Lanvin, bewegte sich ebenfalls schon als Kind unter lauter Retorten.

Madame Couturier wollte Medizin studieren, aber da kam der Krieg und die Besatzungszeit. Ihre Eltern erlaubten nicht, daß sie ihre Studien in Marseille weiterführte. Sie mußte in Grasse bleiben, wo sie dann bei Rouve & Bertrand, einer großen Firma, die Rohstoffe für Parfümeure herstellte, eintrat. Dort lernte sie Jean Carles kennen, eine berühmte »Nase« (die Amerikaner gaben ihm den Spitznamen »Mister Nose«), der auch ein ausgezeichneter Pädagoge war. Sie wurde seine Schülerin.

Als weibliche »Nase« ist sie eine Ausnahme, aber nicht die einzige. Jacqueline Fraysse war schon vor ihr da. Sie ist die Erfinderin des Parfüms *Noir* von Weil. *Bandit* von Piguet verdanken wir Germaine Cellier. Auch Madame Béchet bei Chanel und Madame Jeffrin bei Houbigant dürfen wir nicht vergessen.

Als Beschützer der französischen Familie fühle ich mich verpflichtet, Sie gründlich zu informieren. Wie ist der Status einer »Nase« in einem Unternehmen? Er kann sehr verschieden sein. Es gibt »Nasen«, die Teilhaber ihres Familienbetriebes sind. Ich denke da an Jean-Paul Guerlain, dessen Riechzellen von seinem Großvater Jacques geschult wurden. Dann gibt es »Nasen«, die bei einem einzigen Parfümeur angestellt sind, wie Henri Robert, der Chefparfümeur und technische Generaldirektor bei Chanel. Aber es gibt auch unabhängige »Nasen«, die ihre Rezepte an Parfümeure verkaufen, die kein eigenes Laboratorium besitzen. Dazu gehört Edmond Roudniska, der in Cabris, zwischen Grasse und Nizza, in einer zauberhaften Umgebung Parfüms komponiert, ohne sich darum zu kümmern, wer seine Rezepte kaufen wird. Er kann sich das leisten. Man reißt sie ihm fast aus den Händen. Es gibt außerdem »Nasen«, die in den Fabriken für Duftstoffe in Grasse Gehaltsempfänger sind – mit hohem Gehalt. Es gibt sogar »Nasen« in den Fabriken für synthetische Produkte. So hat Paul Leget seine Talente mehr als fünfundzwanzig Jahre lang der Firma Ferminiche in einer Stadt zur Verfügung gestellt, die auf den ersten Blick nichts mit Parfüm zu tun zu haben scheint: nämlich in Genf.

Die angestellte »Nase« ist selbstverständlich nicht Eigentümer ihrer Schöpfungen. Sie gehören der Firma, die sie bezahlt. Bei der freien »Nase« ist das anders. Unglücklicherweise gibt es keinen Verband der Parfümschöpfer, und sie sind fast ausnahmslos nicht an einem finanziellen Erfolg beteiligt, der manchmal über ein halbes Jahrhundert oder noch länger andauern kann.

Sie sehen jetzt die »Nase« in ihrem Labor, wie sie ihr kostbarstes Werkzeug zwischen den Fingern hält. Oh, es ist nicht sehr kompliziert. Ein Riechstreifen ist ein langes und schmales Band aus Löschpapier, das man mit Düften anfeuchtet, um sie besser riechen zu können. Die Riechstreifen werden oft an ein Gestell gehängt, das sie wie die Strahlen einer Sonne herumschwenkt. Das Gestell wird gedreht, die duftenden Bänder streifen an den Nasenlöchern vorbei, und man braucht nur noch die Gerüche zu vergleichen.

Die Kreation ist die edelste Aufgabe der »Nase«. Sie hat noch andere Aufgaben, die viel alltäglicher sind. Sie muß dauernd prüfen: die Essenzen und die synthetischen Duftstoffe, die geliefert werden, die Proben, die angeboten werden, die Vorräte, die überwacht werden müssen, die »jus« (das sind die Parfüms ohne Flakon und Verpackung, die in Bottichen reifen), die neu herausgekommene Mischung eines Konkurrenten, ein altes Parfüm, das derselbe Konkurrent vielleicht verändert hat ...

Eine gute »Nase« muß sofort sagen können: »Dieser Lavendel hat eine Konzentration von vierzig Grad und nicht von fünfzig, wie Sie behaupten!«

Bei dieser spontanen Antwort muß sich die »Nase« auf zwei Erinnerungen verlassen können. Und auf was für Erinnerungen! Sie gehören zu den flüchtigsten aller Duft-Erinnerungen: der Duft des Lavendels von vierzig Grad und der Duft des Lavendels von fünfzig Grad, den er vor zwei Monaten gerochen hat. Eine derartige Beweglichkeit verlangt vom Parfümeur ein sehr gutes Gedächtnis. Ein Geruchsgedächtnis, ein Gedächtnis für Eindrücke, das natürlich nichts mit dem mechanischen Gedächtnis für Texte oder für auswendig gelernte Formeln zu tun hat.

Um uns zu erinnern, brauchen wir Stützpunkte, an die wir uns klammern können. Unsere nächtlichen Träume werden sehr schnell vergessen, weil diese Traumvorstellungen, die manchmal den Anschein einer zusammenhängenden Geschichte haben, tatsächlich keine logische Ordnung besitzen.

Eine logischere Ordnung hat die gelebte Zeit, die Folge der Ereignisse, die wir in den allermeisten Fällen mit Hilfe unseres Gesichtssinnes wahrnehmen können. Auch die Eindrücke des Gehörs sind fast immer eng mit einem visuellen Eindruck verknüpft. Der Ton ist konkret, beinahe körperlich. Er wird tatsächlich von Instrumenten oder Maschinen erzeugt, die wir sehen können.

Der Mechanismus unserer Erinnerung braucht also wenig Mühe aufzuwenden, um einen Ton wiederzufinden, weil er so gut mit der realen Welt verknüpft ist.

Mit dem Geruch verhält es sich ganz anders. Für den Parfümeur kommt er von einem namenlosen Parfüm in einem Laboratorium, das er nicht wahrnimmt, weil er so an seine Wände gewöhnt ist. Und außerdem ist der Geruch nicht greifbar, sondern flüchtig. Gewiß, er kann etwas heraufbeschwören, aber seine Macht ist unberechenbar. Der Duft führt Sie, wohin er will. Der Lavendelgeruch läßt in Ihnen plötzlich das Bild einer Blondine am Strand von Deauville auftauchen. Das hatten Sie ja gar nicht von ihm verlangt. Dieses reizende Bild gibt Ihnen keine Information über den Alkoholgehalt des besagten Lavendels.

Der Parfümeur muß sein Geruchsgedächtnis schulen und künstliche Beziehungen zwischen dem, was er gesehen, und dem, was er gerochen hat, herstellen. Wenn man ihm einen neuen Duft präsentiert, wird er also versuchen, ihn mit einer Begebenheit desselben Tages in Verbindung zu bringen. In der benachbarten Fabrik gab es Streik. Er wird diesen Geruch mit diesem Etikett in seinem Gehirn speichern. Er wird für ihn immer der Geruch des Tages bleiben, an dem in der benachbarten Fabrik gestreikt wurde. Und wenn er sich an diesen Duft wieder erinnern will, muß er an diesen Streik denken. Der Duft wird aus dem Dunkel aufsteigen.

Proust hat mit seiner Madeleine den umgekehrten Weg eingeschlagen. Der Geschmack dieses Gebäcks beschwor eine Menge verloren gewesener Bilder herauf. Bei der »Nase« führt ein präzises Bild, ein Bild, das wie ein Signal wirkt, zu dem bestimmten Duft zurück.

Schwatzhafte Frauen sollten keine »Nase« heiraten. Er wird sie oft zum Schweigen verurteilen. Er muß sich konzentrieren. Das ist seine tägliche Aufgabe. Er denkt an eine Mischung, und diese Mischung muß in Gedanken zusammengestellt werden und sein Gedächtnis mit Duft erfüllen. Und wenn es ihm nicht gelingt? Dann sehen wir unsere »Nase« schnell davoneilen. Er läuft in sein Labor, um an einigen Reagenzgläsern zu schnuppern.

Jean Carles veranstaltete täglich eine halbe Stunde vor Arbeitsbeginn einen Wettbewerb zwischen seinen Mitarbeitern. Ein Riechstreifen, der auf seinem weißen Löschpapier weder Namen noch Datum trug, ging von Hand zu Hand und von Nasenloch zu Nasenloch. Alle mußten raten. Bis einer die Lösung verkündete: »Jasmin aus Grasse, 1959 geerntet!«

Was aber Jean Carles nicht daran hinderte, manchmal laut zu seufzen. Wo waren die großen »Nasen« aus seiner Jugend geblieben, die mit Hilfe ihres Geruchsvermögens sogar das Feld, wo ein bestimmter Jasmin oder Lavendel angebaut worden war, wiedererkennen konnten?

Dieser Abstieg ist vielleicht nur scheinbar. Es gibt nämlich heute viel mehr Gerüche als vor fünfzig Jahren. Die Fabriken für synthetische Duftstoffe produzieren Düfte am laufenden Band.

Wenn Guerlain zweihundertsechsundzwanzig Parfüms in hundertzweiundvierzig Jahren herausgebracht hat, so hat die chemische Industrie in weniger als einem Jahrhundert Zehntausende von Düften geschaffen. Jede Woche bieten die Vertreter dieser Firmen den Parfümeuren drei oder vier neue Duftstoffe an, von denen jedoch viele nie verwendet werden.

Jede »Nase« muß vierhundert Gerüche von Essenzen oder von synthetischen Duftstoffen kennen. Aber wie Sie wissen, ist der Duft vielschichtig. Er verändert sich mit der Zeit. Eine Mischung riecht zu Anfang anders als in dem Augenblick, wo sie sich verflüchtigt. Und die »Nase« muß die ganze Tonleiter der Wandlungen eines Duftes im Gedächtnis behalten.

Um ihr dabei zu helfen, steht ihr kein einziges Instrument zur Verfügung. Der Duft läßt sich nicht messen. Er erlaubt nicht einmal, daß ihn die Wissenschaft in ein Ordnungssystem bringt.

Alle Meisterwerke der Musik werden mit sieben Noten, alle Meisterwerke der Malerei mit den Farben des Regenbogens, den sieben Grundfarben, gemacht. Aber von den zwei Millionen Stoffen, die der Chemie bis jetzt bekannt sind, besitzt ein Fünftel (also vierhunderttausend) einen eigenen Duft. Vierhunderttausend Düfte, die nie, wie Sie wissen, auf eine kleine Anzahl von Grundgerüchen zurückgeführt werden konnten.

Wenn der Parfümeur wenigstens eine eigene und präzise Fachsprache besäße. Aber nein! Sein Vokabular ist ein Sammelsurium. Bassiri hat in seiner »Einführung in die Wissenschaft der Parfüms« mehr als dreihundert laufend in der Parfümerie verwendete Fachausdrücke genannt. Sie kommen aus allen Richtungen, vor allem aus Bereichen, wo man sich nicht klar ausdrückt. Man hat den Eindruck, das Gerede von Ärzten à la Molière und Clowns à la Mark Twain zu lesen. Was ist das doch für eine merkwürdige Ausdrucksweise: Vanille hat einen vanilleartigen Duft!

Die meisten Leute verwenden diese Ausdrücke übrigens falsch. Wenn eine Dame in einer Boutique ein grünes Parfüm verlangt, können Sie sicher sein, daß das von ihr Gewünschte nichts mit dem Grün des Parfümeurs zu tun hat.

Die Kundinnen haben sich selbst ein kleines Wörterbuch zurechtgebastelt. Und da soll man noch durchblicken!

Wenn wenigstens die Spezialisten untereinander einig wären! Aber davon sind sie weit entfernt. Nehmen Sie zum Beispiel den Ausdruck: eine pudrige Note. Die Fünfzigjährigen verstehen das sofort. Die unter vierzig sind, machen dagegen erstaunte Augen. Die Ärmsten haben den Geruch der alten Badezimmer nicht mehr erlebt, wo der Reispuder, den unsere Großmütter benutzten, einen sanften Duft verbreitete.

Croker und Henderson versuchten dieser Unordnung beizukommen, indem sie Zahlen zu Hilfe nahmen. Hatte die Nr. 5 nicht einem »jus« Glück gebracht? Sie gingen davon aus, daß sich in jedem Geruch vier Eigenschaften unterscheiden lassen: blumig, herb, warm und fettig. Dann bezeichneten sie diese Eigenschaften nach dem Grad ihrer Intensität von null bis acht. Der Duft der Rose wurde mit 6423 bezeichnet. Die Vanille roch nun nicht mehr vanilleartig, sondern 6113. Diese Rechenkünstler mußten aber bald aufgeben. Denn die Parfümerien begannen allzusehr Gefängnissen und die »Nasen« Gefängniswärtern zu gleichen.

Die Parfümeure trösteten sich bald. Sie überließen die Präzision den Chemikern. War die Unbestimmtheit ihrer Fachsprache nicht ein Beweis dafür, daß die »Nasen« eher Künstler als Wissenschaftler waren? Nahmen sie in der Kunst nicht den höchsten Rang ein, auf gleicher Ebene wie die Dichter oder die Komponisten? Man nennt die modernen »Nasen« ja auch manchmal Parfümkomponisten.

Jetzt muß ich aber folgendes klarstellen: Der Beruf der »Nase« unterliegt denselben Gesetzen wie jeder Beruf. Er ist hierarchisch aufgebaut. Es gibt »Nasen«, die immer nur prüfende »Nasen« bleiben werden, und es gibt »Nasen«, die auserwählt sind, »historische« Gerüche zu komponieren.

Es gibt vielleicht dreißig »große Nasen« auf der Welt,

und die begabtesten sind (wie der beste Jasmin) in Frankreich zu finden. Ich gehe das große Risiko ein, einige Namen zu nennen, obwohl die Gefahr besteht, aus Versehen nicht immer gerecht zu sein: Jean-Jacques Guerlain, Edmond Roudniska (*Femme* von Rochas, *Eau sauvage* von Dior und *Ma Griffe* von Carven), André Freysse, aus der berühmten Familie der Freysse (*Arpège* von Lanvin), Paul Vacher (*Sortilège* von Le Galion), Henri Robert, den wir schon erwähnt haben, Guy Robert, sein Neffe (*Madame Rochas* und *Audace* von Rochas, *Calèche* und *Equipage* von Hermès), Michel Hy (*Calandre* von Paco Rabanne) und Jean Kerleo (*Mille* von Patou).

Bei diesen »Elitenasen« kann man zwei Gruppen unterscheiden. Es gibt »Nasen«, deren Steckenpferd das Malen, und »Nasen«, deren Hobby die Musik ist.

Henri Robert ist ein charmanter Sonntagsmaler. E. A. Despenois, ein Meister in der Kosmetik, komponiert. Der verstorbene Albert Verley lebt als der Komponist der »Glocken im Tal« weiter. Jacques Rouché war Direktor der Pariser Oper.

Die einen vergleichen natürlich die Parfümerie mit der Malerei und die anderen mit der Musik. Aber sie sind sich beide einig, wenn sie die Überlegenheit ihrer Kunst proklamieren. Die Harmonien der Düfte sind vielfältiger und zahlreicher als die Harmonien der Töne. Auf der Leinwand eines Bildes werden die Farben übereinander getupft. In einem Parfüm mischen, vereinigen, befruchten sich die Duftnoten und lassen andere Noten aus der Einheit entstehen, die sofort wieder zerstört wird. Der Duft ist ein bewegliches Puzzle und kann Effekte hervorbringen, die nie von einem Sisley oder einem seiner Nachfolger erreicht wurden.

Man kann nun der Versuchung nicht widerstehen, diese besonders gearteten Künstler, diese Magier des Frivolen, diese Zauberer des Luxus, diese Beherrscher des Kohlenwasserstoffs zu fragen, wie sie sich inspirieren lassen.

»Durch die Nase«, könnte man, ohne viel zu überlegen, erwidern, »in einem Rausch von Düften à la Monsieur des Esseintes. Sie öffnen alle ihre Flakons – und auf dem Höhepunkt dieser Orgie finden sie einen verführerischen Akkord!«

Diese Art der Kreation hätte sicher Ludwig II. in seinen bayerischen Schlössern gefallen. Aber das ist viel zu romantisch und nichts für einen Profi.

Während der ersten Phase der Arbeit wird die Nase (jetzt meine ich das Organ) nicht gebraucht. Sie wird ausgeschaltet. Sie würde den Parfümeur, der mit seinem Verstand arbeitet, nur stören. Ja, wirklich! Die Parfüms werden wie die Lehrsätze der Topologie im Kopf des Forschers geboren.

Jean Carles konnte es nicht oft genug wiederholen: Ein guter Parfümeur »riecht« im voraus ein Parfüm, das es noch nicht gibt, das er aber komponieren möchte.

Anders ausgedrückt: Die Idee eines Parfüms ist immer vor der Existenz des Parfüms vorhanden.

Hier könnte uns jemand eine Falle stellen. Man wird uns entgegnen: »Wir verdanken aber ein weltberühmtes Parfüm einer irrtümlichen Dosierung.« Kaltblütig werden wir darauf erwidern: »Das ist die berühmte Ausnahme, die die Regel bestätigt.«

Kehren wir zu unseren Ideen zurück. Wo und unter welchen Umständen tauchen sie auf? Die geheimnisvolle Phantasie entzündet sich überall und nirgendwo. Vor allem dort, wo man es gewöhnlich nicht erwartet. Henri Robert ist viele Male während eines Konzerts zu einem Parfüm inspiriert worden.

Er hat im Geist einen Duftakkord »gerochen«, der ihm originell erscheint. Und was macht er dann? Er zieht, ohne seine Nachbarn zu stören, ein Notizbuch aus seiner Tasche und notiert das Rezept dieses Akkordes in abgekürzter Form – wozu eine echte »Nase« jederzeit fähig ist, auch wenn sie im Konzertsaal Pleyel sitzt. Henri Robert notiert außerdem, als Erinnerungsstütze, das Datum, den Ort und die Symphonie, die gespielt wird.

Wenn er wieder in seinem Laboratorium ist, braucht er sich nur an diese Symphonie zu erinnern, und der Duftakkord lebt wieder auf. Und dann beginnt seine eigentliche Arbeit. Er muß nämlich sein Phantasiegebilde in einen irdischen Duft übersetzen.

Vor dem Parfümeur stehen Hunderte von Fläschchen aus meergrünem Glas, die mit Glasstöpseln verschlossen sind. Sie enthalten die Essenzen, »absolus« und synthetischen Duftstoffe, die zur Rekonstruktion benötigt werden. Manchmal sind sie in einem Halbkreis und stufenförmig aufgestellt, weshalb man auch von einer Duftorgel spricht. Diese Anordnung hat nur einen Zweck: die Besucher zu verblüffen, denn die Parfümeure ziehen meistens ihre persönliche Unordnung vor.

Übrigens setzt man sich, um ein Parfüm zu komponieren, nicht an einen Tisch, als ob man ein Gedicht schreiben wollte. Das ganze Verfahren ist sehr langwierig. Man taucht einen Riechstreifen in eine Essenz. Man schnuppert. Man taucht einen anderen Riechstreifen in ein anderes Fläschchen. Man vergleicht beide. Es ist unmöglich, etwas darüber zu sagen. Um sie richtig zu beurteilen, ist Ruhe erforderlich. Man stellt sich die Mischung vor. Man verläßt sich auf seine Erinnerungen oder auf seine Kenntnisse. Die Nase wird bald müde. Sie kann die Düfte nicht mehr unterscheiden. Man muß aufhören, spazierengehen, sich anderen Beschäftigungen zuwenden. Das alles hat, wie Sie sehen, nichts mit Büroarbeit zu tun.

Und wieder ist der Parfüm-Komponist arm dran. Es gibt keine Maschine, um Wohlgerüche herzustellen.

Gewiß, man könnte einen Computer benutzen und ihm die Herstellung eines Parfüms überlassen. Man kann alles einem Computer überlassen. Er wird Ihnen das Gewünschte liefern. Sie finden das schrecklich? Es ist noch schlimmer; es ist banal. Ein Computer gibt nur her, was sein Programmierer ihm vorher eingegeben hat. Aber es gibt unglücklicherweise keine Methode, um gute Parfüms herstellen zu können.

Man hat Gott weiß wie lange nach dieser Methode gesucht! Es wurden sogar Spektroskope eingesetzt. Aber trotzdem hat man sie nicht gefunden.

Jean Carles hat aufgrund seiner Erfahrungen dennoch eine Art Arbeitsplan entworfen, und zwar nicht für seine Kollegen, die »großen Nasen«, sondern für Neulinge, d. h. für seine Schüler.

Er geht von dem allgemein anerkannten Prinzip aus: Ein Parfüm setzt sich aus Kopf-, Herz- und Grundnoten zusammen. Die Kopfnoten, die sich sofort verflüchtigen, wenn der Flakon aufgeschraubt wird, sind wichtig, weil der unerfahrene Kunde nach diesem ersten Eindruck sein Urteil fällt. Die wichtigsten Duftnoten sind aber die Grundnoten. Sie bleiben viele Stunden lang haften. Sie verhelfen dem Parfüm zu seinem guten Ruf. Von ihnen hängt der geschäftliche Erfolg oder Mißerfolg ab.

Unglücklicherweise haben die Produkte für die Grundnoten, Vetiver, Eichenmoos und Patschuli, meist einen unangenehmen Geruch, und sie können daher leicht die »Spitze« eines Parfüms verderben.

Es ist also ratsam, sie zu neutralisieren. Das geschieht mit Hilfe der Duftstoffe für Herznoten, die Jean Carles wegen der wichtigen Rolle, die sie spielen, auch modifizierende Duftstoffe nennt. Sie sind dafür da, den unmittelbaren Geruch der Grundnoten abzuwandeln.

Das ist die Theorie. In der Praxis wird ein Duftstoff aufgrund seiner mehr oder weniger großen Flüchtigkeit zu einer Kopf-, Herz- oder Grundnote.

Eine Essenz wie zum Beispiel die Zitronen-, Lavendel-, Estragon- oder Lorbeer-Essenz, die sich in wenigen Sekunden verflüchtigt, ist eine Kopfnote. Thymian, Neroli, die Orientrose, Ylang-Ylang, Geranie, die länger haften, gehören zu der Gruppe der Herznoten oder der modifizierenden Duftstoffe. Und die »absolus« aus Orangenblüten, Jasmin, Sandelholz, Moschus, Vetiver, Patschuli und Sellerie, die sehr lange haften, werden als Grundnoten verwendet.

Jean Carles verlangte von seinen Schülern, die Chemie zu vergessen und nur aufgrund ihrer Experimente mit Riechstreifen eine Liste der wichtigsten in der Parfümerie verwendeten Duftstoffe nach dem Grad ihrer Flüchtigkeit aufzustellen und sie dann in drei Gruppen einzuteilen.

Die Arbeit des Meisterschülers wird dadurch sehr vereinfacht. Wenn er ein Chypre-Parfüm komponieren will, nimmt er aus der dritten Gruppe, die die Grundnoten enthält, den Duftstoff, der die Basis für jede Chypre-Note ist: ein Eichenmoos-»absolu«. Er fügt dann graue Ambra hinzu, nicht zuviel, denn sonst würde die Chypre-Note sich in eine Ambra-Note verwandeln.

Jeder Chypre-Duft muß mit Moschus abgerundet werden. Der Meisterschüler verwendet einen Keton-Moschus und prüft diese Mischung mit einem Riechstreifen. Der Geruch ist zuerst unangenehm. Der Schüler ist enttäuscht, aber nicht überrascht, denn er weiß bereits, daß der Parfümeur nicht in einer Welt aus lauter Wohlgerüchen lebt und daß er dauernd mit abstoßenden, das heißt fäkalartigen Gerüchen konfrontiert wird. Dazu gehört zum Beispiel der Geruch des Indols, das man für blumige Basen verwendet, und das Skatol, dessen Gestank einfach ekelhaft ist.

Bei unserem in der Entstehung begriffenen Parfüm ist der unangenehme Geruch bald verflogen. Die Mischung zeigt sehr schnell ihren wahren Charakter.

Trotzdem muß man den Angeruch mit Hilfe eines Duftstoffes aus der zweiten Gruppe, mit einem modifizierenden Duftstoff, korrigieren. Eine blumige Note, eine rosenartige Note zum Beispiel, wird mit einer Spur Zibet-»absolu« gemischt, das in der Parfümerie sehr beliebt und in fast allen Parfüms enthalten ist. Jetzt kommt die »Spitze« an die Reihe. So bezeichnet man die kurze Duftexplosion, die auf das Öffnen des Flakons folgt. Hier befinden wir uns in dem Bereich der Phantasie und des Unmittelbaren. Diese Noten verflüchtigen sich sehr schnell. Sie haben nur die Aufgabe zu verblüffen, durch ihre Originalität und ihren Reiz Aufmerksamkeit zu erregen. Man kann den verführerischen Wohlgeruch der Bergamotte und des Portugal dafür verwenden.

Wir brauchen wohl nicht zu betonen, daß wir hier nur das Schema für ein Parfüm erläutert haben. Ein wirkliches Parfüm ist viel komplexer, denn es kann, wie zum Beispiel *Arpège*, mehr als fünfzig Duftstoffe enthalten.

Diese hohe Anzahl ist erstaunlich. Ist das nicht Verschwendung? Der Philosoph Lagneau schrieb Anfang des 20. Jahrhunderts über unsere heutige Zeit: »Alles wird leichter sein. Alles wird vulgärer sein.«

Nur die Parfümerie ist diesem Fluch entgangen. Sie ist der letzte Bereich, wo das Raffinierte noch gestattet ist, und zwar von der Technik gestattet wird. Zeit und Raum sind heute beschränkt. Aber ein Parfüm ist eine Summe von chemischen Reaktionen, von unmittelbaren und flüchtigen Reaktionen, die man bis ins Unendliche vermehren kann.

Jede Duftnote wird abgerundet und nochmals abgerundet mit Hilfe von Stoffen, die Jean Carles als Zusätze bezeichnet hat, wobei er diesen Begriff nicht im abwertenden Sinn verstand, denn diese Zusätze haben die Aufgabe, Nuancen zu erzeugen. Und was für Nuancen! Manchmal sind sie kaum noch zu verspüren. Zu dieser Gruppe gehören synthetische Duftstoffe, insbesondere die Aldehyde, die größte Eleganz erzeugen können.

Auch in der konkreten Musik wird jeder Ton mit Hilfe der Elektronik verwandelt. Unglücklicherweise sind diese Experimente aber meist sinnlos, weil das Ohr des Zuhörers das Ergebnis nicht aufnehmen kann. Dem Parfümeur werden derartige Enttäuschungen erspart. Der Geruch ist ein feinerer Sinn als das Gehör.

Um das subtile Gerüst eines Parfüms aufzurichten, darf

eine »Nase« keine Mühe scheuen. Wieviel Versuche, Fehlschläge, angefangene und nicht vollendete Skizzen! Man braucht zwei, vier, sechs Jahre und manchmal noch mehr, um einen originellen Duft fertigzustellen. Wenn alles gutgeht, wenn der Parfümeur keinen Schnupfen bekommt, der seine Riechstreifen wochenlang geruchlos macht ...

Das ist aber nicht das Schlimmste für eine »Nase«. Er leidet unter der Einsamkeit des Forschers. Der Maler hat während der mühseligen schöpferischen Phase eine Leinwand vor sich. Der Komponist Notenlinien mit Noten. Er aber hat nur einen leichten Hauch, der einem Fläschchen entströmt. Wenn er wenigstens einen Trick oder ein Patentrezept wüßte, das ihm weiterhelfen könnte!

Jede »Nase« fabriziert sich eins, obwohl sie weiß, daß es illusorisch ist. Henri Robert hat sein Rezept in den Meisterwerken gefunden, die er im Louvre oder im Prado bewundert. Er baut seine Mischungen nach dem Goldenen Schnitt auf. Er sucht die Proportion 1/1,618, ohne sich aber allzusehr darauf zu verlassen.

Eine Regel für Architekten wird auf die phantastischste aller Wissenschaften übertragen: auf die organische Chemie. Wenn man Königssalbei mit Lavendel mischt, erhält man eine Ambra-Note. Wenn man Königssalbei aber mit einer amberartigen Komposition mischt, erhält man einen Duft nach Lavendel. Ein Geheimnis der Proportionen! Fragen Sie nicht weiter.

Letzten Endes aber ist und bleibt der Geruchssinn doch ausschlaggebend.

Muß eine »Nase« eigentlich ein asketisches Leben führen, um ihre Fähigkeiten während des Erfindens zu bewahren? Man könnte sich gut vorstellen, daß die »Nase« keusch wie ein Mönch leben müßte, um das Requisit so vieler Laster zu erfinden. Aber wieder führen mich romantische Vorstellungen in die Irre. Die »Nasen« leben gut, sie hören nicht einmal auf zu rauchen, wenn sie mit einem Parfüm schwanger gehen. Und einer der bedeutendsten,

Ernest Beaux, war ein ebenso großer Jasmin- wie Champagner-Kenner.

Sie sind Hamlet nur in einem Punkt ähnlich: Sie werden nicht von dem Gespenst ihres Vaters, sondern von einem Makel behelligt. Gut riechen zu können bedeutet, alles zu riechen, Gutes wie Schlechtes, und heutzutage gibt es viel mehr schlechte Gerüche als gute. Stellen Sie sich einmal die Qualen eines Parfüm-Komponisten vor, der die Metro benutzen muß!

Und dann wird die »Nase« eines Tages belohnt. Nach tausend Besprechungen wird verkündet, daß nun das neue Parfüm fertig ist. Wird es den Leuten gefallen? Ist es mittelmäßig oder ausgezeichnet? Zwei Fragen, die wenig miteinander zu tun haben. Die Parfümeure zählen gern bedeutende Parfüms auf, die große »Pleiten« waren.

Ein gutes Parfüm muß technische Qualitäten besitzen. Es muß stark sein und eine Spur hinterlassen. (Früher folgten die alten Lebemänner dieser Spur schöner Frauen. Heute gibt es diese Herren mit ihren Gamaschen und Specknacken längst nicht mehr. Aber die Spur ist geblieben, selbst wenn ihr niemand mehr folgt.) Es muß ausgewogen sein. Es darf nicht auseinanderfallen. Es muß die klassischen Regeln der Harmonie respektieren, denn es gibt noch kein atonales Parfüm von Boulez oder Stockhausen – aber das kann vielleicht noch kommen.

Es muß auch gut aufgebaut sein, es darf nicht die kleinste Lücke aufweisen. Ein Parfüm kann nicht mit seinem Angeruch Arabien beschwören und mit seinem Nachgeruch uns zu den Weiden der Schweizer Alpen führen. Logische und eindeutige Duftnoten müssen aufeinanderfolgen: Eine Tragödie darf nicht in einem Vaudeville enden. Und es muß lange haften.

Ein Parfüm kann all diese Tugenden besitzen und doch stinklangweilig sein. Was fehlt ihm? Qualitäten ganz anderer Art, künstlerische Qualitäten, die auch in der

Werbung hervorgehoben werden. Es muß gefallen, originell sein, aber Charakter haben.

Nehmen wir einmal an, daß alle diese Voraussetzungen auf einen wunderbar komponierten »jus« zutreffen. Ein hübscher Name wird für das Parfüm gefunden. Hunderttausende werden ausgegeben, um es zu lancieren. Und es verkauft sich schlecht. Was ist passiert? Sein Schöpfer hat bei all seinen Qualitäten einen wichtigen Faktor vergessen: den Geschmack der Verbraucher.

Was nicht heißen soll, daß der Parfümeur zur Volkstümlichkeit verdammt ist. Aber ein Parfüm ist ein Kunstwerk und zugleich eine Ware. Wenn Lavendel gerade nicht Mode ist, dann ist der Parfümeur, der ein Parfüm auf Lavendel-Basis komponiert hat, ein armer Irrer.

Oder ein Genie. Dann setzt er den Lavendelduft durch!

Die Parfümerie gehorcht allen Gesetzen der Kreation, mit einer Ausnahme: Es gibt keine jungen Parfümeure à la Rimbaud. Wer nicht zeit seines Lebens Düfte komponiert hat, wird nie berühmt.

Die Fabriken, in denen die Parfüms schließlich hergestellt werden, gleichen den rauchigen Fabriken für chemische Duftstoffe überhaupt nicht.

Das sind eher von englischem Rasen umgebene Werkstätten als Fabrikhallen. Die Namen klingen auch ganz anders: Dior, Guerlain, Lanvin (in der Nähe von Rhône-Poulenc) und de Laire, Firmenich und Givaudan.

Der »jus«, der nach einem ausgewählten Rezept und unter der Aufsicht der »Nase« hergestellt wurde, reift dort in riesigen Kesseln. Man hört kein Pfeifen, kein Quietschen, kein Rattern der Maschinen. Nur die Stille der chemischen Reifeprozesse.

Dann wird der »jus« gekühlt und in einem Apparat von der Größe eines Haushaltsgerätes gefiltert. Danach kommt er in den Keller oder in Kühlräume, wo er noch ungefähr zwei Monate lagern muß.

Und dann kommen die Frauen an die Reihe, die ihn in Flakons füllen und die Flakons zuschrauben. Bei Patou in Saint-Ouen, in einer Fabrik, die noch den Charme alter Fabriken hat, knoten die Arbeiterinnen mit der Hand die Goldfäden, die *Joy* und *Mille* schmücken. Sie haben alle aufgerissene Finger. Alles ist versucht worden, Handschuhe, Fingerlinge. Ohne Erfolg. Die Goldfäden zerschneiden noch immer die Hände der Arbeiterinnen.

Der »jus« ist nun ein Parfüm!

Es ist Schluß mit dem Destillieren, Kühlen und Konzentrieren. Wir befinden uns jetzt in einem dieser eleganten Geschäfte, wo dieser Nektar aus Düften, zu dem das Parfüm heute geworden ist, in Samt und Seide verkauft wird.

Wir sind am Ende einer seltsamen Kette angelangt, die mit den fahlen Dämpfen einer Industrie – fast einer Schwerindustrie – begann und nun in dem besonderen Fluidum der Luxusgeschäfte endet.

Puh! . . . Jetzt sind Sie dran, liebe Françoise.

*Für eine Frau ist ein Parfüm zugleich ein Freund, ein Statussymbol und ein Komplize. Das Parfüm muß so bekannt sein, daß es die Freunde sofort erkennen, es muß gefallen, es muß zugleich berühmt sein und doch nicht von allzu vielen benutzt werden. Aber ich glaube, daß es eine Art Vereinbarung zwischen den Frauen von Welt beziehungsweise derselben Welt gibt. Sie stibitzen einander ihr Parfüm nicht; ihren Geliebten schlimmstenfalls, aber nicht ihr Parfüm. Übrigens, wenn Frauen untereinander über Parfüms reden, die sie gehabt haben, so reden sie darüber, wie sie über Männer reden würden, die sie einst besaßen. Mit einer Mischung aus Zuneigung, Wohlwollen und vagem Groll. Sie sagen dann vielleicht: »Oh, es war nicht schlecht, aber es übertönte alles. Es war zu stark, zu betäubend.« Sie könnten beinahe im gleichen Ton über einen Geliebten reden, der ein bißchen zu autoritär war. Oder sie schlagen die Augen nieder, benehmen sich affektiert und erröten ein wenig, wenn über ein Parfüm gesprochen wird, das sie einmal benutzt haben. Entweder weil sie dieses Parfüm an irgend jemanden erinnert, oder aber weil es sie, glaube ich, oft an sich selbst erinnert – an sich selbst vor fünf oder zehn Jahren, mit einem viereckigen Flakon in der Hand.*

*Es gibt Frauen, die auf ihr Parfüm sehr stolz sind. Sie reden die ganze Zeit darüber. Ich kannte einmal eine, die gar nicht aufhören konnte, davon zu sprechen. Sie konnte es einfach nicht lassen, andere Frauen immer wieder zu fragen: »Und Sie, was nehmen Sie?«, um dann mit Entschiedenheit zu antworten: »Ach ja! Ja . . . ich nehme Jicky«, als ob sie damit endgültig ihre Überlegenheit bewiesen hätte.*

*Darüber hinaus verwendete sie es im Privatleben sehr*

reichlich. Zum Beispiel hatte sie einen absolut treuen Geliebten, verbrachte aber ihre ganze Zeit damit, sein Kopfkissen, seine Krawatten und seine Taschentücher mit ihrem Parfüm zu besprengen, um ihn ständig an sich zu erinnern. Einmal hatte sie sogar einen ganzen Flakon, angeblich aus Versehen, in seinen Koffer gekippt ... Man konnte bei ihr wirklich so etwas wie eine Fixierung auf ihr Parfüm feststellen.

Und das endete – wie alle derartigen Geschichten. Ich glaube, daß ihr Geliebter eine Frau fand, die sich anders oder gar nicht parfümierte – was für eine Erleichterung! Und dann hat er sie verlassen. Oder aber sie ihn.

Ich erinnere mich, daß sie immer heftige Bewegungen mit dem Kopf machte. Bei den Pferden nennt man das »mit dem Kopf ausschlagen«. Vermutlich hat sie sich ihr Parfüm wirklich hinters Ohr getupft.

Ansonsten bildet man sich auf sein Parfüm nicht allzuviel ein. Zwei Frauen können eine Gesellschaft verlassen, weil sie das gleiche Kleid tragen. Aber noch nie hat man zwei Frauen eine Gesellschaft verlassen sehen, weil sie das gleiche Parfüm trugen.

Es gibt nämlich a priori sieben oder acht Parfüms, denen man jeden Winter begegnen kann, und man darf sich daher nicht wundern, sie überall wiederzufinden. Im Gegensatz zu den Kleidern, denn da ist eine Katastrophe immer möglich.

Seltsam ist auch die Langlebigkeit der Gefühle für ein Parfüm. So kann eine Frau Ihnen erzählen: »Ich benutze Shalimar«, als ob sie Ihnen erzählte: »Ich bin dunkelhaarig.« Und tatsächlich benutzt sie Shalimar seit zehn Jahren und käme jetzt nie mehr auf die Idee, es zu wechseln. Der Geruch ist ein sehr treuer Sinn.

Zudem meinen die Frauen, daß ihr Parfüm ein Teil ihrer Persönlichkeit ist, und wie alle Leute, die eine Persönlichkeit haben wollen, bauen sie planlos daran herum und besprengen dann das Ganze mit Parfüm.

*Im übrigen tragen die Frauen sehr oft ein Parfüm, das nicht zu ihnen paßt, ein Parfüm, das vielleicht für andere besser geeignet wäre, das aber auf jeden Fall so wirkt, als ob es irrtümlich benutzt würde ... Und man fragt sich, was für ein seltsames und falsches Bild diese Frauen wohl von sich selber haben mögen, um sich so zu parfümieren.*

Dritter Teil

# Die Abenteuer des modernen Parfüms

# Das Parfüm und die Geschichte

*Eine geniale Idee: ein Buch mit Riechstreifen. – Ein Buch, das sich im Morgengrauen verflüchtigt hätte. – Man hat mich mit einem Wörterbuch abgespeist. – Paris und seine Parfüms, von der »Belle Epoque« bis heute.*

ICH hatte eine geniale Idee.

Aber, aber! Wie unbescheiden! – Wenn jemand so betont, daß er einmal einen genialen Einfall hatte, zeigt er doch damit, daß diese Erscheinung bei ihm ziemlich selten, wenn nicht gar eine Ausnahme ist. Ich habe also, was meinen Geistesblitz betrifft, durchaus nicht angegeben, vor allem, wenn man bedenkt, wie viele meiner Zeitgenossen glauben, pausenlos genial zu sein.

Außerdem sagte ich ausdrücklich: »Ich *hatte* eine geniale Idee«, was doch bedeutet: Meine Idee ist nicht angekommen. Wenn sie realisiert worden wäre, hätte sie viel Geld gebracht, und dann hätte ich mich gehütet, dieses Geheimnis zu verraten.

Ich habe schon von vielen Parfüms berichtet und werde das auch weiterhin tun. Wie Sie wissen, entzieht sich der Duft der Beschreibung. Um ihn annähernd zu schildern, muß man Metaphern verwenden, die manchmal ziemlich lächerlich sind. Ich hatte eine Lösung gefunden! Zwischen die Seiten dieses Buches sollten Riechstreifen gelegt werden, mit dem Parfüm getränkt, das gerade geschildert wurde. Man hätte dieses Buch beim Lesen in der einen Hand gehalten und mit der anderen den dem Abschnitt entsprechenden Riechstreifen genommen und damit seine Nase gestreichelt: Das Buch als Zaubergarten, dessen Buschwerk nach *Shalimar* oder *Nr. 5*, *Arpège* oder *Femme* gerochen hätte. Sogar ein duftendes Inhaltsverzeichnis war vorgesehen. Für Leser, die nicht riechen können, hätte man eine Ausgabe in einer Art Braille-Schrift geplant, aber die hätte natürlich erst erfunden werden müssen.

Meine Verleger waren nicht sehr begeistert. Sie erhoben folgenden Einwand: Parfüm verflüchtigt sich, und die Riechstreifen würden sehr bald nur noch nach Löschpapier riechen. Als ob man ein derartiges Buch vor dem Lesen lange herumliegen ließe! Man hätte es doch in einer Nacht verschlungen! Und am nächsten Morgen hätte man es weggeworfen. Dadurch wäre gleichzeitig ein Übel beseitigt worden, unter dem der Buchhandel sehr leidet: das Ausleihen.

Man hätte sich um diese Bettlektüre, die sich im Morgengrauen verflüchtigt, gerissen. Leider wäre dieses Buch nicht auf weißen Blütenblättern gedruckt worden. Das hätte ein Vermögen gekostet. Die Japaner hätten sonstwas dafür gegeben, um es zu besitzen, weil sie es ohne Übersetzung verstanden hätten. Ist die Sprache des Parfüms nicht eine Art Esperanto?

Ich will erst gar nicht von den Vorteilen reden, die Françoise und ich aus dieser neuen Idee hätten herausschlagen können. Nach einem besonders berückenden Riechstreifen hätten wir zum Beispiel gut mehrere Seiten frei lassen können. Das hätte unseren Lesern gestattet, das Parfüm gebührend zu würdigen, und uns beiden eine Ruhepause verschafft.

Vergessen wir das Ganze. Es ist der Routine zum Opfer gefallen. Anstelle einer Zusage hat man mir ein Wörterbuch für aus der Mode gekommene Ausdrücke geschickt.

Ich mußte meinen Plan ändern. Daraufhin habe ich die Methode der »Nasen« übernommen, die einen Geruch mit einem Ereignis verknüpfen, um ihn im Gedächtnis zu behalten.

Ich werde Ihnen jetzt die Geschichte der modernen Parfüms erzählen, das heißt der Parfüms, die von 1870 bis heute komponiert wurden. Dabei werde ich die Geschichte eines Jahrhunderts mit der Geschichte der Stadt Paris verknüpfen.

Am Ende eines Satzes wird dann vielleicht ein Wohlgeruch zu Ihnen emporsteigen.

1968. Moment mal! Da trug ich doch auf der Gay-Lussac-Barrikade *Ma Griffe*.

Es kann aber auch das Gegenteil passieren.

Das Paris der Jahrhundertwende, das Paris der »Belle Epoque«, das Paris der zwanziger Jahre, das Paris von Saint-Germain-des-Prés und das Paris »new look« wird durch viele Düfte wiederauferstehen.

## Das Parfüm der Jahrhundertwende

*Die ersten Aufzüge in Paris. – Sie waren Tabernakel für Gerüche. – Von den Fiaker-Schnüfflern. – Die Frauen der Jahrhundertwende waren sehr zurückhaltend. – Parfüm als geheime Botschaft. – »Sent bon« in der Kammer der Dienstmädchen. – Die Parfüms der Halbwelt. – »Sie werden doch auf eine so schöne Wohnung nicht verzichten – nur wegen drei oder vier Bädern?« – Eine neue Bourgeoisie, die sich – o Wunder – wäscht! – Ist »Jicky« für Männer oder für Frauen? – Mit seinen Namen bleibt Guerlain der Vergangenheit verhaftet. – Rigaud importiert Ylang-Ylang nach Frankreich. – Lieber zu Fuß gehen, aber gut riechen. – Ein Schauspiel mit Parfüm: das Publikum mußte niesen. – Die »Blinden« von Maeterlinck waren die Vorläufer von »Warten auf Godot«. – Im Wirrwarr der Jahrhundertwende finden wir André Gide und Paul Bourget. – Männliche und weibliche Ästheten bemächtigen sich der Düfte. – Die Parfüms der guten alten Zeit rochen nach Fett. – Ein historisches Parfüm: »Trèfle Incarnat« von Pivert. – Die Chemie ist eine böse Fee. – Die synthetischen Duftstoffe waren nicht preußisch.*

In Paris wurden die ersten Fahrstühle eingeweiht. Kinder schlüpften durch die Tore, manchmal auf allen vieren, um von der Hausmeisterin in ihrer Loge nicht gesehen zu werden. Mit offenen Mündern betrachteten sie diese Gondeln aus Glas, die zwischen den majestätischen Spiralen der Treppen mit den roten Läufern emporschwebten.

Sie wurden pneumatisch betrieben. Bedeutete Druckluft nicht einen fabelhaften Fortschritt? Sie wurde auch dazu verwandt, um in unterirdischen Rohren Rohrpostbriefe schnell in Paris herumzuschicken. Was sich als sehr vorteilhaft für Ehebrecher erwies.

Die ersten Fahrstühle wurden auch hydraulisch betrieben. Deshalb perlten an den Rohren, die sie trugen, immer ein paar Wassertropfen. Wenn die Fahrstühle abwärts fuhren, verschwanden diese Rohre in Schächten, die so tief waren, wie das Haus hoch war. Man flüsterte sich zu, daß die Erbauer vom Suezkanal und vom Panamakanal sie gebohrt hätten.

Bald wurden sie nicht mehr mit Luft und Wasser in die Höhe gedrückt. Elektrizität setzte sie mit Hilfe von Stahltrossen in Bewegung. Sie schepperten aber beim Emporschweben trotzdem noch wie Vorstadt-Straßenbahnen. Auf jedem Treppenabsatz gab es ein Geklirre, als ob Weichen gestellt würden.

Als Kind habe ich noch so einen gesehen – bestimmt den luftigsten aller Aufzüge der Jahrhundertwende. Er gehörte René Doumic und befand sich in der Rue du Pré-aux-Clercs. Er war im Freien, an der Außenwand des Hauses, angebaut worden. Einmal blieb er zwischen den Etagen stecken, und zwar mit Mitgliedern der französischen Akademie, denen es so schwindlig wurde, daß sie sich vor Schreck heiser schrien.

Als der erste Stolz vorbei war, entdeckten die Pariser sehr schnell eine weitere geheimnisvolle Annehmlichkeit dieser neuen Einrichtung, die ihnen das Treppensteigen ersparte.

Stellen Sie sich einmal Paris im Herbstregen um sechs Uhr abends vor. Fiaker sind nicht zu bekommen. Die Zeitungsverkäufer haben sich unter die Tore geflüchtet, um ihre Zeitungen auszurufen. Die Regierung ist gestürzt worden. Eine unglaubliche Sitzung im Senat. Deutschland wird immer arroganter. Aber darum kümmert sich im Augenblick niemand. Alle eilen durch den Regen. Ein junger Mann erreicht endlich ganz durchnäßt eine stattliche Eingangshalle. Nach dem mageren Licht der Straßenlaternen empfängt ihn hier eine feierliche Gasbeleuchtung; nach der Nässe der Straße die trockene Hitze der Heizung, die Töne von sich gibt wie ein Senator, der bei einer Sitzung eingenickt ist. Der junge Mann niest und betritt den Aufzug.

Oh – nicht den luftigen Aufzug von René Doumic, sondern eine fliegende Bonbonniere. Eine geschlossene, getäfelte, gemütliche Sänfte in den Lüften.

Die Tür schlägt hinter ihm zu. Und plötzlich wechselt die Beleuchtung, und es erscheint der tüllblaue gestirnte Himmel des Orients. Die enge Kabine ist ein hängender Garten Babylons geworden.

Eine Frau hat ihren Duft hinterlassen. Eine schöne Frau natürlich, die schnell und heimlich zum Rendezvous in irgendein Junggesellenappartement geeilt ist. Gerade eben war sie noch hier, in Veilchenduft eingehüllt, und nun ist sie sicher nackt hinter einer der vorbeifliegenden Türen.

Über solche ausschweifenden Vorstellungen werden Sie vielleicht lächeln. Aber vergessen Sie nicht das Leben der jungen Leute von damals, die keine Sex-Shops zur Verfügung hatten. Um zu träumen, hatten sie nichts als ihre Phantasie. Und den Hauch eines Parfüms.

Diesen Hauch von Parfüm gab es auch in den Fiakern. Manche suchten ihn, um sich daran zu berauschen. Das waren nicht so sehr die Frauenhelden, sondern die stillen Genießer. Sie nahmen nur die Fiaker der Union, einer Verkehrsgesellschaft, mit der am meisten gefahren wurde. Wieder andere, die sich mehr davon versprachen, gaben dem Kutscher Geld, damit er sie dahin bringe, wo die Schöne vorher ausgestiegen war. Manchmal war es der Eingang eines großen Kaufhauses. Was tun? Das Trinkgeld war schon gegeben. Jagd-Risiko.

In dieser Zeit machten die Parfüms die Männer wirklich verrückt.

Wenn ein reicher Mann eine Geliebte hatte, begab er sich

zu Guerlain oder zu Lubin und kaufte das Lieblingsparfüm seiner Schönen. Um es ihr zu schenken? Nein, für sich selber. Er verschloß es in seinem Toilettenschrank. So konnte er *sie,* wenn sie ans Meer fuhr, nach Cabourg oder Biarritz, wenigstens noch riechen.

An den Familientischen erzählte man flüsternd die Geschichte von einem jungen Mann aus der besten Gesellschaft, der von einem Duft, den er in der Umgebung des Saint-Lazare-Bahnhofs gerochen hatte, betört worden war. Er folgte der unbekannten Trägerin dieses Wohlgeruches auf der Stelle. Er stieg in denselben Zug ein. In Le Havre ging er auf denselben Ozeandampfer wie sie. Und schließlich saß er in New York, ohne einen Pfennig, entmündigt und verflucht von den Seinen.

Hatten die Männer um 1890 einen feineren Geruchssinn als wir? Oder hatte das Parfüm für sie eine andere Bedeutung?

Ein Frauenliebhaber kam damals auf der Straße ziemlich wenig auf seine Kosten. Die Damen, selbst die weniger ehrbaren, mußten ihre Reize verstecken. Waden, Knie und Schenkel, die man heute so freigebig zeigt, waren unter langen Röcken, die bis auf die Erde gingen, verborgen.

Selbst die schönen Gesichter huschten nur schnell vorüber, von einer Kutsche zu einem Laden oder zur Tür eines Hauses. Es gab noch keine Verkehrsstauungen, die uns gestatten, ins Wageninnere zu schauen.

Die Frauen der Jahrhundertwende hatten nur eine Möglichkeit, ihre Schönheit trotz der Verbote zur Geltung zu bringen: die Andeutung.

Die Mohammedanerinnen schminkten ihre Augen sehr auffallend, um aus dem schmalen Spalt ihrer Verschleierung auszubrechen. Die Europäerinnen ahmten sie nach. Sie legten soviel Erotik wie möglich in gewisse Gesten des alltäglichen Lebens, wie zum Beispiel das Aussteigen aus einem Wagen. Ein auf einem Trittbrett erspähter Knöchel verwirrte nicht nur den Pennäler, sondern auch die Mitglieder des Jockey-Clubs, die eine Ehefrau und eine Geliebte besaßen. Wegen einer unbehandschuhten Hand konnte man außer sich geraten.

Von all diesen Andeutungen war das Parfüm offensichtlich am wirkungsvollsten und am nachhaltigsten. Es war noch lange nach dem Weggang der Schönen zu spüren und schien voller Träume und Versprechungen zu sein.

Es war nur normal, daß der Mann, um diese Botschaften zu empfangen, seinen alten Geruchssinn aus der Steinzeit wieder hervorholte.

Auf den Bällen und bei den Diners war es anders. Dort hatten die Frauen das Recht, ihre Schultern und ihren Brustansatz zu zeigen. Ihre Ehemänner erlaubten es ihnen. Sie ermunterten sie sogar dazu. Diese Brüste und diese nackten Arme waren nämlich Aushängeschilder. Sie zeigten die soziale Stellung an. Sie sagten: »Dieser Mann ist mächtig, denn er besitzt eine schöne Frau, die gut beieinander ist.« Und außerdem dienten diese Busen als Vitrinen. Auf ihnen stellte man den Familienschmuck aus, wenn man sich einer edlen Abkunft rühmte, oder die Wunder von Cartier, wenn man ein Emporkömmling war. Auf jeden Fall befriedigte dieses entblößte Fleisch die Eitelkeit der Ehemänner.

Gleichzeitig hätte dies natürlich die Begehrlichkeit der anderen Männer wecken können. Aber die Ehemänner glaubten, dank einer Vorsichtsmaßnahme dagegen gefeit zu sein.

Man gab den jungen Mädchen eine Erziehung, die brave junge Damen und in der Zukunft ehrbare Frauen aus ihnen machte. Diese Erziehung bestand darin, ihnen überhaupt nichts beizubringen – mit Ausnahme einiger Künste für den Salon, wie ein bißchen verfälschte Geschichte und versüßlichte Literatur.

Ein guterzogenes Mädchen sollte banal sein. In den Pensionaten war Originalität verpönt. Man duldete höchstens ein oder zwei unfeine Wörter, die auch in den Büchern der Gyp, Gräfin de Martel, vorkamen, wie »verflixt« oder »Quatsch«. Was darüber hinausging, war strikt untersagt. In zahlreichen erbaulichen Romanen landeten derartige Mädchen früher oder später in der Gosse. Als warnendes Beispiel wurde Maria Bashkirtseff angeführt, die kein Mann aus ihren Kreisen geheiratet hätte, weil sie nicht sittsam genug war, und die deshalb aus Strafe an der Schwindsucht sterben mußte. Man braucht bloß an den Christen Paul Claudel zu denken, wie er seine Schwester behandelte, deren einziger Fehler es war, eine hochbegabte Bildhauerin und Schülerin von Rodin zu sein.

Henri Bataille hat diese beiden Fälle in einem wunderbaren Theaterstück, »Der Nachtfalter«, vereinigt. Es ist die Tragödie eines jungen Mädchens der Jahrhundertwende, die gegen dieses Los rebelliert. Im letzten Akt nimmt sie sich, nachdem sie von ihrem Verlobten, einem Prinzen, verlassen wurde, völlig verzweifelt mit einer Morphiuminjektion das Leben – inmitten von lauter Masken, die sie um Mitternacht zu sich gebeten hatte.

Erlauben Sie, daß ich noch ein anderes, bürgerliches Beispiel aus meiner eigenen Familie anführe.

Einer meiner Großonkel, ein junger Jurist, der zu den größten Hoffnungen berechtigte, hatte beschlossen, seine glänzenden Examen mit einer Heirat zu krönen. Er hatte sich verlobt, nachdem er die üblichen Erkundigungen eingezogen hatte. Sie waren tadellos gewesen. Der Vater war Richter, die Mutter sehr fromm und die Mitgift beachtlich. Nach einem Abendessen bei seinen Eltern begleitete er seine Zukünftige, ihre Mutter und ihren Vater, den Richter, bis zum Vestibül des Hauses. Die Gruppe stieg die große Treppe hinab, und als das junge Mädchen an der vorletzten Stufe angekommen war, legte es die Hand auf die Schulter ihres Verlobten und hüpfte hinunter.

Gleich am nächsten Tag löste mein Onkel daraufhin die Verlobung.

Eine solche Person, die einer derart ungezwungenen

Geste fähig war, konnte doch nicht seinen Namen tragen und seine Kinder in die Welt setzen!

Die Ärmste hat es sicher bedauert, daß diese Heirat nicht zustande kam. Sie hat das sicher noch viel mehr bedauert, als der Onkel zwei Jahre später an der Schwindsucht starb – wie Maria Bashkirtseff. Sie wäre diesen unerträglichen Dummkopf schnell losgeworden.

Eine derartige Erziehung konnte kaum brillante Plauderinnen oder Frauen von Geist hervorbringen. Die Ehemänner konnten beruhigt sein. Sie waren ja in der Nähe. Ein Geistesblitz, ein zu origineller Ausspruch hätte sie aufmerksam und wachsam gemacht.

Wie Molières Arnolphe ahnten sie nicht, daß ihre Frauen schon ein Mittel entdeckt hatten, um aus dem Ghetto der Unwissenheit, in das man sie eingeschlossen hatte, zu entfliehen. Man verbot ihnen, eine Persönlichkeit zu entwickeln? Nun, sie hatten im geheimen und mit anderen Mitteln bereits eine erworben. Was sie durch Unterricht und Lektüre nicht bekommen konnten, das verschaffte ihnen das Parfüm. Sie durften nicht mit Worten geistreich oder tief, spitz oder romantisch sein. Sie wurden es aber mit Hilfe der Düfte.

Daher der Eifer (der seither nie wieder erreicht wurde), mit dem die Frauen dieses sterbenden Jahrhunderts ihre Parfüms auswählten. Sie waren ein Ausdruck ihrer Persönlichkeit. Und eine vertrauliche Mitteilung. Das Parfüm sagte nicht nur: »So bin ich«, es flüsterte dem Herrlichsten von allen etwas zu. Es sprach die auserwählten Nasen an. Und dieses duftende Geständnis provozierte die Sinne, die anderen Sinne.

Wieviel sündhafte Idylle sind aus diesen heimlichen Dialogen, die wie Monologe aussahen, hervorgegangen, wo nur der Mann redete, wo aber die Frau auch etwas erwiderte – nur ein paar Schritte von ihrem sich in Sicherheit wiegenden Ehemann entfernt.

Was ich soeben erläutert habe, ist nur ein Aspekt des Parfüms der Jahrhundertwende. Ein Parfüm, das von jungen und leidenschaftlichen Männern geschnuppert wurde und für sie geschaffen worden war. Das Parfüm hat selbstverständlich noch andere Aspekte.

Erste Frage: Wer parfümierte sich um 1900? Eine geringe Anzahl von Menschen im Vergleich zu den heutigen Massen.

Es gab zuerst diejenigen, für die das Parfüm ein »sent bon« war. Louise de Vilmorin liebte derartige Ausdrücke, die sie aus der Sprache der Dienstmädchen, die sie erzogen hatten, übernahm. »Sent bon« war das Parfüm der Armen. Man kaufte es in den Basaren, den Kramläden auf dem Lande und auf den Märkten an den Ständen im Freien. Es befand sich in sehr dünnen Röhrchen, die an ihrem Ende mit einem Korken verschlossen waren. Sie hatten nicht das Recht, einen Flakon oder einen Namen zu haben. Man entkorkte das Röhrchen, man schnupperte daran und wählte dann das billige Maiglöckchen- oder Nelken-Aroma nach dem Duft aus.

Das war ein Sonntagsvergnügen, wenn man überhaupt einen Sonntag hatte. Es parfümierte im übrigen kaum. Das mußte so sein. Denn keine Hausfrau hätte geduldet, daß ein Dienstmädchen nach irgend etwas anderem als nach guter und gesunder Kernseife roch. Man betrachtete »sent bon« mehr, als daß man es benutzte – abends beim Schein einer Kerze, zwischen der angeschlagenen Waschschüssel und dem Wassereimer, in der Dachkammer ohne Wasser und Heizung.

Die Nähmädchen benutzten ebenfalls »sent bon«. Aber weniger sparsam, denn ihre Chefs waren manchmal nachsichtiger.

Überschreiten wir einen Abgrund. Kehren wir wieder zum wirklichen Parfüm zurück. Und beginnen wir mit dem professionellen Parfüm, mit dem Parfüm der Halbwelt.

Nach den Kokodetten des Zweiten Kaiserreiches waren

unterdessen die kleinen und die großen Kokotten aufgetaucht. Letztere thronten im Café Américain, im Café de Paris, im Abbaye de Thélème und im Maxim, das neu eröffnet worden war und dessen Pommes frites (die besonders leicht und knusprig waren und von denen man soviel haben konnte, wie man wollte) beinahe ebenso berühmt waren wie seine Damen.

Die Hetären vom sogenannten »horizontalen Gewerbe«, die am meisten in Mode waren, hießen Liane de Pougy und Emilienne d'Alençon (die beiden ewigen Rivalinnen, eine raffinierter als die andere) und »die schöne Otéro«, die gleichzeitig Tänzerin war, während Liane sich damit begnügte, bei ihren seltenen Auftritten auf der Bühne dressierte Kaninchen vorzuführen.

Um von diesen Damen eine Liebesnacht zu ergattern, mußte ein Sohn aus guter, noch erdverbundener Familie zwei Ochsen verkaufen. Er bedauerte das anscheinend nie, nicht so sehr der Lust, sondern der Schau wegen. Vor dem Ins-Bett-Gehen gab es ein Striptease, das der Feder Flauberts würdig gewesen wäre, denn man wurde dabei an seinen Roman »Salammbô« erinnert. Mit einer sorgfältig kalkulierten Langsamkeit legte die Schöne ihren Schmuck und ihre Perlen, mit denen sie überladen war, ab, dann ihr Korsett, eine besonders langwierige und atemberaubende Tätigkeit, und dann ihre Unterröcke und ihre Unterwäsche.

Bei dieser erotischen Zeremonie in einem Schlafzimmer, das die Feierlichkeit eines Tempels besaß, gewann das Parfüm seine älteste Rolle zurück: Es wurde wieder zum Weihrauch, das eine feierliche Handlung begleitet.

Solche weihrauchartigen Düfte rauschten nicht unbemerkt vorüber.

Nach Ansicht der Bürger brachten die Kokotten die Parfümeure in Mißkredit, weil sie deren beste Kundinnen waren.

Eine besonders typische Szene: Monsieur kommt nach

Hause, nachdem er angeblich bei einer Buchsachverständigen-Tagung in Le Havre war. Seine Frau beschnuppert ihn.

»Du lügst! Du riechst nach Nutte.«

Heute hätte dieser Unglücksrabe einfach erwidert:

»Die Garderobenfrau, die meinen Mantel aufhängte, hat wahrscheinlich so ein Parfüm benutzt.«

Das wäre früher unmöglich gewesen. Diese Gefahr besteht immer bei geschlossenen Gesellschaftsverhältnissen. Jedes Parfüm war das Parfüm einer bestimmten Kaste.

Ich glaube nicht, daß die duftenden Beweise für die Fehltritte der Männer den Abscheu der Mittelschicht für das Parfüm verursacht haben. Das Bürgertum konnte das Parfüm nicht ausstehen, weil es ihrer Auffassung von Körperpflege widersprach.

Man hat sich immer über das 18. Jahrhundert lustig gemacht, das sich parfümierte, aber nicht wusch. Ende des 19. Jahrhunderts parfümierte man sich nicht, aber man wusch sich auch nicht.

Während der Besatzungszeit besichtigte James de Coquet in Lyon eine Wohnung, um sie zu mieten. Als Eigentum einer alten Dame besaß sie mit all ihrem Firlefanz, den Plüschpolstern, dem Meißner Porzellan und den Lampenschirmen den Charme von 1890. Der Mietvertrag war sozusagen schon abgeschlossen, als der Herr aus Paris fragte: »Und wo ist das Badezimmer?« Die alte Dame erwiderte erstaunt: »Ein Badezimmer? Das gibt es nicht.«

James de Coquet drehte sich um und ging. Als er den Hof überquerte, rief die Besitzerin ihm nach:

»Aber hören Sie, Monsieur, seien Sie doch vernünftig. Sie werden doch nicht auf eine so schöne Wohnung verzichten – nur wegen drei oder vier Bädern!«

Jede Art von Übertreibung war diesem Bürgertum mit seiner säuerlichen Moral sehr verdächtig.

Um 1900 schlug während einer Klassiker-Matinee in der Comédie-Française auf der Bühne eine Krinoline hoch – wie ein Regenschirm im Wind –, so daß man die Unterwäsche einer charmanten Schauspielerin sehen konnte.

Werden Sie mir glauben, wenn ich Ihnen berichte, daß die Mütter im Parkett ihren Töchtern befahlen, die Augen zu schließen? So groß war ihre Angst, daß die jungen Damen von diesen Spitzen verdorben werden könnten.

Bei so viel Scheinheiligkeit konnte das Parfüm ja nur ein Elixier des Teufels sein.

Das Großbürgertum setzte sich vor allem aus Juristen und Finanzleuten zusammen. Aber nach dem Krieg von 1870/71 gesellten sich Fabrikanten und Geschäftsleute für Luxusartikel zu den Notaren, Rechtsanwälten und Börsenmaklern und zogen in die besseren Viertel von Paris, in den 7., 8. und 16. Bezirk. Eine gute Ergänzung!

Die Söhne dieser neuen Großbürger kleideten sich in London ein, weil sie für England schwärmten, und diese Marotte bewirkte, daß sie den morgendlichen Sport dem nächtlichen des Maxim vorzogen.

Im Morgengrauen liefen sie zur Croix-Catelan oder Faisanderie, um Tennis zu spielen oder Tontauben zu schießen oder um auf der Straße nach Fontainebleau eines dieser Ungetüme ohne Zukunft auszuprobieren, die Automobile genannt wurden. Auch ihre Schwestern emanzipierten sich. Unter der Aufsicht ihrer gälischen oder schottischen »nurse« machten sie der Ära der dummen Gänse ein Ende. Sie stiegen in Badewannen. Sie weigerten sich, nach Kloster-Spülwasser zu riechen. Sie parfümierten sich. Sie waren die ersten, die in Frankreich den Flirt einführten.

Man nannte sie »demi-vierges«, als ob man das Jungfernhäutchen halbieren könnte. Die Zukunft gab ihnen recht.

Die Parfümerie verdankt dieser endlich gut gewaschenen Bourgeoisie sehr viel, fast soviel wie den Damen vom Faubourg Saint-Germain.

Proust hat sie geschildert. Es war schwer, in ihre Nähe zu gelangen. Schwerer noch, in ihr Privatleben einzudringen. Auch Proust ist das nicht immer gelungen. Sie lebten in ihrem Stadtpalais oder in ihrem Schloß und empfingen nur Leute aus ihren Kreisen. Die Gräfin Greffulhe, die Marcel zum Teil als Modell für seine Herzogin von Guermantes gedient hat, erhob den Anspruch, originell zu sein. Sie war stolz darauf, Branly, einen berühmten ehrbaren und religiösen Gelehrten, in ihren Salon eingeladen zu haben. In ihren Augen war das eine ungeheure Kühnheit.

Diese Damen erschienen in der Öffentlichkeit bei Pferderennen oder im Theater. Sie wollten kein großes Aufsehen erregen. Was das gewöhnliche Volk dachte, war ihnen egal. Die Gräfin Greffulhe hat »Auf der Suche nach der verlorenen Zeit« nie gelesen, obwohl sie wußte, wie sehr Proust sie bewunderte.

Sie wollten Muster an Vollkommenheit sein, wobei nur das Urteil ihrer Standesgenossen für sie maßgebend war. Und zu dieser Vollkommenheit gehörte – ebenso wie die Feder auf ihren Hüten oder die Farbe ihrer Kleider – auch ihr Parfüm.

Das ist der Grund, warum diese »Paradiesvögel« den großen Parfümeuren soviel genützt haben. Ohne sie hätten ihre Kreationen vielleicht nie diese höchste Eigenschaft erworben, die von den anderen Kundinnen damals oft vernachlässigt wurde: die Vornehmheit.

Diese Gesellschaft, die wir soeben grob skizziert haben, spiegelt sich in einem Katalog von Guerlain wider.

Das Geschäft ist in der Rue de la Paix geblieben, aber die Fabrik steht nicht mehr neben dem Triumphbogen. Sie konnte nicht mehr im Etoile-Viertel bleiben, weil es inzwischen zu elegant für eine Fabrik geworden war. Sie wurde nach Colombes verlegt.

Aimé ist die »Nase« des Hauses. Ein junger Mann steht ihm zur Seite, den er zu seinem Nachfolger bestimmt hat. Es ist sein Neffe Jacques, der Sohn seines Bruders Gabriel. 1889 widmet er ihm das Parfüm *Jicky*.

Abgesehen von den Eaux de Cologne ist *Jicky* wahrscheinlich das älteste der heute verkauften Parfüms. Es ist über fünfundachtzig Jahre alt und denkt nicht daran, sich zur Ruhe zu setzen.

Seine Anfänge liegen im dunkeln. Die einen behaupten, daß es zuerst ein Parfüm für Männer war, das die Frauen dann übernommen, ja, sogar an sich gerissen hätten. Die anderen, daß es von vornherein ein weibliches Parfüm war. Dieses Märchen sei von den paar eleganten Herren in die Welt gesetzt worden, die vor 1900 die Kühnheit besaßen, es auch zu benutzen. Das ist jedenfalls die offizielle Version des Hauses Guerlain, aber in der Parfümerie tragen die offiziellen Versionen nicht immer den Stempel der Wahrheit – wie anderswo auch.

1890, ein Jahr später, also im Alter von sechzehn Jahren, komponierte Jacques sein erstes Parfüm: *Ambre*. Vier weitere sollten folgen. Er wurde eine der berühmtesten »Nasen« des 20. Jahrhunderts.

Lassen wir die Geschichte, und wenden wir uns der Soziologie zu. Versenken wir uns in die Liste der Parfüms, die Guerlain von 1870 bis 1904 herausgebracht hat.

Wir bemerken zuerst, wie man sich eifrig bemühte, die Kunden zu beruhigen. Keine aufdringlichen Namen, das wäre unschicklich gewesen. Denn man hatte eine Niederlage: Sedan, eine Revolution: die Pariser Kommune und eine Amputation: den Verlust von Elsaß-Lothringen hinter sich.

Und außerdem mochte ein bestimmter Kreis von guten Kunden die Republik überhaupt nicht. Sie fühlte sich noch dem »Ancien Règime« verbunden. Warum sollte man also nicht diskret eine bessere Vergangenheit heraufbeschwören? Könnte es linksradikale Parfüms geben?

1887: *Rococo* von Aimé Guerlain. Da konnten die guten Familien beruhigt sein.

1892: *Belle France* (Schönes Frankreich), auch von Aimé.

1895: *Le Jardin de mon Curé* (Der Garten meines Pfarrers) von Jacques Guerlain. Das war vermutlich eine Anspielung auf einen damals berühmten Roman, der nichts Anstößiges enthielt: »Mein Onkel und mein Pfarrer«.

1897: *Gavotte*, auch von Jacques.

1900 wieder ein Name, der sehr nach Gartenlaube klang, denn derartige Zeitschriften konnten unbesorgt von den Gouvernanten zugelassen werden: *Voilà pourquoi j'aimais Rosine* (Warum ich Rosine liebte).

1902: *Bon vieux temps* (Gute alte Zeit), wieder Nostalgie, von Jacques.

1904: *Le Mouchoir de Monsieur* (Das Taschentuch von Monsieur), eines der ersten Männerparfüms, das heute noch von Jean-Claude Brialy benutzt wird.

Von nun an werden die Namen geheimnisvoller; denn man will ja auch träumen.

1885: *Skine* und 1894: *Ciprisine,* beide von Aimé.

Aber bald bricht Frankreich auf, um seine Kolonien zu erobern. In der Literatur öffnet Pierre Loti die Pforten für das Exotische. Die Junggesellenwohnungen werden mit Kunstgegenständen aus der Türkei und aus China vollgestopft. 1898 lanciert Jacques *Saoko*.

Die Balkanländer sind auch sehr in Mode. Sie werden in ernsten Gesprächen als Brandherd bezeichnet, aus dem jederzeit ein Krieg entstehen kann. Für die Frauen liegt dort das Land der Zigeuner, die in ihren Reiterröcken zum Walzer aufspielen und die einem auch auf andere Weise den Kopf verdrehen können. War nicht eine Prinzessin von Caraman-Chimay von einem dicklichen Zigeuner entführt worden, der nicht einmal gut aussah? Was die Dame nicht daran gehindert hat, sich auf dem Boden, mit dem Stiefel ihres Geliebten auf der Hüfte, photographieren zu lassen. Jacques gibt einer anderen Kreation des Jahres 1898 den Namen *Prince Zurlo*.

Vertiefen wir uns jetzt in einen anderen Katalog aus derselben Zeit, den Rigaud herausgegeben hat.

Es ist eine alte Firma, denn sie wurde von J. B. F. Rigaud, der aus Riom im Departement Puy-de-Dôme kam, zusammen mit dem Apotheker M. Grimault 1854 gegründet. Sie hieß damals »Parfümerie Viktoria«, Inhaber Rigaud & Co., und die Adresse war Rue Richelieu Nr. 45.

Die Konkurrenz war hart. Um Erfolg zu haben, mußte man originell sein. Rigaud wählte das Exotische. Nachdem er die Flora Indiens, der Philippinen, Chinas, Japans und Amerikas ausprobiert hatte, präsentierte er 1865 den Franzosen die Ylang-Ylang-Essenz – aus einer Blume von den Philippinen, die die Eingeborenen »die Blume der Blumen« nannten.

Durch diesen Erfolg ermutigt, blieb Rigaud bei dieser Richtung, und sein Katalog aus dem Jahre 1900 enthielt: Champacca aus Lahore, Melati aus China (die heilige Blume der Chinesen), San Paquita aus Ostindien, Alexia aus Niederländisch Indien, Malaguetta aus Porto Rico, Linaloe aus Mexiko und Nizzaine von den Antillen.

Und plötzlich sehen wir inmitten dieses exotischen Gartens eine Liste, die nicht dazu paßt: die Parfümerie für Schauspielerinnen, in der nicht nur Puder und Schminke, sondern auch ein Parfüm zu finden ist. Ja, im Jahre 1900 gab es eine Art Rassentrennung der Düfte.

Nach der Auskunft der heutigen Firma Rigaud gehörten damals Liane de Pougy, Cléo de Mérode, die schöne Otéro, Yvette Guilbert, Loïe Fuller und Cécile Sorel zu ihren geschätzten Kundinnen.

Diese schönen Frauen – zu denen auch Sarah Bernhardt gehörte – kauften viel bei Bichara, einem syrischen Parfümeur, der sein Geschäft in der Chaussée d'Antin Nr. 10 hatte. Wer seinen Laden verließ, blieb vermutlich nicht unbemerkt, wenn man den Namen seiner orientalischen Parfüms, *Ambre égyptien* und *Rose de Syrie*, Glauben schenken darf.

Millot wollte mit seinem *Eau de Cologne Primiale* ein breiteres Publikum erreichen. In »La Vie parisienne« ließ er abwechselnd zwei Annoncen erscheinen: »Ob Sie zu den norwegischen Fjorden oder zu den Kanälen Venedigs reisen, elegante Touristen haben immer Eau de Cologne Primiale von Millot in ihrem Kulturbeutel.« Oder: »Eine Dame wird lieber zu Fuß gehen und das Geld für den Omnibus sparen, um sich dafür mit Eau de Cologne Primiale zu parfümieren.«

Wenn das Parfüm auch in gewissen Kreisen der Gesellschaft verpönt war, so gab es doch einen Bereich, in dem es eine große Rolle spielte. Das war die Literatur.

Paul Fort war ein sehr armer Dichter. Aber zu jener Zeit hatte das Geld noch nicht die Bedeutung wie heute. Paul Fort konnte trotzdem ein Theater gründen, das »Théâtre d'Art«. Da er keinen eigenen Raum besaß, mietete er einen Saal für zwei oder drei Vorstellungen, denn länger dauerten seine Erfolge nie. Er hatte auch kein Ensemble. Hätte er eines gehabt, wären seine Schauspieler sicher verhungert. Er engagierte sie nach Bedarf. Er besaß tatsächlich nur seine Berühmtheit, die ihm jedoch erlaubte, Mäzene anzupumpen, die damals noch zahlreicher waren, wenn man von ihnen nicht gerade verlangte, daß sie ihr letztes Geld hergaben. Sie waren in allen Milieus zu finden, bei arrivierten Malern, bei berühmten Schriftstellern, bei Finanzleuten und sogar im Faubourg Saint-Germain. Die Gräfin Greffulhe hat, obwohl sie ziemlich ängstlich war, zusammen mit Georges Clemenceau, Léon Blum, Robert de Rothschild und einigen anderen das Stück »Pelleas und Melisande« von Maeterlinck subventioniert, das von Lugné-Poe schon vor der Mitwirkung Debussys einstudiert worden war.

Paul Forts Armut lähmte seine Unternehmungslust nicht. Er beschloß, in seinem »Théâtre d'Art« ein Schauspiel zu inszenieren, das ganz Paris verblüffen würde: »Das Hohelied Salomos«, ein Gesamtkunstwerk mit Farben und Düften.

Paris wurde also ins Alcazar, am Anfang der Rue du Faubourg-Poissonnière, geladen und sollte in Ekstase geraten. Es fiel nicht in Ekstase, sondern trampelte vor Wut und hätte beinahe alles in dem gemieteten Saal kaputtgeschlagen. Nicht des Textes wegen: Die Schauspieler rezitierten das berühmte »Hohelied«. Nicht der Farben wegen: Sie kamen von einer Laterna Magica mit gefärbten Gläsern. Auch das ging glatt über die Bühne. Aber die Parfüms erfüllten nicht die Erwartungen. Die Maschinisten hinter den Eisenträgern sprühten sie mit riesigen Zerstäubern in den Saal. Aber anstatt sich von diesen Duftwolken berauschen zu lassen, begannen die Zuschauer um die Wette zu niesen und zu husten, wobei sie die Worte der Schauspieler mit ihren Hustenanfällen übertönten. Viele flohen mit einem Taschentuch auf dem Gesicht aus den Notausgängen.

Diese Duft-Katastrophe hatte aber wenigstens etwas Gutes bewirkt: Ein Autor wurde entdeckt. Nach dem »Hohenlied Salomos« kam noch ein anderes Stück, sozusagen ein Schlußlicht, dem Fort wenig Aufmerksamkeit geschenkt hatte, weil er sich seines »Hohenliedes« so sicher gewesen war.

Blinde Männer gingen im Gänsemarsch hinter einem alten Mönch her, der sie führte. Der Mönch starb. Die Blinden begannen lang und breit zu reden, wobei sie vom Hundertsten ins Tausendste kamen, und warteten dann auf irgend etwas. Auf Gott vielleicht. Oder Godot. Ja, dieser Einakter des »Théâtre d'Art« hatte dasselbe Thema wie das Stück »Warten auf Godot«, das fünfzig Jahre später von Samuel Beckett geschrieben wurde.

Die Zuschauer im Alcazar, zumindest diejenigen, die gesundheitlich nicht anfällig waren und sitzen blieben, überschütteten die »Blinden« mit frenetischem Beifall, und am nächsten Tag sprach ganz Paris von einem bisher unbekannten Schriftsteller, dem schönen Belgier Maurice Maeterlinck, der wie ein mittelalterlicher Heiliger aussah.

Bald darauf brachte er »Pelleas und Melisande« heraus. Über die schwierigen Umstände dieser Aufführung habe ich Ihnen bereits im Zusammenhang mit der Gräfin Greffulhe berichtet.

Was gab es in den letzten Jahren des 19. und den ersten Jahren des 20. Jahrhunderts doch für einen merkwürdigen Wirrwarr! Die verschiedensten Richtungen entstanden damals nebeneinander, als die Dreyfusaffäre Frankreich erschütterte, deren Auswirkungen der Niederlage bei Sedan glichen. Auf dem Theater gab es zwei große, früher nie erreichte Erfolge von Edmond Rostand, »Cyrano de Bergerac«, der die streitenden Franzosen fast miteinander versöhnt hätte, und »L'Aiglon« mit Sarah Bernhardt (Guerlain hatte für sie persönlich ein Parfüm aus Ambra, Jasmin, Veilchen und Opoponax komponiert), und die ersten Vaudevilles von Feydeau, darunter »Die Dame vom Maxim« und die Anfänge von Henry Bataille und Henry Bernstein, die später für das Boulevardtheater schrieben, und schließlich ein Werk, das ganz allein stand, weil es so sehr seiner Zeit voraus war: »König Ubu« von Alfred Jarry.

In der Musik gab es ähnliche Gegensätze: »Louise«, das bravste aller Melodramen, und »Pelleas und Melisande« von Claude Debussy, dessentwegen man sich in der Opéra-Comique prügelte, und die ersten zaghaften Schritte eines Musikers, der noch lange im Schatten bleiben sollte: Eric Satie. In der Literatur gab es einerseits Maurice Barrès, Paul Bourget, Pierre Loti, aber andererseits auch Paul Valéry, Paul Claudel und André Gide.

Fast hätte ich das Kino vergessen, das den Parisern einige Abende Spaß machte und dann eine Zeitlang als Rummelplatz-Attraktion beiseite geschoben wurde.

Aber was hatten die Düfte damit zu tun? Sie waren von den Ästheten mit Beschlag belegt worden, die man die »décadents« oder »fin de siècle« nannte. Sie waren die Jünger von Monsieur des Esseintes aus »A Rebours«, das 1883 geschrieben wurde. Ihr Leben bestand aus lauter Ausschweifungen, und das Parfüm war eine davon, in demselben Maße wie Äther und Kokain.

Der langen Liste der in der Parfümerie verwendeten Adjektive hatten die »décadents« ein weiteres hinzugefügt: giftig. Um besonders gut zu sein, mußte ein Parfüm »giftig« sein. »Schminke und Gifte« hieß übrigens der Titel eines Buches von Jean Lorain, der sich als Ringkämpfer verkleidete, um sich dann in Spelunken herumzutreiben.

Die Ästhetin kleidete sich in mittelalterliche Gewänder. Sie trug Stirnbänder à la Memling: eine Perle an einem Silberkettchen auf der Stirn. Sie war leichenblaß geschminkt. Sie wollte rein wie das Einhorn sein. Also parfümierte sie sich gern mit Lilien. Aber es gab auch gespenstische Wesen. Sie stanken nach Tuberose. Wenn es Alraunenessenz im Handel gegeben hätte, hätten sie sich auch damit besprengt.

Die Literatur, zuweilen von beachtlicher Qualität, spiegelte diese Übertreibungen wider. In ihr spielte das Parfüm ebenfalls eine große Rolle.

Die Bücher von Barrès, »Ich-Kult« und »Blut, Wollust und Tod«, waren wie durchtränkt damit. Hatte er nicht, werden Sie fragen, die Nase einer »Nase«? In diesem Punkt kann ich nicht zustimmen. Barrès hatte einen dünnen Zinken, aber die »Nasen« – ich habe sie gut beobachtet – haben rundliche, leicht gerötete und beinahe geschwollene Nasen, als ob sie von den vielen Duftwolken aufgebläht worden wären.

Auch Maeterlinck war ein Dichter der Düfte. D'Annunzio ebenfalls. Im Mittelpunkt seines Werkes steht folgender Satz: »Und er roch diesen herben und zarten Duft, den Duft ihrer Haut, der in der Stunde der Freuden so berauschend wurde wie der der Tuberose und eine schreckliche Geißel für die Begierde.«

Wie hätte eine solche Zeit nicht ihrerseits das Parfüm »geißeln« sollen? Sie gab den Anstoß zu seiner letzten Verwandlung.

Wir hatten die synthetischen Duftstoffe 1876 verlassen, als Georges de Laire mit ihrer Herstellung in Frankreich in einer Fabrik in der Rue Saint-Charles in Paris begann.

Er stellte dort Vanillin auf verschiedene Weise her. Ein Verfahren, das wichtigste damals, war von einem einfachen Laboranten aus Grasse, Froger-Lapierre, erfunden worden. Das Vanillin existiert bereits in der Natur. Es ist in geringen Mengen in den Vanilleschoten zu finden. Ebenso das Heliotropin. Cumarin ist der Duftstoff der Tonkabohne. Orangen-, Majoran- und Muskatnuß-Essenz enthalten Terpineol. Jetzt aber gab es bei de Laire synthetisches Heliotropin, Cumarin und Terpineol.

Diese Stoffe waren also ursprünglich natürliche Duftstoffe, die die Industrie mit Hilfe chemischer Verfahren künstlich herstellte, damit sie billiger wurden.

Ab 1888 produzierte die Firma de Laire unter der Leitung von Edouard de Laire Duftstoffe ganz anderer Art: Die Nitromoschusse haben einen moschusartigen Geruch, aber sie haben mit dem Moschus, der vom Moschustier ausgeschieden wird, überhaupt nichts gemein. Und die Jonone kommen in der Natur ebenfalls nicht vor. Das waren also die ersten nicht nachgemachten Duftstoffe, die die Firma de Laire auf den Markt brachte.

Eine Bresche war geschlagen.

Sie belieferte zuerst nur die billige Parfümerie, die Hersteller von »sent bon«, aber etwas später auch die Luxusparfümerie. Bald stellten zahlreiche Firmen diese fortschrittlichen Produkte her. In der Schweiz gründeten zwei Brüder die Firma Givaudan und eine Gruppe von einfachen Chemikern die Firma Firmenich. In Frankreich entstanden folgende Firmen: Roure & Bertrand, Descollonges, de Laire, Albert Verley. Auch Rhône-Poulenc stieg in die Parfümerie ein, und Antoine Chiris wandte sich den synthetischen Duftstoffen zu, ohne die Herstellung natürlicher Duftstoffe aufzugeben. In Holland: Naarden. In Amerika: van Amerigen.

Ich habe die großen Parfüms dieser Jahre schon genannt. Sie stammten fast alle von Guerlain. Nun muß ich noch *Essbouquet* von Beyle und *Chypre* von Lubin hinzufügen.

Das waren – trotz ihrer Feinheit, die sie nur dem Talent ihrer Erfinder verdankten – ziemlich einfache Mischungen. Ihr Rezept war für heutige Begriffe beinahe naiv. Weil sie immer Geranie, Rosenholz, Patschuli, Bergamotte, Zitrone, Neroli und Lavendel enthielten, liefen sie Gefahr, eintönig zu werden.

Der gewissenhafte Guerlain hat im Unterbewußtsein vermutlich darunter gelitten. Warum hätte er sonst seine Meisterwerke mit so altmodischen Namen herausgeputzt! *Rococo* oder *Bon vieux temps* waren versteckte Geständnisse.

Im übrigen hatten alle Parfüms dieser Zeit die gleiche Duftnote: einen leichten Geruch nach Fett. Man hatte sich daran gewöhnt. Er kam von den »absolus«, die der Effleurage oder der warmen Mazeration wegen nicht genügend konzentriert waren. Außerdem hielten sich diese Parfüms nicht lange. Soviel man sie auch kühlte, das heißt niedrigen Temperaturen aussetzte, sie waren nicht stabil und verdarben nach einer gewissen Zeit.

Meine nachträglichen Beanstandungen verfolgen nur einen Zweck: Ihnen zu beweisen, daß diese Parfüms von damals, die man uns manchmal wie unerreichte und unerreichbare Wunder hinstellt, nicht ohne Fehler waren. Es mangelte ihnen sowohl an Phantasie als auch an der Seriosität einer wissenschaftlich kontrollierten Herstellung.

Die synthetischen Duftstoffe und später die Extraktion durch flüchtige Lösungsmittel sollten ihnen beides bringen.

1882 brachte eine berühmte »Nase«, Paul Parquet, *Fougère royale*, das erste Parfüm heraus, das synthetisches Cumarin enthielt. 1892 lancierten Roger & Gallet *Vera Violetta*. Spezialisten konnten seine Jonon-Basis gut erkennen. Roger & Gallet hatten seit mehreren Jahren das Alleinverkaufsrecht für diesen Duftstoff erworben.

Es gab im Jahre 1900 noch eine viel größere Aufregung in der engen und klatschsüchtigen Welt der Parfümerie. Wonach roch bloß das neue Parfüm *Trèfle Incarnat*, das bei Pivert herausgekommen war? Die erfahrensten »Nasen« kamen nicht dahinter. Konnte es denn einen ganz neuen Duft geben? Er kam, so erfuhr man später, vom Trefol, einem Amylsalicylat, das Rodolphe Darzens 1896 zum ersten Mal in einem Laboratorium der Technischen Hochschule hergestellt hatte. Jacques Rouché, der Schwager von Lucien Pivert, der auch von der Technischen Hochschule kam, hatte den Gelehrten bei sich eingestellt.

*Trèfle Incarnat* hatte einen riesigen Erfolg. Im selben Jahr kam *Floramy* von L.-T. Pivert heraus. Es war das erste Parfüm, das Aldehyde enthielt, die später in der Kunst und der Industrie der Parfüms eine so große Rolle spielen sollten.

Die Routiniers konnten diesen Fortschritt nicht akzeptieren. Es gab heftige Feldzüge gegen die synthetischen Parfüms und insbesondere gegen die Chemie, diese verbrecherische, ätzende und vergiftende Fee.

Das entscheidende Argument in diesen Jahrzehnten nach der Niederlage war: Diese synthetischen Duftstoffe sind preußisch. Man sagte noch nicht »boches«, wie vierzehn Jahre später, aber dieser Geist herrschte schon damals.

Sie ruinieren unser Land. Grasse wird bald nur noch eine Wildnis voller Unkraut sein. Dieser zweite Vorwurf war genauso verlogen wie der erste.

Veilchenessenz kostete im Jahre 1900 drei- bis zehnmal soviel wie Gold. Man verwendete sie also nur für sehr luxuriöse Parfüms, und ihre Tage waren vielleicht schon gezählt, als die künstliche Essenz auf den Markt kam. Diese Essenz verhinderte den Anbau von Veilchen jedoch keineswegs, sondern gab ihm einen neuen Aufschwung, und zwar aus folgenden Gründen: Man behandelte die Veilchenblätter, was man früher nicht getan hatte. Ihr Duft, mit einer synthetischen Essenz vermischt, ergab ein billiges

Parfüm, nach dem ein großer Bedarf bestand. Und sofort wurden Veilchen in viel größeren Mengen angebaut und auch weiterhin in der feinen Parfümerie verwendet. Und das ist nur ein Beispiel unter vielen.

In diesen poetischen Gefilden müssen wir noch die Zweige des Sassafrasbaumes erwähnen, die Obaldia so liebte. Sie hatten keinen Wert, bevor man aus ihnen das Heliotropin gewann.

Fortschritt ist nicht immer gleichbedeutend mit Umweltverschmutzung.

## Drei Wegbereiter: Jacques Rouché, François Coty und Paul Poiret

*Ein Streit unter Freunden macht aus François Coty einen Parfümeur. – Er findet die Parfüms, ihre Flakons und ihre Verkaufsmethoden sehr altmodisch. – Die Reklame im Jahre 1907. – Der Beginn des neuen Jahrhunderts. – Der Franzose entdeckt das »große Ereignis« mit der Tour de France und der Eroberung der Pole. – Suresnes, wie von René Clair gefilmt. – Guerlain erfindet das impressionistische Parfüm. – Eine »Nase« mit einer Gartenschürze. – Eine ungeschickte Verkäuferin lanciert das Parfüm »Rose Jacqueminot«. – Ein Fest beginnt. – Sergej Diaghilew und Missia Sert gründen »le Tout-Paris«. – Die Manie der »Ballets russes«. – Paul Poiret macht aus der Frau ein Schauspiel. – Er war der erste Modeschöpfer und Parfümeur. – Die üppigen Frauen kämpfen gegen die mageren Frauen. – Jeden Morgen wechselt die Mode. – Guillaume Apollinaire verbannt Maurice Rostand auf den Dachboden. – Rallet aus Moskau. – François Coty kauft das Schloß von Longchamp. – Das letzte Parfüm der »Belle Epoque«.*

Hallo! Taxi!«

Aber wozu ein Automobil benutzen, wenn man zur Rue La Boétie Nr. 61 will, wo es doch jetzt andere Verkehrsmittel in Paris gibt? Zum Beispiel die Metro. Für 80 Centimes kann man unter der Erde von Vincennes zur Porte Maillot oder von der Porte Dauphine zur Place de la Nation fahren. Zwölf Kilometer in dreiunddreißig Minuten. Aber bevor Sie sich auf die Bänke setzen, vergewissern Sie sich bitte, ob Sie nicht umsteigen müssen. Meistens am »Etoile«.

Ende 1905 wurde in der Rue La Boétie ein Geschäft eröffnet. Auf dem Firmenschild stand: Coty. Sein Besitzer: ein dreißigjähriger Korse, François Sportuno, genannt François Coty. Die Ladenausstattung: sehr bescheiden. In diesem Geschäft verkaufte Coty Parfüms und Puder, die er in dem angrenzenden Nebenraum gemischt hatte, wo sich seine Flaschen, Reagenzgläser und Riechstreifen befanden.

Außergewöhnlich daran ist, daß dieser François Coty nicht von Haus aus mit der Parfümerie zu tun hatte. Als er Korsika verließ, um nach Paris zu gehen, verstand er von Chemie überhaupt nichts und hatte auch nicht die Absicht, sich damit zu beschäftigen. Wozu hätte ihm das auch im Abgeordnetenhaus genützt, wo er sozusagen einen Sitz innehatte? Er war nämlich Sekretär des Abgeordneten Emmanuel Arène.

Obwohl er eine Leidenschaft für die Politik besaß – oder vielleicht gerade deswegen –, verstand sich Coty mit seinem Chef sehr schlecht. Und als nun im Jahre 1900 ganz Paris wegen eines gigantischen Jahrmarkts, der Weltausstellung, überquoll, was diesen kleinen Mann aus der Provinz sehr verwirrte, verbrachte er seine freie Zeit bei einem Freund, der eine Apotheke in einem neuen Viertel am Eiffelturm hatte, das Le Champ de Mars genannt wurde.

Zu allem Unglück stellte dieser Apotheker auch ein Eau de Cologne her, das er seinen Kunden und Kollegen aus der Umgebung verkaufte. Es behauptete nicht, von Farina zu sein. Es war selbst gemacht und sozusagen für den Hausgebrauch bestimmt.

François kritisierte es. Der Apotheker verteidigte es. Bald artete dies zu einer freundschaftlichen Diskussion aus. Doch mit dem einen Unterschied: Der Apotheker verteidigte in diesen Streitgesprächen nur seinen verletzten Erfinderstolz, während Coty nach und nach seine Überzeugungen immer entschiedener vertrat. Seine vernichtende Kritik richtete sich nicht nur gegen das Eau de Cologne, das hier im Champ de Mars hergestellt wurde, sondern gegen alle Parfüms der damaligen Zeit. Sie waren zu süßlich, zu brav und zu phantasielos. Ihre Flakons waren eher Artikel für Basare. Man verkaufte sie, als wäre man noch im Zeitalter der Hausierer.

Die Zeiten änderten sich. Waren die Parfümeure denn taub? Der Fortschritt war im Gange. Ein neues Frankreich war im Werden. Und François Coty machte seinen Apothekerfreund auf den schrecklichen Lärm der ganz in der Nähe stattfindenden Weltausstellung aufmerksam.

Eines Tages – so vermutet man – sagte der Freund verärgert:

»Wenn du alles besser weißt, dann stell doch selbst Parfüms her!«

Coty nahm ihn beim Wort – wenn es dieses Wort überhaupt gab – und fuhr nach Grasse, wo er sich im Labor von Antoine Chiris (ein Unternehmen, das 1768 gegründet wurde und auf die Herstellung von Duftstoffen spezialisiert war) mehrere Jahre lang die nötigen Kenntnisse auf dem Gebiet der natürlichen Essenzen und synthetischen Duftstoffe aneignete.

Als Coty der Ansicht war, genug gelernt zu haben, nahm er das Schiff nach Ajaccio, besuchte seine Großmutter und lieh sich von ihr einige tausend Goldfrancs für sein Debüt als Parfümeur.

Es konnte nicht die Rede davon sein, gegen Houbigant, Lubin, Guerlain, Rigaud oder Pivert ankämpfen zu wollen, wenigstens nicht direkt. François Coty hatte dafür weder die Erfahrung noch das notwendige Kapital. Doch er hatte einen Vorteil. Er war neu in diesem Beruf. Seine Willenskraft war nicht durch ständige Diskussionen erschöpft, die allmählich jede Initiative zunichte machen. Da er keinen guten Ruf zu verlieren hatte, konnte Coty losstürmen. Zum Teufel mit der lähmenden Selbstkritik, die noch nie etwas hervorgebracht hat!

Erstes Ziel: der »jus« selbst. Das *Trèfle Incarnat* hatte einen Pfad durch das Gestrüpp der Vorurteile geschlagen.

Man mußte ihn nur erweitern, ihn verlängern, eine breite Straße daraus machen. Die Frauen hatten es satt, immer nur das zu riechen, was ihre Großmütter auch schon gerochen hatten.

Zweites Ziel: der Flakon. Coty wußte instinktiv, was seitdem die Statistiken bewiesen haben: Bei der Auswahl eines Parfüms spielt die Qualität des »jus« nicht die größte Rolle. Ein Parfüm wird ebenso gern betrachtet wie gerochen. Auf dem Frisiertisch ist es in erster Linie ein Gegenstand und dann erst ein Duft.

Guerlain hatte dies schon vor Coty gewußt. Er hatte sich wegen seiner Flakons an die größten Hersteller, Baccarat und Lalique, gewandt und wegen der Etiketten, wir sagten es schon, an Gavarnie. Aus dieser Zusammenarbeit sind Kunstwerke entstanden, die heute Höhepunkte einer jeden Auktion sind und von vielen Sammlern gesucht werden.

Anfang 1907 setzte sich Coty mit eben diesem Lalique und eben diesem Baccarat in Verbindung, gab ihnen aber einen anderen Auftrag. Er verlangte von ihnen weniger Pracht und mehr Schlichtheit der Flakons. Die Frauen – und vor allem die Frauen, die er zu erobern gedachte – hielten sich nicht mehr für die Gemahlinnen eines Sultans aus Tausendundeiner Nacht. Ein zu prächtiger Flakon konnte sie abschrecken und in ihnen irgendwelche Gewissensbisse hervorrufen. Der Flakon mußte sie beruhigen und zugleich ihren Geschmack und ihre Eitelkeit berücksichtigen.

Coty war entschlossen, für das Parfüm einen größeren Kundenkreis zu gewinnen, der mit den Frauen der großen Welt und der Halbwelt bis dahin ein bißchen zu klein gewesen war. Er mußte das Bürgertum gewinnen, auch die Kleinbürger. Und warum dort aufhören? Warum nicht auch Frauen aus der Arbeiterklasse für »sent bon« begeistern?

Und wie? Mit Hilfe der Reklame. Doch da hatte sich Coty leider zu weit vorgewagt. Er besaß nicht die notwendigen Mittel. Er mußte noch einen Krieg durchstehen, die zwanziger Jahre und den Beginn des Werbefunks abwarten.

1907 bestand die Reklame nur aus Plakaten. Das Plakat hatte im 19. Jahrhundert dank Daumier (Sie kennen seine Bilder: der Kohlenträger und die Küchenmagd im Lagerhaus von Ivry), dank Toulouse-Lautrec, Cappiello, Willette und Cheret die volkstümliche Kunst vor der Lächerlichkeit bewahrt und das Grau in Grau der Pariser Bauzäune aufgelockert. Es sollte einen Höhepunkt mit dem »Cadum-Baby« und während des Ersten Weltkrieges mit »Hm, Banania ist gut« und »El-es-ka, das ist exquisit« erreichen.

Aber was konnte der Handel außer diesen Abziehbildern für Erwachsene und den Anzeigen in den Zeitungen sonst noch tun, um seine Waren anzupreisen? Jedes Jahr rühmten die Mitglieder der Akademie (mit Edmond Rostand an der Spitze) und die schönen Schauspielerinnen in einem prächtig aufgemachten Album in Reimen oder kurzen Sätzen die Vorzüge eines Weines der Marke Mariani. »Mariani – nur drei Worte: Ich danke dir« oder »Mariani trinken und sterben«. Der Katalog der Waffen- und Räderfabrik von Saint-Etienne bereicherte die langen Abende auf dem Lande. Wenn Mariani die Träumer zum Träumen animierte, so lud die Waffenfabrik zu einem Abenteuer ein. Der zweiläufige Karabiner »Bravor« wurde für die Tigerjagd empfohlen. In verschiedenen Taxis war an der Scheibe, die den Fahrgast vom Fahrer trennte, ein kleiner Guckkasten angebracht, in dem bebilderte, farbige Anzeigen zu sehen waren: »Rosa Pille für blasse Leute« oder »Jubolisieren Sie sich mit Jubol«. Was einige Witzbolde zu einem Slogan im selben Stil für Olibet-Biskuits inspirierte: »Olibusserln Sie«.

Das war charmant und naiv, entsprach aber den großen Projekten von François Coty durchaus nicht. Er dachte schon an die Möglichkeit des Cineramas, als ihm nur eine Laterna magica zur Verfügung stand.

Im Verkauf fühlte sich Coty weitaus wohler. Er erfand

das, was man heute »marketing« nennt. Er glaubte an den Erfolg der großen Kaufhäuser und hatte keine Bedenken, ihnen seine Luxusartikel anzuvertrauen. Er erlebte Enttäuschungen und Mißerfolge. Aber welcher Bahnbrecher muß keine Verluste hinnehmen? Ein Erfinder, der ohne weiteres Erfolg hat, ist kein echter Neuerer.

War man aber in den ersten Jahren des neuen Jahrhunderts für Cotys Ideen überhaupt aufnahmebereit? Das Jahrhundert hatte schlecht begonnen. Die Weltausstellung von 1900 war ein Höhepunkt, ja, vielleicht der absolute Höhepunkt des schlechten Geschmacks gewesen.

Aber diese Zeilen müßte ich eigentlich wieder durchstreichen. Wenn man einem gebildeten Bürger damals gesagt hätte, daß man eines Tages Tränen um die »Gare d'Orsay« vergießen und daß diese Tränen dazu beitragen würden, dieses Gebäude, den Stolz der Nation, zu retten, so wäre der Ärmste sofort einem Schlaganfall erlegen.

Fachkundige Leute und aufgeklärte Familienmitglieder hatten ihm stundenlang erklärt, daß das Grand Palais, das Petit Palais, der Pont Alexandre III. und Sacré-Cœur architektonisch der Gipfel der Geschmacklosigkeit seien. Und werden diese Bauwerke heute nicht ebenso bewundert und anerkannt wie Notre-Dame?

Bis jetzt ist noch jeder Mist rehabilitiert worden.

Folglich verzichte ich auf ästhetische Betrachtungen. Dagegen will ich Ihnen Eindrücke von der anonymen Masse vermitteln, die letzten Endes die Geschichte macht, die aber in den Geschichtsbüchern kaum erwähnt wird.

Zwischen 1900 und 1903 veränderten sich die Pariser mehr als zwischen 1870 und 1900. Diese Zeit war auf dem Gebiet der Schauspiele und der Vergnügungen im Grunde nur eine Verlängerung des Zweiten Kaiserreichs gewesen.

Paris entdeckte jetzt das »große Ereignis«. Bis dahin waren Ereignisse immer fürchterlich gewesen: Kriegserklärungen, Erdbeben, Schiffsuntergänge und andere Katastrophen. Plötzlich wurden sie freudig und hatten keine schrecklichen Konsequenzen mehr für die, die nicht daran beteiligt waren. Solche »großen Ereignisse« waren: die ersten Automobilrennen von Stadt zu Stadt, die Eroberung der Pole, die Tour de France, die Flüge der lenkbaren Ballons, die ersten Luftsprünge der ersten Flugzeuge, der Ärmelkanal wurde durchschwommen ... Jetzt passierte immer etwas! Jeden Morgen, wenn man die Zeitung aufschlug, erfuhr man von einem großen Erfolg oder Mißerfolg, und die Moral von der Geschicht': Der Beste triumphiert immer, weil der Beste zuerst am Ziel ankommt. Bisweilen gab es darunter auch tragische Ereignisse: das Blutbad während des Autorennens Paris-Madrid. Einer der Renault-Brüder fand dabei den Tod. Auch tolldreiste: André versuchte, den Nordpol mit dem Ballon zu erreichen. Oder komische: Ein Amerikaner gab sich als Eroberer des Nordpols aus, obwohl er diesen Teil der Erde noch nie betreten hatte. Oder heroische: der Tod von Scott unweit des schon eroberten Südpols. All das ging einen nicht direkt etwas an, aber es ermöglichte einem doch, stolz zu sein – stolz, ein Franzose zu sein, oder wenigstens stolz auf die Menschheit zu sein.

Im 17. Jahrhundert wäre niemand auf die Idee gekommen, dem 16. Jahrhundert oder dem Mittelalter nachzutrauern. Zu Beginn der Dritten Republik war es aber so. Man war voller Nostalgie. Die Erfolge der Automobile und der Flugzeuge wischten sie jedoch hinweg. Die Franzosen lasen in ihren Zeitungen von diesen großen Ereignissen, und dadurch lernten sie, ihre Zeit zu lieben und an die Zukunft zu glauben.

Für die Pariser war es eine nahe Zukunft. Paris war im Begriff, wieder die Hauptstadt der Vergnügungen, der Künste und der Dichter zu werden, einen Rang zu erreichen, den sie schon einmal, unter Napoleon III., innegehabt hatte. Sie täuschten sich nicht.

1909 sollte ein neues Fest beginnen.

François Coty wurde nicht mit einem Schlag berühmt. Trotzdem waren seine ersten Parfüms, *Vertige*, *Idylle* und *Effluve*, so erfolgreich, daß er zuerst in Neuilly in der Rue Péronnet und dann in einem Haus unweit des Pont de Suresnes ein Laboratorium einrichten konnte.

Wie gut spiegelte doch dieses kleine Suresnes von 1908, am Fuße der Anhöhen von Saint-Cloud gelegen, das Bild dieser neuen Gesellschaft wider, die nun in Paris entstand.

Eine Fabrik von Creusot, die wie ein Gartenlokal aussah. Werkstätten, mit Laub überwuchert. Man bearbeitete Metall zwischen zwei Kaninchenställen. Man feilte, man schweißte, man hämmerte, doch man paßte immer auf, daß man den Fischer mit seinen Gründlingen an der Angel nicht zu sehr störte.

Auf der anderen Seite des Boulevard de Versailles beugte sich ein Mann in seinem Büro über ein Zeichenbrett. Der angrenzende Schuppen diente ihm als Werkstatt. Dieser bescheidene Mann war Fernand Forest. Er hatte schon 1880 ein Patent für einen »Motor mit Gasantrieb, senkrecht stehendem Zylinder, Drehschieberverteiler und Lamellenkühlung« erhalten. 1901 meldete er seinen »Vierzylindermotor mit über Nockenwellen gesteuerten Ventilen und Magnetzündung« zum Patent an.

Beim Lesen dieser Zeilen haben Sie es sicher schon bemerkt: Forest gehörte zu denen, die den Viertakt-Motor erfunden haben.

Durch seine Erfindungen völlig mittellos geworden, starb er im April 1914 während einer Sportveranstaltung in Monaco an Bord seines Bootes »Gazelle«, das mit einem seiner Motore ausgestattet war.

1903 baute Léon Levavasseur im hinteren Teil des Gartens in der Rue du Ratrait Nr. 14 eine kleine Werkstatt. Um dort seine Rasenmähmaschinen zu reparieren? Nein. Um dort ein Flugzeug zu bauen, das flugfähig war und den vom Aero-Club ausgesetzten Preis erringen sollte. In Villotran, wo man es erprobte, machte es mehr Luftsprünge, als daß es flog. Ein Satz von einigen Metern, dann kam ein Unwetter auf und zerstörte diese zerbrechliche Maschine aus Leinen und Holz.

Levavasseur ließ sich nicht entmutigen. Er arbeitete an einem Motor, dem er den Namen der Tochter seines Teilhabers gab: »Antoinette«. »Antoinette« wurde sehr berühmt, als sie am 12. November 1906 einen Mann namens Santos-Dumont in die Lüfte hob und eine Strecke von 220 Metern in zweieinhalb Minuten zurücklegte. Diesmal hatte der Aero-Club einen Preisträger und die Geschichte einen Helden.

Jener Santos-Dumont, ein steinreicher Brasilianer, kannte übrigens Suresnes sehr gut. War er nicht in der unmittelbaren Umgebung mit einem lenkbaren Ballon gestartet, um bis hinter den Eiffelturm zu fliegen? Während eines vorangegangenen Versuchs war er auf ein Haus an der Place du Trocadéro gestürzt. Was für glückliche Zeiten, wo einem noch auf der Straße ein Ballon auf den Kopf fallen konnte!

Man könnte meinen, man sei in einem Film von René Clair. Millionäre mit gebräuntem Teint begleiten Maschinenschlosser mit Schirmmützen, und schöne Damen in Chantilly-Spitze verlieben sich bisweilen in einen jungen Mechaniker, der an seiner Drehbank steht.

In diesem Suresnes, das jeden Tag so bunt wie ein 14. Juli vor 1914 war, sollte eine Industrie entstehen. Und ein großer Parfümeur arbeiten. Der einzige, der vielleicht ein Genie war. Sicher aber der erste, der begriffen hatte, wie ein modernes Parfüm von der Herstellung bis zum Verkauf beschaffen sein mußte.

Was hat sich nun alles seit 1900 an der Parfümfront zugetragen? Jacques Guerlain komponiert 1906 ein Meisterwerk, das eine neue Duftrichtung einleitet: das impressionistische Parfüm. Es beschwört nicht mehr die oder jene Blume oder ein Blumenbukett, sondern es suggeriert eine ganze Landschaft. Es heißt *Après l'ondée.* Alle Gerüche und Düfte eines taufrischen Gartens. Man glaubt nicht nur, nach innen zu sehen, sondern auch Erinnerungen zu hören. Man glaubt, den perlenden Tönen eines Claude Debussy zu lauschen, den die Aufführung von »Pelleas und Melisande« in der Opéra-Comique soeben berühmt gemacht hat.

Unter den anderen Guerlain-Parfüms fällt *Rue de la Paix* von Pierre Guerlain, dem älteren Bruder von Jacques, auf. Dann ein weiteres impressionistisches Parfüm: *Quand vient l'été. Vague souvenir* hat noch einen nostalgischen Hang zur Vergangenheit. Dann zwei klassische Parfüms: *Une rose* und *Chypre de Paris,* aber die alte Firma wird kühner und bringt danach *Sillage* und *Pour troubler* auf den Markt.

Monsieur Parquet, einer der größten »Nasen« von damals, stellt zwei Parfüms vor: *Idéal* und *Cœur de Jeannette,* die nach der Meinung von Ernest Beaux, einem Kenner der Materie und Erfinder des *Nr. 5* von Chanel, zwei wunderbare Parfüms sind. Wunderbar ist auch *Quelques fleurs,* signiert von Bienaimé, aus dem Hause Houbigant. Seine neue Fliedernote verschafft ihm einen beträchtlichen Erfolg.

In der Rue de la Paix Nr. 10 eröffnete 1904 ein unscheinbarer Mann einen kleinen Laden. Sein Name klingt nicht gut, denn man mochte damals in Frankreich keine Ausländer. Deswegen hat er ein Pseudonym angenommen: »Caron Parfumeur«. Ernest Daltroff ist eine bescheidene »Nase«. In seinem Labor in Asnières kreiert er seine Mischungen mit einer Gärtnerschürze um den Bauch. Oh, Monsieur des Esseintes! Diese bäuerliche Aufmachung beeinträchtigte seinen feinen Geruchssinn aber durchaus nicht. Er schuf eines der originellsten Parfüms: *Narcisse noir.*

Dann erschien *Rose Jacqueminot.* Die Rosenknospe blühte nicht, sie brach vielmehr auf. Im wahrsten Sinn des

Wortes und Ereignisses! Sie verkaufte sich schlecht. Ihre Originalität verwirrte. Und dann ließ eines schönen Nachmittags eine ungeschickte Verkäuferin mitten im Einkaufsgedränge einen Flakon *Rose Jacqueminot* auf den Boden fallen. Der Flakon zerbrach. Der Duft breitete sich im ganzen Kaufhaus aus. Die Parfümerieabteilung wurde belagert, der Verkaufstisch geplündert und die Regale geleert. Man verlangte noch mehr von diesem Parfüm, das so angenehm duftete. *Rose Jacqueminot* wurde berühmt – und Coty reich.

Das ist wahrscheinlich nur eine Legende. Aber Kinder und die öffentliche Meinung lieben es, etwas über den Ursprung eines großen Vermögens zu erfahren. Eine Sekunde zuvor war er nichts – eine Sekunde später alles. Das geschieht im Leben eigentlich sehr selten. Aber das macht nichts! Es gibt keine Geschichte des Parfüms ohne Legenden. Sie sind, wenn Sie mir den Vergleich erlauben, die Kopfnoten der historischen Wahrheit.

Nun eroberte François Coty den französischen und ausländischen Markt mit *Origan* (sehr fein und lang haftend und mit einer für die damalige Zeit sehr kühnen Duftnote), mit *Styx,* mit *Emeraude* (das einen sehr würzigen Geruch hatte – heute würde man »bitter-sweet« sagen), mit dem denkwürdigen *Chypre,* dem berühmten *Ambre antique,* mit *Muguet* (das die Engländerinnen und Amerikanerinnen erst annahmen, als man es in *Muguet des bois* umbenannte) oder mit *Jasmin de Corse* (das er selbst mit soviel Sorgfalt gemischt hatte). Diese Parfüms liefen jetzt unter einem bekannten Namen, der sehr zu ihrem Erfolg beitrug.

Aber woher kam nur diese erstaunliche Frische, die an einem Nachmittag ein ganzes Kaufhaus begeistert hatte? Von synthetischen Duftstoffen, die mit leichten blumigen Duftnoten abgerundet worden waren.

Es war höchste Zeit. Das Fest hatte schon begonnen. Es ging auf seinen Höhepunkt zu. Paris hatte soeben seine

Uhrzeit, die vierzig Jahre auf ›Frieden‹ gestanden hatte, auf die neue Weltzeit umgestellt.

Unsere Stadt schämt sich wegen seiner Weltausstellung von 1900. Sie will jetzt keine Bummelzüge mehr, auf deren Bänken man ein Picknick abhält. Die Stadt hat sich entschlossen, nur noch die großen internationalen Züge einfahren zu lassen, wie den Simplon-Orient-Expreß von Valéry Larbaud oder den Transsibirien-Expreß von Blaise Cendrars.

Der Weg des Ruhms ist vorgezeichnet. Paris bestätigt den Erfolg, und New York zahlt.

Ein Russe mit großem Kopf, Sergej Diaghilew (genannt Chinchilla, wegen einer weißen Haarsträhne in seinem ebenholzfarbenen Haar), hat mit seinen »Ballets russes« den Anfang gemacht. Die ersten »Ballets russes« zeigen das altehrwürdige Rußland, die zweiten den Tänzer Nijinsky und die dritten die Avantgarde.

Er hat sich noch andere Verdienste erworben. Er versammelte eine Anzahl Pariser um sich, eine Art Kaste: »le Tout-Paris«.

Aber was ist eigentlich »le Tout-Paris«? Etwa fünfhundert Personen, die an den Premierenabenden im Saal das lebende Dekor für das gemalte Dekor auf der Bühne sind. Dieser Auftrag schmeichelt den Leuten und ermöglicht es, Mäzene unter ihnen zu gewinnen. Man braucht sie auch ein wenig in den Pausen – ihres Stimmengewirrs wegen; denn ihre Meinungen haben keinerlei Bedeutung.

In diesem »Tout-Paris« ist nur der Kern genießbar. Die zehn oder fünfzehn Leute, die den Ton angeben. Was muß man aber tun, um dieser Elite anzugehören? Man muß sich einfach bei einer Premiere in seiner Loge aufrichten, applaudieren und »bravo« schreien und zusehen, daß die noch zurückhaltenden Zuschauer um einen herum auch in enthusiastische Rufe ausbrechen. Das ist nicht einfach. Man braucht ein bißchen Talent und eine illusionslose Kenntnis menschlicher Schwächen.

Zum Ruhme von »Tout-Paris« der »Ballets russes« unter der Leitung von Missia Sert sei gesagt – sie vollbrachten eine Heldentat. Das Publikum liebt Wiederholungen. Sobald es seinen Tänzer erkoren hat, will es ihn immer wieder sehen, unverändert, trotz wechselnder Moden und Zeiten. Die Russen wären also dazu verurteilt gewesen, unaufhörlich »Armides Pavillon« in Originalbesetzung zu tanzen. Sergej Diaghilew und Missia Sert erreichten es aber, diese unseligen Wiederholungen abzubrechen. Sie gaben den sehr klassischen »Ballets russes« eine neue, kühne Richtung. Sie gewannen Picasso, Cocteau, Strawinsky, Satie, Derain und Poulenc als Mitarbeiter.

Und ganz Paris war begeistert.

Es wurde eine Manie. Alles wurde »Ballets russes«. Wenn ein junges Mädchen einem Junggesellen zwecks Heirat vorgestellt wurde, seufzte er:

»Zuwenig ›Ballets russes‹!«

Oder wenn ein junger Mann andersherum war:

»Zuviel ›Ballets russes‹!«

Die »Ballets russes« brachten frischen Wind in die Wohnungen. Sie befreiten die Frauen von ihrem Flitterkram. Die Damen zogen sich nicht mehr die Plüschvorhänge ihrer Großmütter an. Sie befreiten ihren Körper vom Korsett, um ihn in orientalische Gewänder zu hüllen.

Ein junger Mann versuchte, im »Théâtre des Arts«, Boulevard de Batignolles – heute das »Théâtre Hébertot« –, die Einfälle Diaghilews auf ein Theaterstück zu übertragen. Dieser junge Mann namens Jacques Rouché führt uns nun wieder zum Parfüm zurück. Sie kennen ihn. Er ist Absolvent der Technischen Hochschule und der Schwiegersohn von Pivert und hatte *Trèfle Incarnat* zum Erfolg geführt.

Er war der erste Direktor am Boulevard de Batignolles, der einem großen Modeschöpfer den Auftrag gab, Theaterkostüme zu entwerfen, nämlich Paul Poiret.

In dem Stück von Tiarko Richepin, »Das Minarett«,

zeigte Poiret alles, was er von den Ballettvorstellungen gelernt hatte. Unter dem Eindruck von »Scheherazade«, getanzt von Nijinsky, Fokin und Anna Pawlowa, hatte er bei seinen Kundinnen bereits Kleider aus gestreiften und grellbunten Stoffen durchgesetzt.

Denn warum sollte die Frau, wenn sie am Abend groß ausging, ein falsches Spiel spielen? Es war doch ehrlicher, wenn sie ihr Kleid gegen ein richtiges, gut geschnittenes Theaterkostüm eintauschte, um im Schein der Lampen einen echten Theatereffekt zu erzielen.

Dieses Genie mit seinen Glupschaugen sah vermutlich das ganze Leben als eine Art Ballett an, wie im Meer in einer Korallengrotte versunken, die nur von einigen phosphoreszierenden Lichtern der Tiefe erhellt wird.

Und wenn es ein Fest in Paris gab, dann mußte das Büfett einem wogenden Regenbogen gleichen. Es gab dort Kaskaden von Sirup und unbewegliche Stalagmiten, die smaragdgrün, granatfarben und nachtblau funkelten: hohe Kristallkannen voll Alkohol.

Dieser Phantast konnte auch sehr einfache, aber nicht weniger originelle Ideen haben. Eine Idee wurde ihm von seinem guten Geschmack diktiert, und er kam zu der Schlußfolgerung: Das Parfüm ist die notwendige Ergänzung der Eleganz, die der Modeschöpfer kreiert. Wollte man eine Einheit schaffen, so mußte man dem Modeschöpfer die Erfindung von Parfüms überlassen.

Poiret eröffnete eine Parfümerieboutique »Rosine«, die er seiner Schwester, Madame Groult, der Mutter von Benoîte und Florence, anvertraute. Er brachte das *Mouchoir de Rosine* heraus und ein weiteres Parfüm mit einem schwereren Duft: *Borgia.* »Rosine« lebte nur wenige Tage. Poiret hatte sich aber nicht geirrt.

Er wurde der erste Modeschöpfer *und* Parfümeur.

Während der ersten Jahre des 20. Jahrhunderts standen sie dauernd miteinander auf dem Kriegsfuß: die fülligen

Frauen auf der einen und die mageren Frauen auf der anderen Seite.

Als Emilienne d'Alençon und Cassive den Ton angaben, war die Allmacht der üppigen Frauen erdrückend. Den Frauen, die wie »Plättbretter« aussahen, gab man höchstens die Hand.

Die Heldinnen dieser hitzigen Auseinandersetzungen waren Yvette Guilbert, die Besitzerin des »Fiacre«, Polaire, eine intime Freundin des Ehepaars Willy und Colette (im Theater spielte sie übrigens die »Claudine«), und später Eve Lavallière, ein Varietéstar und Hauptdarstellerin in den Stücken von de Flers und Caillavet: »Miquette und ihre Mutter«, »Der König« und »Der grüne Frack«.

1913, was für eine Überraschung! Die Pariserin ist schlank. Sie wandelt auf der Strandpromenade von Deauville mit herausgestrecktem Bauch, als sehe sie einem freudigen Ereignis entgegen, und trägt unter dem Arm einen langen und sehr dünnen Schirm, der wie seine Herrin in einer allzu engen Hülle steckt.

Sie ist erschöpft, die Ärmste. Zwei Saisons haben sie ausgepumpt. Man muß auf der Höhe der Zeit sein. Doch diese Zeit wechselt von Tag zu Tag. Was am Abend um elf Uhr noch sehr »in« war, ist um Mitternacht »einfach unmöglich«. Maurice Rostand, der Sohn von Edmond, war einen Augenblick lang ein gefeierter Dichter. Jetzt bricht man in schallendes Gelächter aus, sobald man ihn zitiert. Guillaume Apollinaire und Max Jacob sind die wahren Genies. Nie zuvor hatte man so einen Verriß erlebt.

Doch dergleichen gab es nicht nur bei den Dichtern. Im Theater war es genauso. Unsere Pariserin hat vermutlich bei »Sacre du printemps« im »Théâtre des Champs-Elysées« gepfiffen und bei Claudels »Verkündigung« gegähnt. Sie entdeckt die »Folies Calvin« mit Jacques Copeau und seinen Freunden von der »Nouvelle Revue Française« und spendet dort zwei Unbekannten, Louis Jouvet und Charles Dullin, großen Beifall.

Wonach duftet nun diese schöne Ermattete? Auch hier muß sie etwas ganz Besonderes bieten:

»Raten Sie mal!«

»Ich passe.«

»Nach Nr. 1.«

»Komischer Name für ein Parfüm.«

»Nach Nr. 1 von Rallet.«

»Rallet?«

»Ein Parfümeur aus Moskau.«

»Finden Sie nicht, daß diese Russen allmählich lästig werden?«

»Rallet ist eine französische Firma, die sich in Rußland niedergelassen hat.«

»Wir haben ihnen Diaghilew und Nijinsky weggenommen. Es ist ihr gutes Recht, jetzt Rallet festzuhalten.«

Wieder einmal eins zu null für Sie! Aber morgen? Was kann man denn noch erfinden? Früher hatte ein Parfüm auch die Aufgabe, eine gewisse Kontinuität herzustellen. Einmal gewählt, blieb es der persönliche Duft bis ans Lebensende. Heute aber muß es überraschen, beunruhigen, ja, fast Anstoß erregen.

Die Chemiker in den Labors sind begeistert. Sie haben wieder lauter neue Parfüms in ihren Reagenzgläsern. Jetzt sind sie imstande, alle ausgefallenen Wünsche zu befriedigen, und sei es auch nur mit Nerol, einem Duftstoff, der nach Salzwasser und Austern riecht.

Wer hätte um 1900 daran gedacht, nach Austern zu riechen? François Coty hatte recht behalten. Die Frau hatte sich verändert und mit dieser Veränderung zu seinem Erfolg beigetragen.

Coty hat neben sein Gartenhaus in Suresnes eine große Fabrik gebaut. Und jetzt muß er mit einem seiner ersten Kunden verhandeln, einem Kunden, der damals ein wenig gezögert hatte. Und dann kam der Erfolg mit *Rose Jacqueminot*. Und heute verkauft M. Chauchard, der steinreiche Besitzer des Kaufhauses »Louvre«, sein Schloß von

Longchamp an Coty. Die beste und schönste Adresse von ganz Frankreich. Aber das kann den prachtliebenden Coty nicht erschüttern.

An einem Sommerabend geht ein Mann von der Arbeit nach Hause. Er kennt die Landschaft, die unmittelbare Umgebung von Paris, wie seine Westentasche. Die Sonne ist untergegangen, doch die Nacht noch nicht hereingebrochen. Es ist die Stunde der Dämmerung. In dem tiefblauen Abendlicht verdichtet sich alles, die raschelnden Blätter, das plätschernde Wasser, um Liebe, Freundschaft und eine unendliche Zärtlichkeit auszudrücken. Plötzlich ist der Mann mit sich und den Dingen in Einklang. Ein wunderbarer Augenblick.

Der Mann, der da nach Hause geht, ist ein Dichter. Und ist es nicht die Aufgabe des Dichters, dem Augenblick Dauer zu verleihen? Gleich am anderen Morgen macht sich Jacques Guerlain an die Arbeit. Um diese unaussprechliche Empfindung einer Verzauberung nachzuahmen, vermischt er Moschus und bulgarische Rose. Er mildert ihr zu leidenschaftliches Verhältnis mit der sanfteren Schönheit von Iris und Heliotrop. Er fügt Duftnoten von Hölzern und feuchter Erde hinzu.

Es soll *L'Heure bleue* heißen, ein Parfüm, das einen Hauch von Glück vermittelt.

Nein, die Geschichte hat darüber anders entschieden. Es wird das Parfüm des verlorenen Glücks sein. Man wird es auf den im Schmutz der Schützengräben verlorenen Taschentüchern riechen. Man wird es angstvoll einatmen, wenn das ganze Haus im unruhigen Frieden hinter der Front zu Bett gegangen ist. Man wird es unter Tränen riechen, wenn es nur noch eine Reliquie in einer Andenkenschachtel sein wird.

Der österreichische Thronfolger ist in Sarajewo ermordet worden.

# »Nr. 5« von Chanel

*Das zaristische Rußland und seine Parfüms. – Rallet ist Nummer eins in Moskau. – Ernest Beaux feiert mit seinem Parfüm einen Sieg Napoleons. – Die Oktoberrevolution verjagt Rallet. – Paris hält den Bomben und Granaten stand. – Cocteau wäre beinahe im Gefängnis gelandet. – »Guerlinaden«. – Mitten im Krieg zwei große Parfüms: »Mitsouko« und »Shalimar«. – Ernest Beaux hat gewisse Vorstellungen von der Nachkriegszeit und neuen Rohstoffen. – Millionen Unbekannte werden sie Coco nennen. – Der Höhepunkt des Snobismus: sich über Snobs lustig zu machen. – Coco, die Rivalin von Emilienne d'Alençon. – Die fülligen Kokotten werden von den früher verspotteten mageren Frauen auf den Dachboden verbannt. – Es gibt nur eine Freiheit: die der Arbeit. Boy Capel bietet Chanel diese Chance. – Zum ersten Mal denkt man daran, daß ein Kleid auch bequem sein soll. – Chanel möchte ein Parfüm, das zu ihren Kleidern paßt. – Aldehyde verwandeln die Mitternachtssonne in Duft. – Zehn numerierte Fläschchen: von eins bis fünf und von zwanzig bis vierundzwanzig. – Chanel wählt die Nummer fünf, eine Glückszahl. – Monsieur Beaux wird Minister für »Nasenangelegenheiten«. – Dank der 5 haben die Frauen kein Alter mehr. – Aber »Nr. 5« muß bis 1944 warten, um einen durchschlagenden Erfolg zu haben.*

DAS Leben dort war nicht unangenehm.

Der Schnee? Man hatte sich daran gewöhnt und vergaß ihn. Die Kälte? Die Kaminplätze waren zahlreich, und Hausangestellte waren ebenfalls reichlich vorhanden, um

Holz nachzulegen. Die Sprache? Die vornehme Gesellschaft sprach Französisch. Und dann gab es genug eingewanderte Franzosen, oft hervorragende Persönlichkeiten. Im übrigen verstand Ernest Beaux als Sohn eines französischen Vaters und einer russischen Mutter die Sprache Tolstois sehr gut.

Wir sind nun wieder im Jahre 1907. Ernest Beaux, eine »Nase«, wurde soeben zum Mitglied des Verwaltungsrates und zum technischen Direktor der Firma Rallet ernannt.

Sein älterer Bruder, der Geschäftsführer dieser Gesellschaft war, die zum Chiris-Konzern in Grasse gehörte, ließ ihn 1898 nach Moskau kommen, um ihn in der Firma Rallet in die Geheimnisse der Seifensiederei einzuweihen. Der Militärdienst holte den jungen Mann abermals nach Frankreich zurück, doch 1902 war er erneut bei Rallet, um nun die Herstellung von Parfüm zu erlernen.

Das Unternehmen war bedeutend. Fünfzehnhundert Arbeiter und eine für die damalige Zeit sehr moderne Ausrüstung. Das ist nicht überraschend. 180 Millionen Einwohner allein in Rußland. Und dann China, Persien und der Balkan, die alle beliefert werden mußten. Von dem Unternehmen gingen ganze Wagenladungen nach den geheimnisvollsten und entlegensten Orten.

Die Bewohnerin Moskaus schwärmt für Düfte. Beaux, der schon seine Fähigkeiten unter Beweis gestellt hatte, kann in aller Ruhe arbeiten. Man zeigt dafür großes Verständnis.

1912 gefällt sein *Bouquet Napoléon,* das dem hundertsten Jahrestag der Schlacht von Borodino gewidmet ist, außerordentlich. Die Moskauer sind nicht nachtragend.

Ernest Beaux hätte eine der glanzvollsten Karrieren angetreten, wenn die Kugeln von Sarajewo, nachdem sie den Thronfolger und seine Gemahlin ermordet hatten, nicht auch noch das zaristische Rußland getroffen hätten. Der Mörder war Slawe. Österreich-Ungarn verlangt Wiedergutmachung. Rußland, mit Frankreich durch einen Vertrag verbunden, widersetzt sich.

Der Krieg, der eigentlich sehr leicht zu vermeiden gewesen wäre, ist jetzt unausweichlich geworden.

Beaux wird eingezogen und tritt erst 1920 in La Bocca in Frankreich wieder in die Firma Rallet ein. Denn nach der Oktoberrevolution hatte dieser aristokratische Geschäftszweig fluchtartig das Land verlassen müssen.

Beaux erkundigte sich, was sich in Paris, in der Welt der Parfüms, zugetragen hatte. Natürlich gab es Schwierigkeiten mit der Versorgung. Die bulgarische Rose stand nun im feindlichen Lager, und Fahnenflucht war kaum möglich. Man mußte irgendwie zurechtkommen. Man behalf sich mit synthetischen Duftstoffen.

Paris blieb trotz der Bomben und der Granaten der »dicken Bertha« standhaft. Die engen Kleider von 1914 wurden nun, als man den Stoff rationierte, sehr weit, wie um die Boches herauszufordern. Sogar eine Generalprobe fand genau an dem Nachmittag im »Théâtre du Châtelet« statt, als die Kanonen bei Verdun zu donnern anfingen.

Sergej Diaghilew präsentierte »Parade« von Jean Cocteau, Eric Satie und Pablo Picasso. Während dieser Veranstaltung wurde in einem anderen Ballett eine rote Fahne geschwenkt. Nicht die rote Fahne von Lenin und Trotzki – man war noch nicht im Oktober –, sondern die Fahne der provisorischen Kerensky-Regierung.

Einige Tage später sollte Eric Satie zu einer Ordnungsstrafe verurteilt werden. Er hatte einen Kritiker per Postkarte aufs schwerste beleidigt. Statt dessen kam Jean Cocteau ins Gefängnis. Beim Gerichtstermin hatte der Anwalt des Klägers schlecht über Satie gesprochen. Als er wieder herauskam, schlug Cocteau ihm mit der Faust ins Gesicht. Gerichtsdiener überwältigten Jean und brachten ihn in eine Zelle, wo er zwei Stunden lang ausharren mußte, bis man endlich einen Minister davon in Kenntnis gesetzt hatte. Es war zufällig Paul Painlevé. In dieser Zeit war die Republik sehr nachsichtig mit ihren Dichtern.

Paul Poiret schneiderte Mäntel für die Landser. Jacques Rouché wurde Leiter der Oper. *Trèfle Incarnat* führte überallhin: François Coty hatte Amerika erobert.

Man ging häufig ins Kino. Dunkelhaarige Vamps spielten in den Filmen mit Parfümzerstäubern. Was für ein Parfüm enthielten sie? Die Zwischentitel ließen sich nicht darüber aus.

Doch die Pariserinnen wußten, was für ein Parfüm ihr Zerstäuber enthielt. Mitten im Krieg fuhr Jacques Guerlain fort, neue Düfte zu kreieren: *Pois de senteur* und *Jasminalda,* die man im Fach zärtlich »Guerlinaden« nannte.

Doch das Parfüm, das Jacques sich kurz nach Ende des Krieges ausgedacht hatte, war keine »Guerlinade«. Diesmal stürzte sich Ernest Beaux auf den Flakon, denn er wollte sofort wissen, wie sich Guerlain die Nachkriegszeit vorstellte.

Das Parfüm hatte den Namen *Mitsouko.* Beaux brauchte nicht sehr lange daran zu schnuppern, um zu entdecken, daß er eine der größten technischen Erfolge der Parfümerie vor sich hatte.

Guerlain ließ Chypre – er kannte es am besten –, Eichenmoos und blumige Duftnoten miteinander spielen, und das Ganze stieg über einer nach Ambra duftenden Basis empor, die er nicht zu überdecken versuchte. Er hatte sich damit, wie konnte es anders sein, an die Frauen gewandt, die nach vier Jahren der Entbehrung endlich wieder die schützende Hülle des Luxus, wohlige Pelze, Schmuck und schöne Wohnungen haben wollten oder, wenn es nicht anders ging, wenigstens einen Duft, der ihnen all das heraufbeschwören konnte. Mit einer gewissen Nostalgie – wie immer bei Guerlain. In diesem Fall war es die unmittelbare Vergangenheit: die Vorkriegszeit. Die langen Reisen in der hell erleuchteten transsibirischen Eisenbahn zu einer Zeit, als die Bolschewiken, die betrunkenen Matrosen, noch Nihilisten waren, ziemlich blasse Intellektuelle mit dünnen Bärten.

Übrigens sagte der Name alles. Er war einem Roman entlehnt, der beinahe den Prix Goncourt bekommen hätte: »Die Schlacht« von Claude Farrère. Mitsouko war die bezaubernde Frau eines japanischen Admirals, die während des russisch-japanischen Krieges von 1905 ihren ehrenwerten Mann gegen einen strategischen Ratschlag eingetauscht hatte.

Diese Hinwendung zur Vergangenheit sollte bei *Shalimar,* dem Parfüm, das auf *Mitsouko* folgte, noch klarer hervortreten. Jacques Guerlain komponierte es 1921, aber es wurde erst 1925 verkauft.

*Shalimar* hätte ein Ballett sein können. In Lahore hatte nämlich der Schah Jahan die zauberhaften Gärten von Shalimar – ein duftendes Labyrinth von Büschen, Wasserspeiern und kleinen künstlichen Seen – anlegen lassen, um dort im verborgenen seiner schönen Lieblingsfrau Mumtaz seine Liebe zu beweisen. Shalimar heißt auf Sanskrit soviel wie »Tempel der Liebe«.

Guerlain behauptet, daß ein indischer Maharadscha diese Geschichte ihm und seinem älteren Bruder Pierre erzählt habe. Doch ich glaube nicht daran. Jacques ist diesem Märchen aus dem Orient in Paris in einer Aufführung der »Ballets russes« begegnet. Und das berückende *Shalimar* (seine Kopfnote duftet nach Pflanzen, Rinde und harzreichem Holz und seine Grundnote nach Ambra) ähnelt diesen unvergeßlichen Abenden viel mehr als einer Reise nach Indien.

Ernest Beaux bewunderte *Mitsouko,* obwohl seine Vorstellung von Parfüms für die Nachkriegszeit eine vollkommen andere war.

In La Bocca hatte er nicht nur herumgehört. Er hatte außerdem die neuesten Abhandlungen über synthetische Duftstoffe, vor allem über Aldehyde (Derivate von Kohlenwasserstoffverbindungen), studiert.

Sie rochen ganz eigentümlich: gleichzeitig grün und fettig. Außerdem besaßen sie noch eine andere Eigenschaft: Sie trugen die anderen Duftnoten, sie halfen ihnen, sich im Raum zu verbreiten. Sie waren »flüchtig«, wie es die Chemiker nennen.

Man hatte diese Aldehyde schon bei der Parfümherstellung verwendet. Bienaimé hatte eine Spur davon in sein *Quelques fleurs* von Houbigant gegeben. Doch Beaux kam auf den Gedanken, daß man noch weiter gehen könnte.

Da wollte Mademoiselle Chanel unbedingt mit ihm sprechen.

Jede Gesellschaftsschicht hat ihre eigene Sprechweise.

Was wir den Kern von »Tout-Paris« genannt haben, war zum Beispiel so ein enger Kreis. Er hatte seine Modewörter und Spitznamen. Chanel hieß Coco, Cocteau hieß Jean, und Madame Sert – in erster Ehe Mme. Natanson, in zweiter Ehe als Mme. Edwards mit einem sehr reichen Orientalen, dem Besitzer des »Matin«, verheiratet – wurde Missia genannt.

Jede Gesellschaftsschicht hat im allgemeinen die Neigung, unter sich zu bleiben. In unserem Fall war es aber nicht so. Die Funktion dieser winzigen Gruppe bestand darin, die anderen berühmt zu machen, weil deren Berühmtheit dann auf die ganze Clique zurückstrahlte. Wenn man Diaghilew, Nijinsky, Picasso, Satie und Strawinsky entdeckte, stieß man auch auf diejenigen, die ihren Ruf mit begründet hatten. Und so nahm man ihre Sprache an, die am Anfang unverständlich war, wenn das auch nicht in ihrer Absicht lag.

Nichts ist weniger snobistisch, als jemanden Coco zu nennen, den man gut kennt. Das ist sogar sehr natürlich. Es ist in allen Gesellschaftsschichten üblich. Der Snobismus beginnt erst dann, wenn man jemanden Coco nennt, den man vorher noch nie gesehen hat, selbst wenn man es nur zum Spaß sagt. Diejenigen, die über Snobs lachen, sind oft die größten Snobs. Sie parodieren sie aus reiner Freude am Nachmachen.

Snobismus ist ansteckend. Coco für Eingeweihte wurde schnell Coco für viele tausend Unbekannte.

Aber von einer bestimmten Zeit an paßte Coco sehr schlecht zu Mademoiselle Chanel. Coco, das paßte zu den Festen im schattigen Robinson, wo sie mit Emilienne d'Alençon auf Eseln ritt. Das ging aber nicht mehr, als diese kleine Frau mit ihrem starken Willen beschlossen hatte, sich ohne die Hilfe der anderen durchzusetzen.

Von Moulins hatte Etienne Balsan – aus der Textildynastie Balsan in Châteauroux –, der frühere Liebhaber von Emilienne d'Alençon, sie nach Paris oder, genauer gesagt, nach Compiègne in ein Reitermilieu mitgenommen. Die großen Kokotten waren dort gerngesehene Gäste. Chanel gehörte zu den mageren Frauen. Sie war sehr schweigsam. Sie hörte zu. Sie schaute sich um. Sie beobachtete diese Moscheen aus Fleisch, deren Minarette Federbüsche und deren Kuppeln Hintern und Busen waren.

Um sie nachzuahmen? O nein! Um das Gegenteil von dem zu tun, was sie taten.

Wenn man zu jener Zeit aus der Halbwelt ausbrechen wollte, gab es nur einen einzigen Ausgang: den für Künstler. Doch sie hatte dafür nichts als Verachtung übrig. Die Karnickel von Emilienne hatten diese Möglichkeit versperrt. Sie wollte mehr. Die Macht, eines Tages sogar einen Herzog zurückweisen zu können, wenn er sie zu seiner Herzogin machen wollte. Diese Macht, das war Unabhängigkeit durch Arbeit.

Ein schöner junger Engländer, Paul Capel, bot ihr diese Chance. Er hatte begriffen, daß er sie nur halten konnte, wenn er sie unabhängig machte. Er schenkte ihr ein Hutgeschäft in der Avenue Gabriel, dann einen Laden in Deauville, wo sie anfing, Pullover zu verkaufen. Es waren die ersten von England nach Frankreich importierten Pullover.

1913 rissen sich die Frauen – die Poiret vom Korsett befreit hatte und die nun entdeckten, daß ihr Körper etwas anderes war als ein Ausstellungsstück, um die Blicke und die Begierden der Männer auf sich zu ziehen – um diese weichen Pullover.

Eine ganze Mythologie brach zusammen. Später klagte man Chanel an, sie habe die Weiblichkeit zerstört. Das ist falsch. Sie hat nur das Bild einer bestimmten Frau zerstört, das uns eine Geschmacksdiktatur seit zwei Jahrhunderten aufgedrängt hatte: das Rubenssche Frauenideal. Indem sie diese fetten Fläminnen ins Lächerliche zog, griff sie nur auf ein viel älteres Schönheitsideal zurück. Was für eine Rache an all diesen Lianes, Emiliennes und Cléos, die sich über ihre Magerkeit lustig gemacht hatten! Innerhalb einer Sommersaison verbannte sie diese Königinnen auf den Dachboden des Musée Grévin, von wo sie erst Jahre später wieder herabsteigen sollten – als Wachspuppen für das Wachsfigurenkabinett.

Sie sollte sich aber damit nicht begnügen. Nach dem Krieg setzte sie ihren Rachefeldzug von ihrem Modehaus aus fort, das sie in der Rue Cambon Nr. 31 eingerichtet hatte. Diese Freiheit, die sie vielleicht um den Preis eines einsamen Lebensabends erobert hatte, wollte sie nun allen Frauen schenken.

Ihrer Meinung nach durfte ein Kleid weder ein kompliziertes Glanzstück eines Couturiers sein (wie zum Beispiel die Kleider von Worth oder Doucet) noch ein Theaterkostüm à la Poiret. Seine wichtigste Eigenschaft war: Es mußte seiner Trägerin »stehen«; dieses etwas ungenaue Verb bedeutete, daß die Kundin sich in ihm wohl fühlen sollte, so als wäre sie darin zu Hause. Es war das erste Mal, daß man sich Gedanken darüber machte, ob ein Kleid auch bequem war.

Der Krieg hatte die Lebensgewohnheiten verändert. Wenn auch viele Frauen noch nicht arbeiteten, so waren doch ihre Lebensbedingungen anders geworden. Die guten alten Hausangestellten starben aus. Die jungen Leute zogen den Monteuranzug der Livree und die Fabrik der Mädchenkammer vor. Die feinen Damen konnten nicht mehr bis zum Mittag in ihren Betten bleiben. Man traf sie jetzt schon um zehn Uhr morgens auf der Straße.

Man hat Chanel vorgeworfen, sie habe den knabenhaften Stil erfunden. Das ist Unsinn. Die »garçonnes«, die einem skandalumwitterten Roman von Paul Margueritte entstiegen waren – man nahm ihm dieses Buches wegen das Kreuz der Ehrenlegion ab –, lebten nur nachts. Aber das größte Verdienst Coco Chanels war es, das Kostüm für den Vormittag – fast hätte ich geschrieben: für den Morgen, was natürlich ein bißchen übertrieben ist – durchgesetzt zu haben.

»Meine Kleider stehen meinen Kundinnen sehr gut. Ich möchte ein Parfüm, das zu den Frauen von heute genauso gut paßt.«

Mit diesen Worten empfing sie Ernest Beaux. Sie wollte Poirets Versuch wiederholen, allerdings auf einer anderen Grundlage. *Mouchoir de Rosine, Aladin, Maharadjah* und *Arlequinade* waren doch nichts als »Guerlinaden«, nur weniger geglückt.

Trotzdem lernte sie von dem Parfüm *Rosine* zwei Dinge. Sein Flakon war von erlesenem Geschmack, in demselben Stil wie das Parfüm selbst. Der Preis? Das Schöne muß sich immer sehr teuer verkaufen.

Ihr Parfüm sollte genau wie ihre Kleider zu der neuen Zeit, die gerade angebrochen war, passen. Es sollte der frischen Luft standhalten und auch in der Menge nicht deplaciert sein, denn jetzt konnte sich niemand mehr den Massen entziehen. Es sollte aber auch in einem Salon oder Boudoir seine Tugenden bewahren. Auf keinen Fall durfte es diesen Veilchen- und Lavendelparfüms ähneln, die damals in den ersten Nachkriegsjahren in Mode waren. Es sollte Charakter besitzen. Und kostbar sein. Chanel haßte alles Armselige. Beaux brauchte mit Jasmin nicht sparsam umzugehen.

Von dem, was dann folgte, gibt es mehrere Versionen und zahlreiche Legenden. Berichten wir zunächst, was Ernest Beaux seinen Kollegen anläßlich einer Konferenz im Haus der Chemie am 27. Februar 1946 anvertraute.

Bei Kriegsende hatte der Zufall ihn weit über den Polarkreis hinaus in den hohen Norden verschlagen. Es war gerade die Zeit der Mittsommernächte. Wälder und Flüsse strömten einen Duft von außerordentlicher Frische und Reinheit aus. Aus diesem Duft sollte das *Nr. 5* entstanden sein.

Das stimmt nicht ganz. So einfach bringt man kein Parfüm auf die Welt. Das war nur ein Ausgangspunkt.

In La Bocca versuchte Beaux im Labor diesen Duft nachzumachen, den er dort in sich eingesogen hatte. Die Aldehyde schienen ihm besonders gut dafür geeignet zu sein, diesen Eindruck der Frische zu vermitteln. Aber das erste Aldehyd, das er dazu verwendete, enttäuschte ihn. Es war zu unbeständig. Er mußte weitere tastende Versuche machen, bis er die Aldehyde fand, die ihm zusagten.

Als Mademoiselle Chanel ein Parfüm von ihm haben wollte, unterbreitete Beaux ihr zehn Entwürfe, die in zwei Gruppen eingeteilt waren. Fünf Fläschchen waren von 1 bis 5 numeriert, die fünf anderen von 20 bis 24.

Es ist anzunehmen, daß dies der Wahrheit entspricht. So arbeitet eine »Nase«. Sobald dem Parfümeur eine Geruchsempfindung der Mühe wert erscheint, versucht er, eine Basis aufzubauen, genauso wie ein Maler eine Skizze auf sein Blatt hinwirft. Später, wenn er dann einen Auftrag erhält oder wenn er sich selbst entschließt, daraus ein richtiges Parfüm zu machen, arbeitet er an dieser Basis weiter, er hüllt sie ein, fügt Kopfnoten hinzu und rundet dann das Ganze mit Zusätzen ab.

Aber die Pointe dieser Geschichte fällt ab. Mademoiselle Chanel soll das Reagenzglas Nummer 5 gewählt haben, und als Beaux sie fragte, was für einen Namen das Parfüm haben sollte, soll sie geantwortet haben:

»Ich stelle meine Kleiderkollektion am 5. Mai vor, also im 5. Monat des Jahres. Wir nehmen die Nummer von dem Glas, und diese Nummer 5 wird dem Parfüm Glück bringen.«

Es wird nicht direkt ausgesprochen, soll aber doch wohl bedeuten: Chanel hat den Duft Nummer 5 nur der Zahl wegen gewählt. Damit wird aber ihre Gewissenhaftigkeit unterschätzt, ihre Sorgfalt für jedes Detail, ihre unermüdliche Arbeit, die sie manchmal richtig tyrannisch werden ließ. Damit wird auch ihr guter Geschmack in Frage gestellt, den ihr jeder, selbst ihre schlimmsten Feinde, zugestehen mußten.

Chanel war bestimmt keine »Nase« wie jemand, der Parfüms komponiert. Doch sie besaß genug Spürsinn, um auch ohne theoretische Kenntnisse den Duft zu wählen, der Erfolg versprach. Auch die Parfümeure konnten ihr angeborenes Gefühl für Qualität, das alle Dichter, die ihr begegneten, erkannten, nicht in Abrede stellen.

Aber deshalb zu behaupten – ich habe es von allzu eifrigen Bewunderern gehört –, daß Chanel das *Nr. 5* erfand, als sie einmal aus Spaß in einem Labor in Grasse, das ihr der Herzog von Westminster gestiftet hatte, lauter Proben miteinander vermischte, das geht wirklich zu weit.

Wenig wahrscheinlich ist auch die andere Version, die wohl den Stempel ihrer Feinde trägt.

Chanel soll den Wunsch geäußert haben, ein möglichst teures Parfüm zu bekommen. Beaux, als guter Parfümeur, zögerte nicht. Man wollte etwas Teures. Also nahm man Jasmin. Und er gab so lange Jasmin, die teuerste Essenz der Welt, dazu, bis aus dem *Nr. 5* eine richtige Pomade geworden war.

Als er Mademoiselle Chanels entsetzten Gesichtsausdruck sah, merkte er, daß er die Pomade verdünnen müsse, und deshalb erhöhte er, allen Regeln zum Trotz, den Anteil der Aldehyde. Seinen Erfolg verdankte er also beinahe einem Zufall.

Da liegt das wahre Problem. Es ist gar nicht so wichtig zu wissen, wer nun genau das *Nr. 5* erfunden hat, wichtig ist, wer auf den Gedanken kam, Aldehyde in solchem Ausmaß zu verwenden, die man ja bis dahin nur mit äußerster Vorsicht herangezogen hatte.

Das *Nr. 5* hatte einen doppelten Erfolg: einen wirtschaftlichen, von dem wir noch sprechen werden, und einen chemischen Erfolg. Es hat nämlich die Parfümeure von ihren Vorurteilen befreit. Es hat den Beweis erbracht, daß man für ein erlesenes Parfüm synthetische Duftstoffe verwenden konnte, selbst in größeren Mengen, ohne seine Qualität zu beeinträchtigen. Ja, sie wurde sogar verbessert.

Deshalb gibt es in der Geschichte des Parfüms zwei Abschnitte: vor *Nr. 5* und nach *Nr. 5*.

Lassen wir nun die Auseinandersetzung zwischen Beaux und Chanel auf sich beruhen. Wir vermuten, daß Beaux noch andere, schon weiterentwickelte Entwürfe vorzeigte, daß Chanel Anregungen gab und Vorstellungen äußerte und daß sie mit Hilfe von Worten erklärte, was sie sich wünschte. Aber es war Beaux, und nur er allein, der dazu in der Lage war und der bei dieser Gelegenheit das revolutionäre Verfahren fand, das in Düfte zu übersetzen, was Worte nur mit Mühe auszudrücken vermögen.

Dieser Hang zum Aberglauben! Die 5 brachte Chanel wirklich Glück. Man mußte von dieser Übereinstimmung profitieren und einfach aus der *Nr. 5* des Probefläschchens einen Flakon *Nr. 5* machen. Was im Grunde nichts Neues war. Es gab doch schon das *Nr. 1* von Rallet.

Die Ateliers waren im Süden wohl sonniger als in Moskau, denn Ernest Beaux arbeitete in seinem Laboratorium in La Bocca offensichtlich mit großer Freude an *Nr. 5* und an *Nr. 22*, das Chanel auch für sich reserviert hatte.

Einige Kilometer weiter fand die Konferenz von Cannes statt. Vier Jahre lang hatte man sich gefragt, ob der Frieden halten würde. Jetzt fragte man sich: zahlt der Boche?

Jede Konferenz hat Pausen. Man mußte sie irgendwie ausfüllen. Man stattete den ortsansässigen Industrien Besuche ab. So kam es, daß Briand, der Schieler – Léon Daudet gab ihm den Spitznamen »Ganz-aus-Gold« –, und Lloyd George, der Waliser, die Fabrik in La Bocca besichtigten. Sie dürften die ersten gewesen sein, die den Duft des noch unfertigen *Nr. 5* gerochen haben.

Sogar aus Paris kam man angereist. Sem, der Karikaturist von Longchamp und vom Maxim, machte seine Runde durch das Labor. Man wartete auf ein scharfzüngiges Wort. Er ernannte Monsieur Beaux zum Minister für »Nasenangelegenheiten«.

Außerhalb ihrer Duftwolken fehlt es den Parfümeuren an Phantasie. Man erzählt, daß ein Flakon mit einer Probe des *Nr. 5* in der Rue Cambon zu Bruch gegangen wäre. Verkäuferinnen und Kundinnen stürzten natürlich sofort herbei, um zu erfahren, was denn da so gut rieche . . .

Eine Anekdote, die nicht nachprüfbar ist. Sie mußte schon für *Rose Jacqueminot* von Coty herhalten.

Wie dem auch sei, als das *Nr. 5* auf den Markt kam, begeisterten sich die Frauen für diesen Akkord aus Jasmin und Rosen, gemischt mit Vetiver, Ylang-Ylang, Iris, Maiglöckchen, Weißdorn und Jonquillen, das Ganze gestützt mit der Wärme der Ambra und des Moschus und verstärkt durch Aldehyde, die dem Parfüm einen Hauch von Frische gaben.

Doch dieser vollkommene Akkord allein hätte aus dem *Nr. 5* keinen Welterfolg gemacht. Denn es gab viele gute Parfüms. Und wird es auch noch weiterhin geben. *Nr. 5* besaß noch etwas mehr. Es riß die Barrieren zwischen den Generationen nieder.

Die Zeit zwischen den beiden Weltkriegen hatte der Frau zwar nicht ihre soziale Gleichstellung gebracht, hatte sie aber von einem Alptraum befreit: dem Altern. Ohne auf Balzac zurückgreifen zu wollen, war die Frau von fünfzig

Jahren vor dem Krieg eine alte Frau. Nach dem Krieg tanzte sie mit kurz geschnittenen Haaren und Herzmund kniefrei Foxtrott im »Boeuf sur le Toit«. Dutzende von »fünf bis sieben« öffneten in Paris ihre Pforten, um sie willkommen zu heißen und ihr schöne Tangotänzer anzubieten. Von nun an hatte sie das Recht, sich wie ihre Tochter zu amüsieren.

*Nr. 5* hat viel zur Befreiung der älteren Frau beigetragen.

Die »5« hat auch, wie das Chanel-Kostüm, den Tagesablauf grundlegend verändert. Eine Dame der Gesellschaft um 1900 wechselte mindestens dreimal am Tag ihre ganze Aufmachung. Jetzt hat man dafür keine Zeit mehr. Man hat zwar nichts zu tun, ist aber dennoch in Eile. Man tanzt »shimmy«, einen Tanz, der einen Augenblick lang große Mode ist. Man braucht Sachen, die für jede Gelegenheit passen. *Nr. 5* ist ein Parfüm, das zu jeder Gelegenheit paßt. Drei Tropfen, und man kann zu einer Taufe oder zu einer tollen Party in ein Gartenhaus in Saint-Cloud gehen.

*Nr. 5* und *Nr. 22* konnte man zuerst in der Rue Cambon und in Deauville kaufen, etwas später dann in zwei weiteren Boutiquen, die Chanel in Biarritz und Cannes eröffnete.

Der Erfolg der »5« war durchschlagend und gewaltig. Verstehen wir uns recht. Ich gebrauche die Worte in ihrer damaligen Bedeutung. Gewaltig will heißen, daß man in den großen Nachtbars von damals, zauberhaften und seitdem nie wieder erreichten Lokalen wie »Perroquet« oder »Chez Schéhérazade«, »El Garon« oder »Réserve de Ciboure«, von *Nr. 5* hingerissen war. Diese Begeisterung reichte aber nur bis zu den Kellnern; die Straße wußte überhaupt nichts von *Nr. 5*.

Die Chanel-Revolution war keine demokratische Revolution. Sie hatte nur einen kleinen Kreis der Geldaristokratie erreicht. Man sprach sogar von einer Armeleute-Mode für Damen, die Rolls-Royce fahren.

Gewiß, jeder konnte sich die Haare schneiden lassen und Glockenhüte tragen. Ein Parfüm nachzumachen war schon schwieriger. Und das echte war nach dem Willen der schrecklichen Chanel sündhaft teuer.

Wenn der Erste Weltkrieg auch die Moral grundlegend verändert hatte, so hatte er doch nicht die Vermögensverteilung angetastet. Eine Frau ohne Beruf besaß nur ihr persönliches Vermögen oder das Geld, das ihr der Ehemann oder der Liebhaber gab. Ihre Kaufkraft – damals wurde dieser Ausdruck nur von den Politologen in der Rue Saint Guillaume gebraucht – lag weit unter der Kaufkraft der Frau von heute.

Man mußte also noch bis 1944 warten, bis *Nr. 5* alle Schichten der Frauen erreichen konnte. Und was ich eben über *Nr. 5* erzählt habe, gilt für alle großen Parfüms der Zeit zwischen den beiden Weltkriegen.

1944 ereignete sich etwas, das die Entwicklung des *Nr. 5* entscheidend beeinflußte.

In die Rue Cambon kamen zwei Geschäftsleute, die internationales Format besaßen: die Brüder Pierre und Paul Wertheimer. Sie standen schon mit einem Bein in der Parfümerie, denn sie hatten die alte Firma Bourjois gekauft, die früher auf Theater-Schminke spezialisiert war. Sie sagten zu Chanel:

»Ihr Parfüm ist das beste der Welt, aber die Welt beschränkt sich heute nicht mehr auf Paris und die Bretter von Deauville. Die Welt, das ist New York. Wir sind dort eingeführt. Wir besitzen eine Fabrik, die Fabrik Bourjois. Geben Sie uns die Lizenz und den Vertrieb für *Nr. 5*. Sie werden es nicht bereuen.«

Chanel willigte ein und wurde Präsidentin einer Aktiengesellschaft mit einem Aktienanteil von zehn Prozent: »Les Parfums Chanel«.

Später wurde dieser Vertrag ziemlich heftig angegriffen. Für *Nr. 5* scheint er mir trotzdem ein Glücksfall gewesen zu sein, denn er öffnete ihm die Tore Amerikas und machte es nach zwanzig Jahren endlich weltberühmt.

# Von »Arpège« bis »Joy«

*Die Ausstellung »Arts Décoratifs« ist ein glücklicher Augenblick für Paris. – Die Franzosen entdecken den Jazz und Charlie Chaplin. – Auf der Seine schwimmen »Amour«, »Délice« und »Orgue«, die Schleppkähne Poirets. – Colette kann bestimmte Parfüms nicht leiden. – Jeanne Lanvins Vater war der Doppelgänger von Victor Hugo. – Baronin von Rothschild macht aus der Putzmacherin Lanvin eine Modeschöpferin. – Jeanne Lanvin und Gabrielle Chanel, ein Bilderbogen von Epinal. – Jeanne verheiratet ihre Tochter mit dem Enkel Clemenceaus, dem »Vater des Sieges«. – Jean de Polignac tauft Marie-Blanche. – Ernest Beaux, der Erfinder von »Nr. 5« macht »Arpège« ein Kompliment. – Langbeinige Frauen folgen auf die mädchenhaften Frauen. – Jean Patou engagiert amerikanische Girls als Mannequins. – Der schwarze Hispanio mit weißem Chauffeur und der weiße Hispanio mit schwarzem Chauffeur. – Mit Parfüms kann man viel Geld verdienen. – Seine »Nase« glaubte nicht an »Joy«, das großen Erfolg hat. – Jean Patou, immer in Eile, stirbt jung. – Die Parfümeure bekehren sich. – Bei Lanvin und Chanel gibt es Krach. – Malraux stellt Morand in den Schatten. – Nach »Guerlinade« ein heroisches Parfüm, »Vol de nuit«. – Die Franzosen ziehen in den Krieg und tanzen dabei Lambeth Walk.*

DIE Ausstellung »Arts décoratifs« von 1925 hinterließ in Paris kein Bauwerk. Vielleicht, weil sich Glück nicht in Steinen manifestiert. Sicher ist aber, daß diese Ausstellung ein glücklicher Augenblick in der Geschichte der Stadt Paris war.

Obwohl die Pariser so gerne Vorrechte für sich beanspruchen, mögen sie es gleichzeitig schrecklich gern, wenn man ihnen ihre Unwissenheit beweist. Diaghilew tat es.

Das Jahr 1925 brachte große Veränderungen mit sich. Auf einmal erfuhren die Pariser, dank der Jazz-Musik und dank Josephine Baker, daß es Negerkunst, Negermusik und Negertänze gab.

Sie fanden es wundervoll, daß sie Tchechow vorher nie richtig verstanden hatten. Stanislawski und Pitoeff erteilten ihnen diese heilsame Lektion. Sie hörten, daß die Schweizer gar nicht so schwerfällig waren, wie man immer behauptete, da ja in Zürich mitten im Krieg eine extrem avantgardistische Bewegung entstanden war: der Dadaismus. Sie erfuhren, daß Italien ein verkanntes Genie besaß: Pirandello; daß das schwedische Ballett nie die Nachfolge des russischen Balletts antreten könnte; daß es »in« war, in gewisse Kinos wie Vieux-Colombier, Ursulines oder Studio 28 zu gehen; daß das Plakat »Pause« einen Film von René Clair ankündigen konnte; daß Jean Cocteau nicht nur Theater machte, sondern vielseitig talentiert war – und Charlie Chaplin genial.

All diese Neuigkeiten wurden natürlich nicht nur auf der Ausstellung »Arts décoratifs« am Ufer der Seine verbreitet. Aber diese Messe, auf der jede Woche eine schwindelerregende Achterbahn entgleiste, faßte alle neuen Tendenzen großartig zusammen.

Auf der Seine schwammen, unter den Kaskaden eines Feuerwerks, drei Lastkähne: »Amour«, »Délice« und »Orgue«. Sie gehören Paul Poiret, der, nach *Mam'zelle Victoire, Mea Culpa, Fanfan la Tulipe* jetzt *Nuits de Chine* herausbringt, dessen Flakon einem dicken Buddha gleicht. Meister Maurice Shaller, ein Glasbläser, der in die Parfümerie eingestiegen war, hat ihn entworfen.

François Coty, Poirets Rivale, was die Prachtentfaltung betrifft, denkt sogar daran, das Schloß Chambord zu kaufen, um dort seine Büros einzurichten. Er will auch auf der Insel Puteaux ein Pendant zum Schloß Bagatelle, eine »Cité des Parfums« bauen, ganz im Stil von Ledoux, dem genialen Baumeister vom Ende des 18. Jahrhunderts.

Wie roch es auf dieser Ausstellung? Nach *Air embaumé* von Rigaud. Und nach *Marthe Chenal,* ebenfalls von Rigaud.

Dieses Parfüm war nach der Sängerin benannt worden, die am Abend des großen Sieges von einem Balkon der Oper die Marseillaise gesungen hatte. Es roch nach Veilchenextrakt. Nach viel Veilchen. Synthetische Duftstoffe ermöglichten es jetzt den Parfümeuren, Veilchenduft zu verwenden, ohne sich zu ruinieren.

Nicht alle waren von guter Qualität. Wenn man Colette Glauben schenken darf, rochen manche ganz abscheulich.

»Im Ersten Weltkrieg parfümierte eine allgemeine Brutalität die Frauen mit Essenzen, die einem alten grausamen Arzneibuch entnommen zu sein schienen. Es waren gräßliche Parfüms, die ich am liebsten ›Schlag mit dem Holzhammer‹, ›Ochsentöter‹ oder ›Mit voller Wucht‹ genannt hätte. Mehr als einmal überließ ich ihnen den Platz im Restaurant, wo sie mir den Appetit verdarben, im Theater, wo sie mich vom Stück ablenkten. Zum Glück regiert der schlechte Geschmack in Frankreich nie sehr lange. Eine Kunst, die so französisch ist wie die Parfümerie, nähert sich heute der Vollkommenheit.«

Diese Vollkommenheit verdanken wir Jeanne Lanvin, der diese Zeilen in der Festschrift »Die Oper der Düfte« gewidmet wurden, in der auch Louise de Vilmorin und Guillaume Gillet mit sehr raffinierten olfaktorisch-poetisch-graphischen Arabesken vertreten waren.

Jeanne Lanvin steht an dritter Stelle in der Reihe der Modeschöpfer und Parfümeure, wenn man chronologisch vorgeht.

Wir befinden uns wieder mitten im Zweiten Kaiserreich. Sehen Sie, Triumphbogen haben einen Unterbau, und

Madame Lanvin verdient, daß wir ihre Vergangenheit ausgraben.

Als Tochter eines Lithographen (der als guter republikanischer Handwerker sich ein bißchen wie Victor Hugo zurechtmachte) und einer Weißzeugnäherin mit Namen Blanche wurde die kleine Jeanne 1867 in Puteaux geboren.

Zehn Kinder zu ernähren, das war schwer. Madame Lanvin mußte eine Stelle bei Juliette Drouet, der berühmten Freundin Victor Hugos, annehmen. Die Ähnlichkeit ihres Ehemanns spielte bei dieser Einstellung keine Rolle. Sie wurde für den Dichter aber sehr wichtig, als er aus dem Frankreich Napoleons des Kleinen floh, um nach Belgien zu übersiedeln. Dafür lieh er sich nämlich die Papiere von Jacques Lanvin.

Schon mit zehn Jahren tritt Jeanne als Laufmädchen bei einer Modistin ein. Ein Sou für den Bus. Sie geht zu Fuß, um den Sou zu sparen.

Mit einem solchen Respekt vor dem Geld wird man gewöhnlich Bankier. Jeanne dagegen wird Lehrmädchen, ein Lehrmädchen, unter dessen Händen zauberhafte Hüte entstehen.

Sie legt immer etwas auf die hohe Kante, was ihr erlaubt, mit siebzehn Jahren nach Barcelona zu Caroline, einer berühmten Modistin, zu gehen. Sie spart weiter, und als sie nach Paris zurückkehrt, macht sie sich selbständig. Ihre Boutique befindet sich zunächst an der Ecke Rue du Louvre und Rue Saint-Honoré und ab 1896 in der Rue Boissy-d'Anglas. Es sind drei Räume im heutigen Hause Lanvin.

Im Jahre 1906 ist sie eine bekannte Modistin. Baronin von Rothschild probiert gerade einen dieser schwarzen Strohhüte mit hochgeklapptem Rand und weißen Federn auf – eine Spezialität von Jeanne Lanvin –, als ein kleines Mädchen den Salon betritt.

Diese Achtjährige mit ihren durch eine Blume zusammengehaltenen blonden Haaren und dem weißen

Musselinkleidchen sieht aus, als käme sie geradewegs aus einem englischen Gemälde.

»Oh, wie süß!« begeistert sich die Baronin. »Das ist das bestangezogene kleine Mädchen von Paris. Wo haben Sie dieses wunderbare Kleid gekauft?«

Jeanne gesteht, daß sie es selber genäht hat. Abends näht und schneidert sie, wie damals, als sie kein Geld hatte, mit Hingabe für ihre Marguerite – die erst viel später Marie-Blanche genannt wurde. Ihr Vater war ein italienischer Dandy, mit dem Jeanne ein paar Jahre verheiratet war.

Eine große Dame bewundert nie etwas, ohne es haben zu wollen. Sie will das gleiche Kleid für ihre eigene Tochter. Madame Lanvin willigt ein. In Paris erfährt man alles, was die Leute einander zuflüstern: Die Hutmacherin Lanvin näht entzückende Kinderkleider. Sie wird bestürmt. Jeanne ist in geschäftlichen Dingen zu klug, um diese Gelegenheit nicht auszunutzen. Neben den Ateliers für Hüte eröffnet sie ein Modeatelier.

Und 1921 tritt Jeanne Lanvin, die immer noch in der Rue Boissy - d'Anglas, Ecke Rue du Faubourg-Saint-Honoré wohnt, aber statt der drei Räume jetzt das ganze Gebäude besitzt, in die Haute Couture ein. Ihre Konkurrenten sind: Worth, Doucet, Vionnet und Paquin, Hochburgen des guten Geschmacks, auch Poiret, der Abenteurer der Mode, und vor allem Chanel, die fast zur gleichen Zeit anfing, mit der sie aber, außer der Energie, wenig gemein hat.

Ihre beiden Lebenswege, die sich fortwährend kreuzen, ähneln den Bilderbogen von Epinal. Nur der Schluß entspricht nicht den Gesetzen dieser Gattung. Am Ende werden alle belohnt.

Jeanne Lanvin, die ehemalige Midinette, verheiratet ihre einzige Tochter – die eine wundervolle Stimme hat und auch eine begabte Pianistin ist – mit dem Doktor Jacquemaire. Es gibt viel Aufregung in der ruhigen Rue Barbet-de-Jouy, in der Straße mit dem Palast des Erzbischofs, wo

Jeanne ein Haus gekauft hat. Eine große Heirat mit vielen Zuschauern. Doktor Jacquemaire ist der Enkel von Clemenceau, dem »Vater des Sieges«, ein Sieg, der nicht lange zurückliegt und der noch nicht vergessen ist.

Eine zweite, ebenso aufsehenerregende Heirat: Jean de Polignac gibt dem kleinen Mädchen, das alle Mütter so bewundert hatten, seinen Namen und den neuen Vornamen Marie-Blanche.

Der Gegensatz bleibt weiter bestehen. Auf der einen Seite Mademoiselle Chanel und auf der anderen Madame Lanvin. Die eine verkehrt bei den Surrealisten, die andere verbindet sich mit der Aristokratie. Die eine ist Dame von Welt, die andere ist es nicht. Man darf wohl annehmen, daß zwischen diesen beiden Frauen eine geheime und unerbittliche Rivalität bestand. Nach *Nr. 5* lancierte Madame Lanvin *Mon péché* in der schamhaften englischen Übersetzung *My Sin*, das den Ruhm des Hauses ankündigte: *Arpège*, eines der ersten Parfüms, das in Amerika Erfolg hatte.

Ernest Beaux gehörte seit 1924 und jetzt offiziell zum feindlichen Lager, zu Chanel. Er hatte *Gardénia, Bois des îles* und *Cuir de Russie* komponiert. Aber trotzdem machte er diesem *Arpège* – ein blumiges Parfüm, das vorwiegend aus Rosen, Maiglöckchen und Jonquillen bestand – und seinem Bruder *Scandal* – ein Parfüm mit Leder-Note – ein großes Kompliment: »Sie sind von erlesenem Geschmack!«

Chanel, die, wenn sie gerade schlechte Laune hatte, der Lanvin vorwarf, sie sei nur eine Schneiderin für Babys (weil sie früher Kinderkleider genäht hatte), war über diese Anerkennung vermutlich nicht sehr erfreut.

Chanel hatte die mädchenhafte Frau in Mode gebracht. Eine Gruppe amerikanischer Girls, die für die Music-Hall im Moulin Rouge nach der Mistinguett engagiert wurde, begründete nun den Mythos von der Frau mit langen Beinen.

Um sie zu umarmen, sagten die Humoristen, brauchte

man eine Leiter. Vorausgesetzt, sie wären damit einverstanden, denn andernfalls ließen sie die Leiter mit ihren muskulösen Armen sofort in hohem Bogen durch die Luft wirbeln.
Im Bois de Boulogne konnte man ihnen abends in aller Ruhe den Hof machen. Ihre Breitschultrigkeit hielt Strolche fern.

Diese Hoffmann-Girls glichen ihren englischen Schwestern ungefähr so, wie eine Stoffpuppe mit blonder Mähne und aufgerissenen Augen Boxing-balls-Negern gleicht, die man damals auf den Rummelplätzen »Magic City« oder »Luna Park« sehen konnte.

Ein Bye-bye den englischen Girls, die dem gleichen Genre entstammten! Einer meiner Freunde hatte eine von ihnen geheiratet. Sie war im Privatleben ziemlich durchschnittlich. Man neckte ihn, indem man behauptete, er habe bloß schlecht gezählt. Er wollte die achte von der Gartenseite und war bei der siebten von der Hofseite gelandet.

Bei den Hoffmann-Girls war keine Verwechslung möglich. Jede hatte ihren eigenen Charakter, aber alle konnten an einem Tau hochklettern.

Wir verdanken ihnen und Joan Crawford die großen geschminkten Münder, die die Pariser Chronisten Luftklappen nannten.

Jean Patou erinnerte sich an diese Hoffmann-Girls, als er, um seine Kollektion vorzuführen, sechs Mädchen der Ziegfeld-Follies mit dem Körperbau olympischer Schwimmerinnen engagierte. Auch er liebte es, Chanel, dieser ewigen Nervensäge, zu widersprechen.

Seine Anfänge waren bescheiden. Als Sohn eines Lederhändlers, aus Gisors stammend, hatte er am Rond-point der Champs-Elysées einen Modesalon eröffnet, dessen Ladenschild an einer leichten Anglomanie litt: »Parry«. Beurteilen Sie ihn nicht nach diesem Schreibfehler! Das hatte mit dem Menschen, der Geschmack und Charakter besaß, nichts zu tun.

Man hatte Verständnis für ihn, als er 1919 – er war im Weltkrieg Hauptmann im Dritten Zouaven-Regiment gewesen – Modeschöpfer wurde und in der Rue Saint-Florentin ein schönes Stadtpalais mit monumentaler Treppe und einem Kandelaber mietete. Er weiß, daß er einen Namen hat, der für seine Epoche wie geschaffen ist. Zwei Silben, die hart klingen. Pa-tou, Coc-teau: Lautmalerei, die von Max Jacob stammen könnte. Es handelt sich nur darum, sie in die Köpfe der Menge einzuhämmern. Es wird viel hinter seinem Rücken geredet. Man sagt, er besitze einen schwarzen Hispanio mit weißem Chauffeur für Regentage und einen weißen Hispanio mit schwarzem Chauffeur für Sonnentage. Er lenkt Motorboote, und beim Pferderennen ist er wie Jacques Catelain, der Star jener Jahre, angezogen.

Aber jetzt weht in der Rue Saint-Florentin ein anderer Wind. Der gesunde Menschenverstand seiner Vorfahren gewinnt die Oberhand. Die kleinen Skandale dienen nur der Werbung. In der Haute Couture muß die Kühnheit immer gebremst werden, denn die Frauen, selbst die reichsten, sind im Grunde vernünftig. Er setzt die Taille wieder an ihren Platz, und obgleich der Rock »servante pour hôtel borgne« sehr in Mode ist, werden seine Abendkleider wieder länger.

Man fragt sich, was ihn dazu bewog, Parfüms herzustellen. Die Lust, Chanel die Stirn zu bieten? Oder sein Spürsinn?

Die Erfahrung mit *Nr. 5* hatte es bewiesen: Das Parfüm konnte eine ausgezeichnete Ergänzung für die Couture sein. Es war wertbeständig und wandte sich an einen größeren, also den wirtschaftlichen und politischen Krisen weniger ausgesetzten Kundenkreis.

Und außerdem war es Anlaß für Flüsterpropaganda – die allerbeste Reklame – und brachte Photos und Berichte in die Zeitungen.

Die ersten Parfüms von Patou waren *Amour-Amour*, das

heute noch verkauft wird, *Que sais-je?* und *Adieu sagesse.* Sie kündigten aber nur den Auftritt des Stars an.

Die Lichter der zwanziger Jahre erloschen mit einem Schlag. Sie wurden von dem Sturm zerschlagen, den der Sturz der Kurse an der New Yorker Börse an einem Freitag des Jahres 1929 entfacht hatte. In weniger als vierundzwanzig Stunden wurde die Nachkriegszeit beendet.

Jetzt begannen die schwierigen Zeiten. Patou aber tut so, als ob es sie nicht gäbe. Er bestellt bei Cartier ein Etui für einen Lippenstift, das man mit einer Hand wie ein Feuerzeug öffnen kann. Es soll aus Gold und sein Schloß aus kostbaren Steinen sein. In seinen Berechnungen hat Patou nur eine Frage übersehen: Wer wird es je kaufen können?

Eines Morgens läßt er Almeras, seine »Nase«, kommen und bestellt bei ihm ein Parfüm aus den seltensten Essenzen. Und nicht mit dem Tropfenzähler abgemessen! Er will eine Orgie von Jasmin und Rosen.

Almeras zuckt die Achseln: »Das wird Scheiße!«

Patou wendet sich an einen anderen Parfümschöpfer. Almeras kommt wieder.

»Ich will das Experiment gern wagen, aber es wird Scheiße werden.«

So entstand *Joy,* ein verrücktes Parfüm, das alle Regeln außer acht ließ. Schon sein Name war eine Herausforderung. Ein englischer Name für ein französisches Parfüm!

Sein Slogan, »das teuerste Parfüm der Welt«, trotzt der Krise. Und er stimmte wirklich! Auf dem Höhepunkt der Wirtschaftskrise bietet Patou einen sündhaft teuren »jus« an, den man vor Ihren Augen in der Rue Saint-Florentin in einen Flakon mit Ihrem Namen füllt!

Er hatte auf eine Ausnahme des Gesetzes von Angebot und Nachfrage gesetzt, das man an der Hochschule für Politische Wissenschaften lehrte. Das Unerschwingliche konnte ein Köder sein, der einen gewissen Kundenkreis anlockte. Das Erzeugnis mußte nur kostbar sein – *Joy* war es – und der Kundenkreis vom Prestige des Geldes fasziniert sein.

Das waren die Damen der dreißiger Jahre, die vermutlich das Gejammer ihrer Männer nicht mehr hören konnten, da sie *Joy* kauften, ohne sich um den Preis zu kümmern. Der Erfolg kam aber von Amerika, von einem Amerika, das noch jung genug war, um sich von Superlativen faszinieren zu lassen.

Leider kam dieser Sieg à la Patou zu spät. Jean Patou, immer in Eile, war jung gestorben. Seine Arbeit, die Nächte im Frack – der ihm ausgezeichnet stand –, die ersten Schwierigkeiten, gegen die er anzukämpfen hatte, all das hatte ihm das Leben gekostet. Er hatte sein Palais verkaufen müssen und lebte im Hotel, allerdings im Georg V.

Die Firma wurde von Raymond Barbas weitergeführt, der Madeleine, die geliebte Schwester Patous, geheiratet hatte und der seit 1922 sein Mitarbeiter war. Die Lage war nicht glänzend. Die Rue Saint-Florentin, die für verschwenderische Zeiten gedacht war, hatte die Schicksalsschläge schlecht verkraftet.

Aber *Joy* und sein neuer Herr retteten sie.

Die Couturiers bekehrten sich, einer nach dem andern, zum Parfüm. Nun aber nicht mehr, um Mademoiselle Chanel wütend zu machen. War das Parfüm vorher eine willkommene Ergänzung, so wurde es jetzt eine Notwendigkeit. Jetzt, das ist sicher, bringt es Geld ein. Es ist sogar oft das einzige, was noch Geld bringt. Die Parfüm-Abteilungen, die gestern noch ein wenig verachtet wurden, werden heute gehegt und gepflegt.

Paquin war unter den ersten. Molyneux brachte ebenfalls ein *Nr. 5* heraus, die 5 war die Nummer seines Modehauses in der Rue de la Paix. Lucien Lelong debütierte mit *Abc,* Premet mit *Etrange inconnu.* Knize, ein Herrenschneider, folgte mit *Knize ten.* In dieser Reihe gibt es sogar einen berühmten Kofferfabrikanten, Louis Vuitton, dessen Parfüm *Je tu il* getauft wurde.

Worth, eine der ältesten Firmen, deren Gründer der Kaiserin Eugénie die Krinoline aufgezwungen hatte, um die Seidenweber von Lyon vor der Arbeitslosigkeit zu bewahren, bringt im Jahre 1932 *Je reviens* heraus.

Dieses Modehaus kann sich auf einen Präzedenzfall berufen. Nach dem Ersten Weltkrieg, im Jahre 1922, kommt Jean-Philippe Worth, der Sohn des Schützlings der Kaiserin, in den Saal, in dem man die Pakete packt, die an die Kunden verschickt werden. Der Saal stinkt nach Klebstoff, und dieser Geruch kann in die Kleider eindringen. Parfümierte Säckchen werden in die Kartons gelegt. Ein Parfüm wird geschaffen: *Dans la nuit*, von dem einige Flakons wichtigen Kundinnen geschenkt werden.

Poiret wird nicht geschlagen. Worth hätte höchstens den dritten Platz nach Chanel beanspruchen können, was übrigens nicht der Chronologie entsprach.

Im Jahre 1937 *Carnet de bal* von Révillon! War das nicht zu erwarten, da Pelze doch Parfüm so gut annehmen? Ein anderer Pelzhändler, Weil, war ihm zuvorgekommen. Sechs Jahre vorher hatten Marcel Weil und seine Brüder *Zibeline* auf den Markt gebracht.

Wenn man in Gegenwart von Chanel über Schiaparelli sprach, tat sie so, als ob sie sie nicht kenne. Dann aber schien sie sich plötzlich zu erinnern: »Ach ja, diese italienische Künstlerin, die Kleider näht!« Im gleichen Jahr 1937 präsentierte die italienische Künstlerin *Shocking*.

Poiret hat eine Pechsträhne. Sein Unternehmen ist gescheitert. Er war zu großzügig mit Herz und Geist. Das sind Vorzüge der Grille – aber wir sind in die Ära der Ameisen eingetreten.

Ein Drama bei Lanvin. Paul Vacher verkrachte sich mit Yves Lanvin. Die »Nase« ging weg und kaufte dem Prinzen Murat die Firma Le Galion ab, wo er sein berühmtes *Sortilège* komponierte.

Bei Chanel in der Rue Cambon gibt es Krach. Die schreckliche Mademoiselle greift den Vertrag an, den sie mit den Wertheimers geschlossen hatte. Sie glaubt, übers Ohr gehauen worden zu sein.

Guerlain selbst, der große Guerlain, ist das Opfer undurchsichtiger Pachtverträge geworden. Er hatte sein Haus in der Rue de la Paix verloren und mußte sich mit einem Zweiggeschäft in der Avenue des Champs-Elysées begnügen, das er 1914 gegründet hatte. Trotzdem eröffnete er 1935, Place Vendôme Nr. 2, eine weitere Boutique.

Seine Fabrik steht in Bécon-les-Bruyères zwischen zwei Eisenbahngleisen. So ist Guerlain die letzte Erinnerung, die man mitnimmt, wenn man Paris verläßt.

Jacques Guerlain war nicht untätig. Er hatte den guten Einfall, einem seiner Parfüms den Namen eines Wortspiels, *Guerlinade,* zu geben. Die Inseln Unter-dem-Wind wurden entdeckt oder vielmehr: die Pariser entdeckten sie gerade auf der Landkarte. Marius beschreibt sie in dem Stück von Pagnol. Nun widmet Guerlain ihnen *Sous le vent.* Aber die Zeiten werden härter. Malraux stellt Morand in den Schatten. Die Zwanglosigkeit wird durch die Energie ersetzt. Abends spricht man über die Leistungen der Luftpost. Mermoz und Saint-Exupéry sind die Helden des Tages. Guerlain bringt *Vol de nuit* heraus. In diesem »Nachtflug« hat er die schweren pelzgefütterten Pilotenanzüge durch die berauschende Wärme von Zibet und den Geruch nach Schmieröl durch die Wohlgerüche von in der Hand zerriebenen Blättern ersetzt.

Da er in der Seine keine Insel zum Ruhm der Düfte errichten konnte, baute François Coty in Suresnes seine Fabriken zu einer »Stadt der Parfüms« aus, die das kleine Gartenhaus seiner Anfänge weit überragte. Sie orientierte sich nicht mehr an Ledoux, sondern an der Architektur der HLM, an den Hochhäusern mit niedrigen Mieten. Außerdem gab er sich seinen privaten Neigungen hin. Er stürzte sich in die Politik. Doch kann man das ohne Zeitungen? Da er genügend Geld besaß, brachte er selbst eine heraus, die billigste der Welt, die einen Sou kostete:

»L'Ami du peuple«. Er kaufte eine zweite, die sehr angesehen war, »Le Figaro«, und eine dritte, »Le Gaulois«, um sie eingehen zu lassen.

Sein plötzlicher Tod im Jahre 1934 ersparte ihm, das tragische Ende einer Epoche zu erleben, in der er als Meister gewirkt hatte.

Die von Valéry Larbaud und Jules Supervielle beschriebenen schönen Südamerikanerinnen, deren Haut nach Parfüm verlangte wie die Blume nach der Biene, sind auf ihren heimischen Kontinent zurückgekehrt. Die Heldinnen von Hemingway und Scott Fitzgerald haben uns schon lange verlassen. Wir fühlen uns ein wenig einsam unter uns Franzosen. Abende im September. Ende der Ferien.

Und nächstes Jahr, wird es da auch noch Ferien geben? Zum ersten Mal stellt man sich diese Frage. Der sogenannte ewige Frieden von Briand ist gleichzeitig vom Bürger- und vom Weltkrieg bedroht.

Die Franzosen ziehen in den Krieg und tanzen dabei Lambeth Walk. Das ist ein schlechtes Zeichen. Nach dem Charleston diese Quadrille, bei der man seine Zeit damit verbringt, sich zu begrüßen wie in Fontenay. Das ist der Untergang!

# Die Modeschöpfer erobern die Parfümerie

*Ein Frieden, der schlecht anfängt. – Amerikanische Soldaten im battle-dress auf der Suche nach einer Nummer 5. – Man steht Schlange vor Guerlain und vor Chanel. – Die Geschichte der Parfüms wird eine Geschichte der Wirtschaft. – Die Mode während der Besatzungszeit. – Marcel Rochas kreiert die perfekte Kleidung der »Besetzten«. – Gosset kauft das Rezept von »Femme«. – Die Ausstellung »Théâtre de la Mode«. – Um ihre Parfüms zu verkaufen, muß Nina Ricci eine Modeschöpferin von internationalem Ruf werden. – »Nr. 5« überlebt das Modehaus Chanel. – Die Parfüms bestimmter Modeschöpfer sind den »ready made« von Duchamp vergleichbar. – Parfüm in Saint-Germain-des-Prés. – Der »Travellerscheck«-Duft. – Die erste wirtschaftliche Überraschung nach dem Krieg.*

Im Laufe der Nacht waren die alliierten Truppen in ein Paris eingezogen, das seit vier Jahren besetzt gewesen war, und die Kirchenglocken hatten geläutet.

Am anderen Morgen ging ich über die Place Saint-Germain-des-Prés. Auf der Terrasse des »Deux Magots« kauerte ein armer kleiner Neger auf seinem Stuhl – ein Akademiker, seiner Kleidung nach zu schließen. Ein Gewehr war auf ihn gerichtet, das von einem riesigen amerikanischen Soldaten gehalten wurde, der nicht zulassen konnte, daß ein Schwarzer sich an einen Tisch setzte, den er für die Weißen reserviert glaubte.

Welch ein enttäuschendes Bild von der Befreiung, auf die man schon so lange gewartet hatte!

Am Nachmittag wurden einige Mädchen kahlgeschoren. Das Parfüm war mit schuld an ihrem Verbrechen. Kaufkräftig, wie die deutschen Soldaten waren, hatten sie sich des Parfüms bedient, um Unschuldige zu verführen. Wenn man hungert, wenn man friert, bleibt einem nur die Koketterie. Aber die dumme Masse, die erst aktiv wird, wenn alles vorbei ist, hat kein Gespür für solche Feinheiten.

Es gab auch fröhlichere Bilder. Amerikanische Soldaten hielten Passanten an, um sie zu fragen, wo »Pig-Hall« zu finden sei, das »Schweine-Stadtviertel«, Pigalle auf französisch.

Oder die »nioumero 5«. Welche Nummer? In welcher Straße? Man kauderwelschte. Man verlangte nähere Angaben. Stadtpläne wurden entfaltet. Diese »Nummer 5« war auf keiner Karte zu finden. Es handelte sich um das Parfüm *Nr. 5* von Chanel.

Die GIs verrenkten sich die Zunge und verlangten auch noch »Guerlain«.

Und die erstaunten Pariser sahen, wie sich auf der Place Vendôme, vor der Nummer 62 in der Avenue des Champs-Elysées oder der engen Rue Cambon Schlangen bildeten. Gewiß, sie waren diese Schlangen gewöhnt, allerdings vor weniger luxuriösen Läden. Sie entdeckten plötzlich, welches Prestige französische Parfüms im Staate Michigan oder Oklahoma besaßen.

Man konnte viele dieser Parfüms auch in den Vereinigten Staaten kaufen. Aber nein! Die Frauen oder Bräute dieser Soldaten wollten *Nr. 5* aus Paris oder *Shalimar* von den Champs-Elysées.

Diese Szenen aus dem Pariser Leben, wenige Stunden nach der Befreiung, nützten dem Parfüm bei den Franzosen mehr als die beste bezahlte Reklame. Man kann sagen, daß der Erfolg und die Berühmtheit von *Nr. 5* von diesen Soldaten ausging, die im battle-dress vor den elegantesten Geschäften brav Schlange standen.

Bis jetzt war die Geschichte des modernen Parfüms vor allem die Geschichte des technischen Fortschritts, weil er es gewesen war, der die Entwicklung des Parfüms vorangetrieben hatte.

Seit 1945 hat sich die neue Technik überall durchgesetzt. Über synthetische Duftstoffe wird nicht mehr gestritten. Ihre Herstellung machte unter der Geißel des Krieges einen Sprung nach vorn. Die Parfümeure haben davon profitiert und werden es weiterhin tun. Jeden Morgen bringt man ihnen neue Duftnoten, aber die Struktur des Parfüms wird nicht mehr geändert.

Wir lassen also die Laboratorien hinter uns und wollen Ihnen nun Unternehmen zeigen, die entstehen, die sich entwickeln, wieder verschwinden oder sich eingliedern, die fusionieren, die ans Ausland oder an die pharmazeutische Industrie verkauft werden. Ein Spiel mit Feilspänen, dessen einziger Magnet der wirtschaftliche Konkurrenzkampf ist.

Die Parfümeure der »Belle Epoque« und der zwanziger Jahre bildeten eine Familie, mit allen Gehässigkeiten, die Familien eigen sind. Da war der Stammvater, Mitglied des Jockey-Clubs: Guerlain, die weißhaarige Mutter: Madame Lanvin, die extravagante Tante: Mademoiselle Chanel, das Wunderkind und der verlorene Sohn: Poiret, der Onkel aus Amerika: Coty, der Vetter, der so gut Tango tanzt: Patou.

Nach dem Zweiten Weltkrieg waren die Parfümeure zu zahlreich geworden, als daß sie derart eng hätten verbunden sein können. Außerdem war der Kreis ihrer Kunden beträchtlich angewachsen. Jetzt arbeiteten die Frauen wirklich. Sie bekamen Gehälter, die ihnen eine Kaufkraft verschafften, die mit derjenigen vor dem Krieg nicht zu vergleichen war.

Die Parfümeure hatten viel Geld verloren, aber die große Zahl ihrer Kunden machte das bei weitem wieder wett.

Die drolligen Bemühungen der Pariserinnen, elegant zu bleiben, heiterten die grauenhafte Besatzungszeit ein bißchen auf, weil sie die Einschränkungen umgingen und den Eindringling lächerlich machten.

Da gab es die Zeit der extravaganten Hüte. Man begegnete ihnen in der zweiten Klasse der Metro. Niemals in der ersten, dem Wagen für die Offiziere der Wehrmacht. Sie waren eine Form des passiven Widerstandes.

Da gab es auch noch die perfekte Kleidung der »Besetzten«: Windjacke, kurzer Rock fürs Fahrrad, Schuhe mit »Ersatz« besohlt. Marcel Rochas, ein dunkler Typ mit Vollmondgesicht und immer schlecht rasiert, hatte sie kreiert.

Aber seine schönste Entdeckung war doch Hélène, seine eigene Frau. Sie war Ballettschülerin bei der Oper gewesen, weniger, um dort Karriere zu machen, als um ihren schmächtigen Körper zu trainieren. Vor allem aber wurde ihr Charakter durch tausend Schikanen geformt, in einem Milieu, in dem man Dilettanten kaum würdigte. Sie war, wie alle, in der Schauspielschule Simon gewesen. Von Jouvet hatte sie sogar ein paar Ratschläge erhalten. Aber als sie Rochas begegnete, begriff sie sofort, daß sie mehr für die Eleganz als fürs Theater geschaffen war.

Die Deutschen waren noch da, aber Rochas beschäftigte nur ein Gedanke: Parfüm. Die Zukunft gehörte den Parfüms. Man mußte, koste es, was es wolle, Parfüms herstellen. Die Frauen von morgen würden vielleicht ihre Kleider nicht mehr bei den großen Modeschöpfern kaufen, aber bestimmt ihre Parfüms.

Zur gleichen Zeit kommt Albert Gosset, ein Mann aus Epernay in der Champagne, zu den gleichen Erkenntnissen. Die Seinen verdienen am Champagner, aber als jüngster einer kinderreichen Familie hat er sich für die Parfümerie entschieden. Der Entschluß fiel ihm leicht. Champagner ist doch im Gegensatz zum Bordeaux oder Burgunder auch eine Mischung.

Er besitzt ein Rezept, das er von Roudniska gekauft hat und an das er glaubt. Schon Ende 1944 bietet er es drei

Modeschöpfern an: Piguet, Balenciaga und Rochas. Robert Piguet, der Sohn eines Schweizer Bankiers, lehnt sofort ab. Balenciaga und Rochas erbitten Bedenkzeit.

Cristobal Balenciaga, der spanische Grande der Haute Couture – obgleich er der Sohn eines Fischers von Guetaria ist – mit düsterer Miene und Adlerprofil, gibt als erster ein Lebenszeichen. Gosset läßt es Rochas wissen, und der bekommt es mit der Angst zu tun. Er unterschreibt auf der Stelle einen Teilhabervertrag.

Die Zeit nach diesem Krieg gleicht nicht der nach dem Ersten Weltkrieg. Zwar gibt es den gleichen Hunger nach Vergnügungen, nach Luxus, nach Aufwand, aber 1945 ist man gehandikapt durch die Not des Landes, das der Feind ausbeutete. Alles fehlt. Man muß dauernd improvisieren.

In den Jahren vor 1940 hatten Christian Bérard, Jean Cocteau, Henri Sauguet, Marcel Herrand und andere die düsteren Abende am Meer oder auf dem Lande mit Scharadespielen ausgefüllt. Man plünderte die Speicher. Aus alten dunkelroten Vorhängen wurde die Schleppe des Agamemnon, aus den von Motten zerfressenen Bettvorlegern die Tiara der Salome oder das Diadem der Bérénice. Das ganze Küchengeschirr diente den Damen Richard Wagners. All die Brunhilden mit einem Sieb auf dem Kopf! Aber ein Sieb in den Händen eines Christian Bérard war schon fast kein Sieb mehr.

Jetzt konnte man die gleiche Begeisterung, die gleiche Erfindungsgabe, aber diesmal auf Paris zugeschnitten, wiedererleben. Obwohl kaum geprobt, wurden diese Aufführungen an Abenden, wo Gäste geladen waren, zu bezaubernden Festen, so leicht und beschwingt, wie sie einst Gérard de Nerval seiner Sylvie geboten hatte. Sie waren vielleicht die bezauberndsten Feste, die Paris je gesehen hat, weil sie so spontan waren.

Eines der gelungensten dieser Feste war die Ausstellung »Théâtre de la Mode«, die die Wiedergeburt der französischen Haute Couture feierte: Lauter Puppen, von vierzig Pariser Modeschöpfern angezogen, von Christian Bérard inszeniert und von Dignimont, Malclès, Douking, Touchagues und Wakhévitch mit Dekor umgeben. Cocteau hatte sich die verrücktesten Abendkleider vorbehalten, um sie in einer Ruinenlandschaft zu präsentieren: London oder Warschau, von Bomben zerstört. Es gab einen kleinen Skandal und einen Federkrieg, dem jedoch nur eine schmale Spalte zur Verfügung stand, denn in diesen Notzeiten erschienen die Zeitungen in kleinem Format. Die Entrüstung legte sich aus Mangel an Papier sehr schnell.

In diesem sparsamen Paris brachte das Triumvirat Marcel und Hélène Rochas und Albert Gosset das Parfüm *Femme* heraus. Seine Aufmachung war pompös: der Flakon von Lalique, die Schachtel mit Spitzen überzogen, die man extra dafür hatte herstellen lassen. Man war entschlossen, es teuer zu verkaufen, sehr teuer, teurer noch als *Sleeping* von Schiaparelli, das teuerste Parfüm jener Zeit.

Man mußte nur noch den Dreh finden, mit dem man die Aufmerksamkeit des Publikums erregen konnte. Es wurden tausend Flakons an tausend Damen von Welt geschickt. Einhundertfünfzig bedankten sich und subskribierten, um das neue Parfüm zu bekommen. Dieses Parfüm wurde tatsächlich wie die Luxusausgabe eines Buches lanciert: Man kaufte es, noch ehe es hergestellt war.

Die Fachleute rechneten damit, daß das Geschäft sich gut anlassen würde. Und so war es auch. *Femme,* ein fruchtiges Chypre wie *Mitsouko* oder *Rumeur,* wurde schnell *das* Parfüm dieser Zeit.

Die Frauen von 1919 wollten sich befreien. Die von 1945 wollten ihre Weiblichkeit wiederfinden, die durch Schicksalsschläge und Verantwortung so oft beeinträchtigt worden war. *Femme* gab sie ihnen wieder.

Alle Modeschöpfer, die zur Parfümerie übergegangen waren, besaßen einen Namen von internationalem Rang.

Dieser Name trug viel dazu bei, daß sich ihre Parfüms durchsetzten.

Beobachten Sie einmal eine Dame, die ein Parfüm aussucht. Zeigen Sie ihr zwei Düfte von gleicher Qualität, die beide ihrem Geschmack entsprechen. Sie wird sich für das Parfüm entscheiden, dessen Namen sie kennt.

Eine Reaktion, die jeder verstehen wird.

Bei dem Fall, den ich Ihnen nun schildern will, ist die Lage umgekehrt. Hier nimmt das Parfüm das Modehaus ins Schlepptau.

Vor dem Krieg war Nina Ricci in ihrem Modeatelier in der Rue des Capucines zweifellos für die meisten Frauen von Paris tätig. Das will nicht heißen, daß sie berühmt war. Um berühmt zu werden, ist es besser, eine einzige Marlene Dietrich als hundert reiche Bürgerinnen von Passy anzuziehen. Nina Ricci zog die hundert Bürgerinnen an. Und nicht Marlene Dietrich. Sie konnte es verwinden. Eine zu laute Werbung oder ein zu auffälliges Mannequin hätten ihren anonymen Kundinnen mißfallen.

Außer ihrer großen Begabung hatte Madame Ricci noch besonderes Glück: Sie hatte einen Sohn, Robert Ricci, der schon mit zwanzig Jahren ein tüchtiger Geschäftsmann war und seine Mutter mit wertvollen Ratschlägen unterstützte.

Während der Besatzungszeit, als ihr Geschäft schlechter ging, rief sie ihren Sohn zu Hilfe. So, wie die Dinge lagen, mußte man sich mehr mit der Zukunft als mit der Gegenwart beschäftigen. Die Bourgeoisie, die es Nina Ricci erlaubte zu leben – und gut zu leben –, wird nach diesem Krieg ziemlich angeschlagen sein. Also muß man sich so schnell wie möglich nach etwas anderem umsehen. Aber wonach? Er kommt zu dem gleichen Schluß wie Rochas. Der einzige Ausweg ist das Parfüm.

Im Jahre 1946 brachte Nina Ricci *Cœur joie* auf den Markt, eine Mischung aus Jasmin, Veilchen und Iris, mit Aldehyden gewürzt. Christian Bérard zeichnete sein Etikett.

Die Frauen finden, daß es eine junge und neue Note hat. Sie nehmen es gut auf.

Das ist nicht genug. Robert Ricci begreift, daß eine gute Schneiderin nicht von heute auf morgen als große Parfümeuse akzeptiert wird. Die Bescheidenheit der Schneiderin schadet dem Prestige der Parfümeuse. Das werden wir gleich haben! Er macht seine Mutter zur großen Modeschöpferin von internationalem Ruf.

Eine neue Phase. Das Parfüm gehorcht nicht mehr. Es diktiert dem Modehaus, dem es sein Leben verdankt, welche Taktik es anwenden muß.

Niemand denkt an den äußersten Fall: Ein von einem Modeschöpfer kreiertes Parfüm überlebt das Modehaus.

Aber es gibt den Fall Chanel.

Die große Mademoiselle schloß 1939 ihren Salon in der Rue Cambon. Nur die »Société des Parfums Chanel«, in der sie Teilhaberin der Wertheimers ist, und ihre Boutique bleiben bestehen. Was für eine schlechte Welt! Gut, dann bekommt sie eben keine Chanel-Kostüme mehr. Seither ist Coco verstimmt.

Hat *Nr. 5* unter diesem Rückzug gelitten? Es sieht nicht so aus. Aber die Umstände waren zu außergewöhnlich, als daß man daraus einen Schluß ziehen könnte.

Den echten Parfümeuren Pivert, Houbigant, Lubin, Guerlain, Caron, Sauze, Bourjois, Pinaud, Cheramy, Gordey, Dana, Le Galion, Molinard, d'Orsay, Roger & Gallet folgen nach und nach viele Modeschöpfer.

Balenciaga und Piguet haben sich endlich entschlossen, den Sprung zu wagen. Der eine bringt *10*, der andere Fracas heraus, Jacques Fath lanciert *Fath de Fath*, Balmain *Vent vert* und Carven *Vert et blanc*.

Glauben Sie aber ja nicht, daß diese Meister der Düfte Fabriken gebaut hätten, die der von Coty erträumten »Cité des Parfums« würdig gewesen wären. Die meisten Modeschöpfer beschränken sich darauf, ein Rezept auszuwählen und ihr Parfüm woanders herstellen zu lassen.

Kurz vor dem Ersten Weltkrieg erfand Marcel Duchamp die »ready made«, die die Surrealisten später häufig nachahmten. Er nahm irgendeinen Gegenstand und stellte ihn zwischen berühmten Plastiken oder Gemälden aus. War man erstaunt darüber, dann antwortete er, die Tatsache allein, daß der Gegenstand von ihm, Duchamp, ausgewählt worden sei, hätte ihn in ein Kunstwerk verwandelt.

Ein Pissoir aus weißem Steingut – wie man es in den WCs der Caféhäuser findet – mit der Aufschrift »zärtlicher Springbrunnen« setzte New York in Erstaunen.

Die Parfüms bestimmter Modeschöpfer erinnern mich an diese »ready made« von Duchamp. Sie sind nur von Soundso, weil sie von Soundso ausgewählt wurden. Die Couturiers könnten mir erwidern, daß diese Wahl wesentlich ist. Wodurch ist der Modeschöpfer dem Mann im Labor überlegen? Durch seinen Geschmack und weil er die Frauen kennt, obgleich man manchmal daran zweifeln könnte. Weil er unter ihnen, für sie und von ihnen lebt, weiß er über ihre geheimsten Wünsche Bescheid.

Wissen Sie aber, wer von dieser Begeisterung profitierte? Unternehmen, die gar nichts Frivoles an sich hatten, Fabriken, die Duftstoffe herstellten. Givaudan, Firmenich, Roure & Bertrand und Antoine Chiris erweiterten ihre Laboratorien und stellten »Nasen« ein, um Proben zu mischen, die dann an die Modeschöpfer verkauft wurden, die auf der Suche nach Parfüm waren.

Die Mode dient der chemischen Industrie. Das ist ein Aspekt der Parfümerie, an den César Birotteau nie gedacht hatte.

In diesen Jahren entfaltete sich in einem anderen Viertel von Paris, in Saint-Germain-des-Prés, ein anderes Leben.

Die Zeit verändert die geographischen Gegebenheiten. Der vorhergehende Satz könnte den Eindruck erwecken, Saint-Germain-des-Prés sei ein vom übrigen Paris abgetrenntes Ghetto gewesen.

Das war nicht der Fall. Wollen Sie den Beweis dafür? Die Rochas waren dort. Jeden Abend sah man sie in der Bar von Pont Royal, wo damals auch Jean-Paul Sartre und Simone de Beauvoir verkehrten. Das war damals das beliebteste Nachtlokal. Allerdings gab es in Saint-Germain noch keine Nachtbars, in denen getanzt wurde. Die Keller von Saint-Germain sollten erst einige Monate später das Licht der Welt erblicken.

Vier Jahre lang konnten die Leute vom »Flore« oder »Bar Vert« nicht aus Paris oder ihrem geheimen Versteck heraus und hatten jetzt einen Heißhunger nach Reisen. Aber solche Reisen waren schwierig. Zum Zoll kam nun auch noch die Devisenkontrolle hinzu. Und die Reisenden zwischen den Kontinenten hatten keine Devisen.

Man wäre zu Ferien an der Place Furstenberg in Paris verurteilt gewesen, hätte nicht die Hälfte der Menschheit nach Parfüm gehungert. Sie hätte ihre Seele für zwei Tropfen *Arpège* verkauft, das sie während des Krieges entbehren mußte.

Das Parfüm wurde zur Goldwährung. Unsere Francs wurden verschmäht. Aber um unsere Wohlgerüche riß man sich. Zwei Guerlain sicherten Unterkunft und Verpflegung für einen Monat in der Türkei oder im Libanon.

Es gab geheime Börsen. In den Hinterzimmern von Saint-Germain-des-Prés tauschte man ein *Shalimar*, das in Istanbul sehr gesucht war, gegen ein *Joy*, das man in Vancouver unbedingt haben wollte.

Die guten Düfte dienten als Travellerschecks.

Die Freude war von kurzer Dauer. 1953 mußte Rochas sein Modehaus schließen. Man glaubte, auch Rochas' Parfüms seien verloren. Aber das war nicht der Fall. Seine Parfüms behaupteten sich nicht nur – auch ohne den Trubel der Modeschauen und ohne die alten Modejournalistinnen mit rosa Hüten von Harper's Bazaar –, nein, sie hatten weiterhin Erfolg. Das war eine der ersten ökonomischen Überraschungen nach dem Krieg.

# Die Epoche Dior

*Eine Mode kann sich durchsetzen, wenn sie arm und reich zum Träumen anregt. – Nach Monsieur de Rouzière, Professor für Politische Wissenschaften, ist Dior eine »horizontale Konzentration«. – »Miss Dior«, das Ideal der 50er Jahre. – Parfüms für Vamps. – Die schrecklichen Kinder des »new look«. – Modeschöpfer sterben, Parfümeure überleben. – Chanel verkauft »Mademoiselle Chanel«. – »Mademoiselle Chanel Nr. 5« war nur eine Drohung. – Riechen die Frauen nach gar nichts mehr? – Warum der Duft der Parfüms nicht mehr haftet. – Eau de toilette verdrängt den Extrakt. – Werden sich die Männer parfümieren?*

DIORS Freunde waren begeistert, als sie erfuhren, daß er in der Avenue Montaigne ein Modehaus eröffnete. Dieser dicke, stille und kultivierte Junge verdiente so ein Spielzeug.

Er hatte einen erlesenen Geschmack, geschickte Hände, verstand zu zeichnen und besaß eine gewisse Originalität. Eine oder zwei Saisons könnte er uns vermutlich mit ein paar Fummeln erheitern.

Es hieß, daß er Boussac hinter sich habe. Darüber lachten seine Freunde. Boussac amüsierte sich doch bloß. Er leistete sich ein Modehaus, um seine Jockeys zu kleiden. Dior schnitt vortrefflich ihre Jacken, wenn auch vielleicht ein wenig zu kostbar.

Aber sich vorzustellen, daß ein seriöser Mann wie Boussac, dieser Textilboß, ein Geschäft dieses Kalibers auf die Schultern des teuren Christian laden würde, das war doch einfach lachhaft! Zugegeben, er hat einen erlesenen Geschmack. Das wird ja bis zum Überdruß wiederholt. Aber hat man je ein Geschäft auf Geschmack, und mag er noch so gut sein, das heißt, auf Sand gebaut? Dergleichen wird an der Börse nicht gehandelt.

Als der »new look« Paris schockierte, wich das Lächeln entsetzten Gesichtern. Christian war verrückt geworden. Diese Extravaganzen, vier Jahre nach Ravensbrück! Man würde seine Mannequins steinigen und seinem Modehaus nationale Schande vorwerfen. Auch er war wie besessen von Chanel. Er ahmte die Nachkriegszeit nach, aber umgekehrt, mit System, aus purem Vergnügen, das Gegenteil zu tun. Chanel ordnete sich in den Gang der Geschichte ein. Christian schwamm gegen den Strom, aus Dilettantismus. Er glaubte doch wohl nicht, daß die unbekümmerten und arbeitsamen Frauen von 1950 diese Gewänder tragen würden. Wenn Coco für den Rolls-Royce etwas Einfaches entworfen hatte, so machte er für die »Irre von Chaillot« etwas Erhabenes. Die Leute auf der Straße hatten Chanel kopiert. Diese Leute würden seinen »new look« in Fetzen reißen.

Das waren Propheten, die eine Generation zurückgeblieben waren. Es war nicht mehr die Zeit der illustrierten Beilagen des »Petit Journal«, die Farben wie Abziehbilder hatten, der Bonnot-Bande, die in einem Pavillon in Issy-les-Moulineaux umzingelt wurde, und des Samstagabend-Kintopps. Die Menschen hatten nun tolle Traummaschinen zu ihrer Verfügung: das Radio, das Kino und die Illustrierten mit hoher Auflage.

Von nun an konnte eine Mode untragbar sein. Man verlangte aber von ihr, daß sie arm und reich zum Träumen anregte.

Diese Träumereien waren notwendig. Die Armen standen dem Luxus noch fern. Das Fernsehen war noch nicht eingeführt. Kredit und Fertigkleidung waren noch nicht üblich.

Der »new look« war in der Tat ziemlich lächerlich, wenn man ihn kopierte. Dennoch wurde er ein Riesenerfolg, weil er den Pariser Glanz wiederherstellte und die Amerikaner in Erstaunen versetzte.

Seine Freunde konnten nur noch hoffen, Christian würde nur ein Strohfeuer sein. Ein Kostüm von Chanel konnte von Kollektion zu Kollektion variiert werden. Der »new look« dagegen hatte sich für das Exzentrische entschieden, er wollte immer schockieren – und deshalb würde er auch schnell wieder verschwinden.

Man durfte Boussac nicht vergessen. Während Dior die weibliche Seele erforschte, hatte er die Strukturen der Wirtschaft untersucht. Die Aussichten waren nicht gut. Die Haute Couture war bei Doucet und Drecoll stehengeblieben. Sie war ein Luxushandwerk, dessen reiche Kunden im Laufe der Kriege und Krisen immer seltener wurden.

Die Haute Couture konnte nichts weiter sein als ein Aushängeschild, um das sich andere, lukrativere Gewerbezweige in Frankreich oder im Ausland gruppieren mußten.

Christian Dior hatte Politische Wissenschaften studiert. In der Rue Saint-Guillaume war vermutlich der bärtige Monsieur de Rouzière sein Professor gewesen, der lehrte, was er in der modernen Industrie unter einer horizontalen und einer vertikalen Konzentration verstand.

Wenn Dior in seinem Haus in der Avenue Montaigne von seinen Ateliers zu seiner Boutique und von seiner Boutique, wo u. a. Dior-Strümpfe verkauft wurden, zu seiner Buchhaltung ging, hat er wahrscheinlich oft an Monsieur de Rouzière gedacht. Der Teppichboden, auf dem er ging, gehörte zu einer horizontalen Konzentration. Seine parfümierten Salons, die er eben durchquert hatte, gehörten zu einer Holdinggesellschaft. Wäre Monsieur de Rouzière noch am Leben gewesen, hätte ihn das überrascht; denn er hatte eher an eine Konzentration von stinkenden Hochöfen gedacht.

In diesen Komplex haben sich Diors Parfüms eingefügt. *Miss Dior,* das Parfüm des »new look«, hat ihnen allen den Weg geebnet. Wenn *Femme* den Nachkriegsjahren eine neue Weiblichkeit schenkte, dann verführte *Miss Dior* die Jugend mit ganz neuen Akkorden.

Dieses weiß verpackte, mit Aldehyden spritzig gemachte Chypre ist ein Parfüm für die reiche junge Dame: Sie ist sportlich, ein As im Skilaufen, Mitglied des Racing-Clubs. Sie spielt Golf in Saint-Cloud. Dank ihrer Beziehungen ist sie Chefsekretärin bei einem Freund ihres Vaters, was ihr nicht verbietet, eitel, sogar ein ganz klein wenig geziert zu sein, und wenn sie nicht aufpaßt, kann es ihr passieren, im Tonfall von Marie-Chantal zu sprechen.

Sie ist das ideale Mädchen der 50er Jahre. Brigitte Bardot wird ihre Nachfolge antreten. Ihr männlicher Partner ist Reporter und Photograph bei Paris-Match und will sie heiraten. Es gelingt ihm aber nicht immer. Es kann ihm sogar passieren, daß er sich bei diesem Unternehmen ruiniert und seinen Jaguar verkaufen muß, den er gekauft hatte, um ihr zu imponieren.

Das Parfüm *Miss Dior* muß bleibendere Werte besitzen, da es auch heute noch bei den jungen Damen sehr beliebt ist.

Jede Epoche hatte ihre »Femme fatale«. Mata Hari, die standrechtlich erschossen wurde, Musidora aus »Die Vampire«, in die Breton und Aragon verliebt waren, die Bret aus »Die Sonne geht auf«, die aus lauter Unschuld zwischen einer Angelpartie und einer Corrida Herzen brach, und Jean Harlow, der Kind-Vamp. Die Ausgabe von 1950 ist nicht weniger mysteriös als Musidora, aber Geschäftsführerin. Sie ruiniert Sie, wie ihre Vorgängerinnen, mit dem Unterschied, daß Sie Teilhaber in ihrer Firma werden. Ihr Parfüm ist *Diorama*.

Die kleine Göre von 1900 streckte die Zunge heraus. Die vom »new look« rückt nach Saint-Tropez aus. Sie ist eifersüchtig auf ihren Vater und mokiert sich über seine Geliebten. Ihr Parfüm ist *Diorissimo*.

Diese Parfüms sind Höhepunkte der modernen Parfümerie. Sie erwecken den Eindruck, natürlich und einfach zu sein. In Wirklichkeit ist ihre Natürlichkeit aber das Ergebnis eines sehr komplizierten Mechanismus.

Das Geheimnis des dreifachen Erfolges: Dior hatte die Sache ernstgenommen. Ein echter Modeschöpfer hatte sich mit einem echten Parfümeur mit Labors und Fabriken in Malmaison verbündet. Er hatte ein Mittel gegen die unerbittliche Krise gefunden, die die Haute Couture bedrohte. Leider war das Heilmittel, das ihm Boussac verschafft hatte, ziemlich kostspielig.

Nach dieser Siegerehrung nun noch ein Nachruf.

Marcel Rochas überlebte die Schließung seines Modehauses nur um wenige Monate. Robert Piguet stirbt ebenfalls. Jacques Fath wird von einer Leukämie hinweggerafft. Lucien Lelong zieht sich zurück. Molyneux gibt auf. Schiaparelli verzichtet.

Die großen Modehäuser werden hinweggefegt. Nur die Parfüms überleben: die Parfüms von Rochas, Jacques Fath und Schiaparelli. Der Beweis ist erbracht. Das Parfüm ist nunmehr groß genug, um ohne die Hilfe der Gewänder bestehen zu können.

Andere Modeschöpfer lernen daraus. Jacques Heim bringt *J'aime, Gris, Cabochard* und Givenchy *De Givenchy* und *L'Interdit* heraus.

Die Parfümerie reizt selbst solche Firmen, die nicht direkt zur Mode gehören. Der berühmte Hermès vom Faubourg Saint-Honoré bietet *Calèche* an. Ein gutes Zeichen! denkt der Parfümfreund.

Am 4. Februar 1954 sitzt »le Tout-Paris« der Mode gespannt und gehässig zwischen den Spiegeln der Rue Cambon, um der Rückkehr Chanels beizuwohnen. In den Ecken tuscheln böse Zungen: »Es soll ja mit dem Verkauf von *Nr. 5* abwärtsgehen.«

Man muß zugeben, daß Chanel ihren Teilhabern Wertheimer schwer zugesetzt hat. Kurz nach der Befreiung verkaufte sie in ihrem Laden in der Rue Cambon ein Parfüm mit dem Namen *Mademoiselle Chanel*. Die Wertheimers ließen es beschlagnahmen.

Chanel war wütend und schwor, sich zu rächen. Sie ließ in der Schweiz von einem Parfümeur in Auftragsarbeit folgende Parfüms herstellen: *Mademoiselle Chanel Nr. 5*, *Mademoiselle Chanel Bois des îles* und *Mademoiselle Chanel 31 rue Cambon.* Sie wählte dafür Flakons, die keinerlei Ähnlichkeit mit denen der »Société Chanel« hatten. Und sie beschloß, sie ihren Freunden zu schenken.

Diese Freunde sind Besitzer großer Kaufhäuser in New York und sehr gut im Parfümhandel eingeführt. Steht ihr nicht das Recht zu, Freunde zu haben, die sie mag? Bei soviel List und Durchtriebenheit zogen es die Wertheimers vor, einen Vergleich zu schließen.

Eine Firma von Tradition geht den umgekehrten Weg. Chanel war von den Rüschen zu den Düften gekommen. Sie geht von den Düften zu den Rüschen. Roger & Gallet eröffnen in ihrem Haus in der Rue du Faubourg Saint-Honoré Nr. 62 eine Boutique für modisches Zubehör, während in den Vitrinen Automaten die Geschichte von Johann Maria Farina zeigen.

Guerlain möchte Passy erobern und hat, sozusagen als Brückenkopf, einen dritten Laden eröffnet. In seiner Familie gibt es eine neue »Nase«, das ist Jean-Pierre, der Sohn von Jean-Jacques (dem wir das 1934 erschienene *Guerlarose* verdanken) und der Enkel von Jacques. Er arbeitet an einem Parfüm, das, wenn es fertig ist, einundfünfzig Ingredienzien enthalten wird: *Chant d'arômes.*

Alle sind vorsichtig, denn die Konkurrenz ist erbarmungslos, obgleich sich der Markt weiterhin vergrößert.

Eine Unbekannte auf der Straße anzusprechen bedeutet, daß man im voraus an ihrer Tugend zweifelt. Und die alten Lebemänner, die immer skeptisch sind, seufzen trostlos:

»Die Frauen riechen heutzutage nach nichts mehr!«

Manche Schöne ist bereit, dies zu bestätigen:

»Natürlich, die Parfüms haften ja nicht mehr!«

Die Parfümeure sind empört und behaupten steif und

fest, daß sie nie den Anteil der natürlichen Essenzen geändert haben.

»Sie glauben doch nicht, daß wir unseren guten Ruf aufs Spiel setzen, denn in unserem Beruf ist Qualität alles.«

»Aber der Preis des Jasmins ist um das Zehnfache gestiegen, und die Preise Ihrer Parfüms haben sich nicht entsprechend geändert.«

»Ja, wir ruinieren uns eben!«

Die Parfümeure finden noch andere Erklärungen für diesen angeblichen Qualitätsmangel, den die Mehrzahl der Frauen bemerkt hatte. Sie schieben die Schuld auf die bedauerliche Eigenschaft unseres Geruchssinns, nicht mehr zu riechen, was man täglich riecht.

Und wenn es an der Umweltverschmutzung läge? Sie hat einen breiten Rücken, diese Umweltverschmutzung. Was man ihr nicht alles zuschiebt! Aber in diesem Fall wäre es durchaus möglich, daß sie schuld hat.

Was ist der Duft auf der Haut einer Frau? Eine chemische Verbindung von einem Parfüm (einer Mischung von Duftstoffen) und den Säuren, die die Haut ausscheidet. Diese Verbindung wird teilweise durch die Verunreinigung der Luft, die wir einatmen, zerstört.

Den alten Lebemännern könnte man eine dritte Erklärung geben. Die Frauen duften weniger als früher, weil sie sich nicht mehr auf die gleiche Art parfümieren.

Die Eaux de toilette sind Parfüms, die stärker mit Alkohol verdünnt und deshalb diskreter sind. Und heute ziehen Tausende von Frauen das Eau de toilette dem Parfüm vor. Aus Sparsamkeit? Manchmal. Vor allem aber wegen der Zurückhaltung, die man sich im Zusammenleben mit anderen auferlegen muß.

Sie gehen zu Ihrem Rechtsanwalt. Es ist eine Anwältin. Sie sind entschlossen, ihr den Fall Ihres Lebens anzuvertrauen, und haben deshalb Ihre Vorurteile abgebaut. Was würden Sie sagen, wenn sie in ihrem Büro wie Liane de Pougy duften würde?

Frau Staatsanwalt erhebt sich. Sie beantragt lebenslänglich Zuchthaus. Und was für eine Duftwolke steigt in die Nase der Geschworenen? Der Wohlgeruch des Moschus, den stechende Düfte von Jasmin noch steigern und der mit kostbaren Hölzern und Hexenkraut abgerundet ist.

Der Heuschnupfen ist eine sonderbare Krankheit. Eine nackte Dame, die auf dem Bett liegt und nach Vetiver und Ylang-Ylang duftet, braucht bei einem Herrn, der sie verliebt beschnuppert, keinen Heuschnupfen hervorzurufen, während der gleiche Herr am anderen Morgen in seinem Büro wegen des geringsten Duftes einer kleinen Angestellten zu niesen anfängt.

Einige Parfümeure, wie Caron und andere, waren sich der Gefahr so bewußt, daß sie das Parfum de toilette oder das Eau de parfum als Mittelding zwischen dem Parfüm und dem Eau de toilette erfanden.

Ein Mann vom Fach hat mir, nicht ohne Bedauern, anvertraut, welch unerwartete Konsequenzen es haben kann, wenn das Parfüm als Attribut der Frauen verschwindet!

Die Männer sagen sich: »Wenn die Frauen sich nicht mehr parfümieren wollen, dann werden eben wir gut riechen.«

Dies wird das Thema meines nächsten Kapitels sein.

# Die Männlichkeit und die Parfüms

*Die Hemden von Marilyn. – Xerxes parfümierte sich. – Die Kreuzfahrer sind wie Pfadfinder. – Cherubin und die Frauen. – Gide ist gegen das männliche Parfüm. – Der Duft der Dritten Republik. – Man bemüht Freud, um den Männern das Eau de toilette schmackhaft zu machen. – Männliche Namen. – Einer der vier tennisspielenden Musketiere beruhigt das Unterbewußtsein. – Die Frau greift nach »Eau sauvage«. – Haben die Damen Anspruch auf eine halbe Orange?*

WER erinnert sich nicht an den bekannten Ausspruch von Marilyn Monroe? Auf die Frage, was sie bei Nacht trage, antwortete sie: »Drei Tropfen *Nr. 5*.«

Die Geschichte wurde so oft erzählt, daß sie schließlich die Frauen verärgerte. Diese ursprünglich unfreiwillige Werbung wurde allmählich zur Antireklame. Die Fortsetzung dieser Geschichte ist weniger bekannt. Ein Boß aus der Unterwäschebranche suchte Marilyn auf.

»Gnädiges Fräulein, Sie haben unserer Industrie einen beträchtlichen Schaden zugefügt. Ihretwegen werden vielleicht Tausende von Arbeitern arbeitslos. Die Amerikanerin will nichts mehr von Nachthemden wissen.«

Er verlangte von ihr als Wiedergutmachung, daß sie (gegen Entgelt natürlich) ihre Lippen auf ein Stück Stoff drückte, das er mitgebracht hatte. Marilyn ließ sich überreden. Sie »bedruckte« den Stoff mit ihren rotgeschminkten Lippen.

Der Geschäftsmann ließ den Mund Marilyns auf viele Kilometer Perkal drucken, aus dem man mit Mündern übersäte Hemden – und zwar nicht Damen-, sondern Herrenhemden – machte.

Die amerikanischen Männer rissen sich um diese Hemden. Wenn sie Glück hatten, konnte einer dieser Münder an die richtige Stelle geraten – Sie wissen schon wo. Es gab ein höllisches Gelächter in den Schlafsälen von Texas.

Die französischen Werbefachleute bedauerten es wahrscheinlich, daß sie keine Marilyn Monroe zur Verfügung hatten, als sie eine Offensive starteten, um beim männlichen Geschlecht die Lust und vor allem den Mut zu wecken, sich zu parfümieren.

Am wichtigsten war, das Tabu zu besiegen. Ein Mann, der sich parfümiert, ist, um es gewählter auszudrücken, weibisch. Diese Auffassung scheint schon seit Jahrhunderten tief in uns verwurzelt zu sein, ist jedoch gar nicht wahr. Aber wie soll man das dem Unterbewußtsein klarmachen?

Indem wir es daran erinnern, daß Xerxes, Alexander der Große, Kyros Superbus, Cäsar, Hannibal, Marcus Antonius, Tamerlan und Dschingis-Khan sich parfümierten und sich sogar schminkten, wenn sie durch die Straßen einer besiegten Stadt zogen. Die Historiker behaupten es. Das Unterbewußtsein antwortet uns, daß dieselben Historiker berichten, die meisten der besagten Eroberer hätten homosexuelle Neigungen gehabt. Wir würden das Gegenteil von dem beweisen, was wir beweisen wollen. Aber die Kreuzfahrer? Die Kreuzfahrer ähneln den Pfadfindern – und trotzdem waren sie auf ihren Kreuzzügen parfümiert.

Unsere Gegner werden erwidern: »Die Angehörigen konnten doch nur froh darüber sein, wenn anläßlich dieser heiligen Kriege einige Taugenichtse und ein paar weibische Muttersöhnchen ans andere Ende der Christenheit expediert wurden.«

Spaß beiseite. Unter dem Ancien Régime parfümierten sich die Höflinge, selbst die männlichsten, ganz schamlos, und sei es auch nur, um die üblen Gerüche eines Versailles zu bekämpfen, dem die elementarsten Annehmlichkeiten fehlten.

Und der Puder, den sich unsere Generäle aufs Haar stäubten, hat er sie daran gehindert, Schlachten zu gewinnen? Gegen andere gepuderte Generäle, wird man uns entgegnen. Und hat das Kölnischwasser, mit dem sich Napoleon bis Sankt Helena besprengte, seiner Männlichkeit geschadet? Die Frauen, die das besser beurteilen können, sahen nie einen Zusammenhang zwischen der Vorliebe für Düfte und den männlichen Qualitäten. Sie parfümierten Cherubin.

Sie sollten sich sogar des Parfüms als Alibi bedienen.

»Sie werden mir doch keine Szene machen, weil dieser parfümierte Junge mir den Hof macht?« Also ist der Ehemann beruhigt. Und in aller Ruhe konnte sich der Liebling als ganzer Mann erweisen.

Im »stupiden« 19. Jahrhundert wurde dieses Vorurteil ausgebaut. Und im 20. Jahrhundert ist es verboten, einem Mädchen zu gleichen, das Betragen oder die Manieren eines Mädchens zu haben. Selbst Gide verdammt in seinem »Corydon« die Homosexuellen, die sich parfümieren.

Wir haben miterlebt, wie alle Tabus fielen. Als eines der letzten hielt sich aber das Tabu, das den Transvestiten verdammte. Ich kannte einen jungen Mann, der die Frauen liebte und von ihnen geliebt wurde, der sich aber auch gern schminkte. Das war eben sein Geschmack, eine ziemlich harmlose Angelegenheit, das müssen Sie zugeben. Er mußte darauf verzichten. Mehrmals wäre er fast gelyncht worden von einer Menge, die sonst in Sex-shops ging und sich frei von sexuellen Vorurteilen glaubte.

In der Dritten Republik rochen die Präsidenten, der galante Félix Faure inbegriffen, nur nach Seife. Ein einziger Parlamentarier wurde durch seinen Geruch bekannt, und zwar durch seinen schlechten. Ohne den geringsten Anlaß beschuldigte Léon Daudet jeden Morgen in der »Action Française« Monsieur Bonevay, daß er furze. Er hatte ihm den Spitznamen »der Furzer« gegeben. Die Freunde des wackeren Mannes rieten ihm schließlich, er solle sich behandeln lassen, obwohl er sein ganzes Leben lang nicht das leiseste ungebührliche Geräusch in der Öffentlichkeit von sich gegeben hatte. Seine Laufbahn war gefährdet. Mehrere Ministerpräsidenten zögerten, ihm ein Ministerium anzuvertrauen. Ganz Frankreich hätte sich beim Anblick des Photos des neuen Ministers die Nase zugehalten.

Zur Zeit der Volksfront zeichnete Sennep Léon Blum mit weit heraushängendem Taschentuch und wogender Gebärde. Man sah förmlich, wie er nach Patschuli roch. Es gibt heute noch alte Leute, die Stein und Bein schwören, daß Blum wie ein Star von der »Petite Chaumière« parfümiert gewesen sei und daß er die allerschönste Sammlung von Silbergeschirr besaß. Léon Blum ist arm gestorben. Sie ließen sich dennoch nicht eines Besseren belehren.

In der Vierten Republik war Gaston Palewski so unvorsichtig, einmal auszuplaudern, daß er bei seiner Toilette Lavendelwasser benutze. Die Zeitungen verfolgten ihn daraufhin mit diesem unglückseligen Lavendel.

Monsieur Palewski war nicht der einzige, der Lavendel liebte. Es ist ziemlich sicher, daß zahlreiche Männer immer etwas gegen die Fadheit ihres eigenen Geruchs getan hatten, aber heimlich, im Badezimmer und ohne darüber zu sprechen.

In der Welt der Parfümerie war das männliche Parfüm ein schwarzes Schaf. Seine Verdienste hervorzuheben bedeutete, tausend Komplexe im Manne zu wecken und es damit zur Erfolglosigkeit zu verurteilen.

Guerlain hatte *Jicky* und *Le Mouchoir de Monsieur* lanciert. Er hatte es aber mit äußerster Diskretion getan, einer so großen Diskretion, daß *Jicky* ein Damenparfüm wurde. Caron hatte die gleiche Vorsicht walten lassen, um den Verkauf von *Pour un homme* zu garantieren.

Aber jetzt war die Diskretion nicht mehr angebracht. Man mußte einen neuen Markt erobern, also alle Männer, die sich schon lange heimlich Parfüm gewünscht hatten.

Das männliche Parfüm kommt von Amerika zu uns. Das hängt mit dem Bartwuchs zusammen.

Die USA waren viele Jahre lang das Land der Pioniere geblieben. Dort parfümierte man sich nicht. Weder Männer noch Frauen. Beim geringsten Wohlgeruch hätten sie ihre Colts abgedrückt. Der Cowboy war Puritaner. Pearl White, die in den »Geheimnissen von New York« die Ellen Dodge spielte, bediente sich wohl manchmal vor der Kamera eines Zerstäubers, aber sie war Milliardärin und ihr Zerstäuber das Zeichen dieser Milliarden, das Symbol eines unerhörten und unerreichbaren Luxus.

Daher war Amerikas Bekehrung zum Parfüm um so nachhaltiger. Die Elite nahm das französische Parfüm an. Die Masse fabrizierte Düfte, die, wie Colette gesagt hätte, »einen Ochsen erschlagen konnten«.

Ein Umstand beweist jedoch, daß der Puritanismus noch nicht ausgestorben ist. In den Vereinigten Staaten verkaufen die meisten großen Parfümeure wie eh und je auch kosmetische Produkte. Sie sind Heilmittel gegen die Krankheit des Alterns. So kann man seine Eitelkeit mit der Notwendigkeit entschuldigen.

Bei den Männern finden wir die gleichen Symptome. Die Eaux de toilette für Herren werden zusammen mit einer Menge anderer Produkte verkauft; für vor und nach dem Rasieren, gegen Körpergeruch, um die Haare wieder wachsen zu lassen oder das Badewasser zu parfümieren. Das Parfüm geht in der Hygiene unter.

In Frankreich bemühte man die Psychoanalyse, eine zwar etwas infantile Psychoanalyse, die sich aber immerhin auf Freud berief. Der Mann ist gespalten. Er ist gleichzeitig Mann und Frau. Unglücklicherweise schämt sich der Mann der Frau, die in ihm steckt.

Er liebt es sich herauszuputzen, aber er will das nicht wahrhaben. Er wagt kaum, es sich selbst einzugestehen. Und er wäre imstande, einen Mord zu begehen, wenn er dabei überrascht würde.

Er sieht sich gern im Spiegel an, und gleichzeitig errötet er deswegen. Er muß vor dem Spiegel jene weibischen Gesten rechtfertigen, indem er die Haltung eines Muskelprotzes annimmt. Und was ist männlicher als ein Rasiermesser? Es ist nicht mehr der Säbel unserer Ahnen. Es erinnert ihn aber an seine Männlichkeit, wenn er dem Bart zu Leibe rückt.

Monsieur wölbt seinen Brustkorb. In seinem Badezimmer ist er immer ein Steinzeitathlet, der sich aber einen Augenblick später über den Spiegel beugt, um auf seiner Haut einen Mitesser zu entdecken, genauso, wie Elizabeth Taylor es tun würde.

Die Namen auf den Flakons kamen ihm zu Hilfe. Sie mußten harmlos sein, damit sie auch einem Schüchternen erlaubten, sie in einem Laden ungeniert bei einer Verkäuferin zu verlangen. Seit 1949 gab es *Moustache* von Rochas. Jetzt gibt es *Cravache* von Robert Piguet, *Pullman* von Dana, *Balafre* von Lancôme und *Corrida* von Louis Féraud. Der Büroangestellte im Schlafanzug wurde zum Stierkämpfer. *Habit rouge* von Guerlain suggeriert eine Parforcejagd im Badezimmer. Und es gibt vor allem *Eau sauvage* von Dior, dessen Name genau zutrifft. Nach Aussagen der Fachleute ist es ein Meisterwerk.

Im Schutze eines mächtigen Unternehmens hatte »Hermès Parfums« ganz bescheiden angefangen. Drei Leute in einer alten Garage von Levallois: Jean Guéraud, leitender Angestellter, seine Sekretärin und – bei Hermès herrscht Familiensinn – sein Neffe.

Dort erblickten *Calèche* und das dem starken Geschlecht zugedachte *Equipage* das Licht der Welt – was der alten Garage ermöglichte, bald eine richtige Fabrik zu werden.

Raymond Barbas, Schwager von Jean Patou und sein Nachfolger an der Spitze des bekannten Modehauses in der Rue Saint-Florentin, war 1920 bei einer internationalen Tennismeisterschaft Erster geworden. Dort hatte er René Lacoste kennengelernt, der später mit drei anderen Musketieren nach Amerika ging, um – trotz der Übermacht von Tilden – den Davis-Cup zu gewinnen.

Als sich Raymond Barbas entschloß, eine Herrennote zu kreieren, dachte er an seinen Kameraden Lacoste. Der Name eines berühmten Tennischampions mußte doch die männlichen Skrupel überwinden!

Heute pflegen die Männer sozusagen mit »smashes« à la Borotra oder »amortis« à la Cochet ihre von den Nebeln der Nacht angegriffene Schönheit, wenn sie sich mit *Eau de sport Lacoste* von Patou besprengen.

Die Mauern der Zitadelle waren durchbrochen. Durch die Bresche drängten sich unzählige Herren: *Monsieur Balmain, Monsieur de Givenchy, Monsieur de Rauch, Monsieur Heim, Monsieur Lanvin, Monsieur Worth.*

Nun war noch die Revanche der für kurze Zeit vernachlässigten Frauen abzuwarten. Sie blieb nicht lange aus. Die Damen ergriffen Besitz von den Parfüms, die man mit soviel Mühe ihren Ehehälften angedreht hatte.

*Eau sauvage* von Dior war das erste, das sie begehrten und stibitzten. Andere folgten. Es kam so weit, daß die Amazonen die Rasier-Kosmetika ihrer Männer plünderten, die sich auf der Glasplatte im Badezimmer angesammelt hatten. Weder die so sorgfältig ausgewählten Namen noch die männliche Kraft suggerierende Form der Flakons oder Zerstäuber geboten den Frauen Einhalt. Sie besprengten sich mit Männlichkeit.

Die Soziologen schrieben, daß die Geschlechter zu einer Annäherung tendierten (und meinten damit nicht die Annäherung von Adam und Eva, nachdem sie den Apfel gegessen hatten). Ging man dem Unisex entgegen? Der »Dictionnaire des Parfums«, Ausgabe 1973, scheint damit zu rechnen. Er hat bestimmte Wässer – *Eau folle, Eau fraîche, Eau jeune, Eau vive* – in eine Sonderkategorie, die »gemischte«, eingeordnet.

Anstatt über hormonale Umwälzungen nachzudenken, hätten unsere Soziologen besser daran getan, die Frauen zu beobachten, die *Eau sauvage* stahlen. Sie hätten gesehen, daß sie nicht burschikos, sondern zumeist sehr weiblich waren. Warum sollten sie nicht auch einen Anspruch auf die Hälfte der Orange haben, die Jean-Louis Bory berühmt gemacht hat?

Ihre Übergriffe riefen keinerlei Komplexe bei den Männern hervor. Wenn man sie imitierte, dann doch nur, weil sie der Chef waren. Jetzt spielten sie vor ihrem Spiegel erst recht den Helden.

Das letzte Modell des elektrischen Rasierapparates Sunbeam hat die Form einer Waffe. In der Faust seines Benutzers ist er ein Zubehör à la James Bond, eine Maschinenpistole zum Vernichten des Bartes. Und das starke Geschlecht hält sich – mit Rasierschaum im Gesicht – für Superman.

# Das Parfüm und die Wirtschaft

*Fünf Parfüms fürchten sich vor einem Nachfolger. – Guerlains Erfolgsliste: sechzig Parfüms in neunzig Jahren. – Rochas entscheidet sich als erster. – »Madame Rochas« fügt »Femme« keinen Schaden zu. – Chanel lanciert »Nr. 19«. – Revolution bei Lanvin. – »Arpège« und »Joy« bekommen Nachfolger: »Via Lanvin« und »Mille«. – Die Mittelschichten ziehen den »Extrait« vor. – Der Moschus, den man an der Schultür verkauft, ist synthetisch. – Die Werbung und das Nackte. – »Argène« kopiert »Arpège«. – Die Amerikaner greifen an. – Coty fällt ihnen in die Hände. – »Das Ausland steckt seine Nase in unser Patschuli.« – Zweihundertdreißig Millionen Francs werden für Rochas geboten. – Giscard d'Estaing ist dagegen. – In den Vereinigten Staaten fressen sich die Riesen gegenseitig auf. – »Femme« und das Dynamit.*

Nun kommen wir zu einer Zeit, die der unsrigen sehr nahe ist und manchmal sogar mit ihr verwechselt wird.

Erwarten Sie keine Geschichten von parfümierten Kokotten. Es gibt keine Kokotten mehr, und was das Parfüm betrifft, so ist es zunächst eine Ware im Konjunkturzyklus, ehe es als Duftwolke aus einem Flakon emporsteigt.

Zuerst einmal haben die Modeschöpfer und Parfümeure Probleme mit ihrem Star-Parfüm. Es gibt fünf internationale Stars: *Nr. 5* von Chanel, *Arpège* von Lanvin, *Joy* von Patou, *Femme* von Rochas, *Miss Dior* von Dior.

Dior, der Jüngste, imitierte Guerlain, den Ältesten, der nie lange bei einem Erfolg verweilte, sei es auch der Erfolg von *Shalimar* oder von *Vol de nuit*. Daher die große Zahl seiner Kompositionen: in neunzig Jahren mehr als sechzig Parfüms. Alle achtzehn Monate ein neues Parfüm.

Obwohl er dieses Tempo nicht erreichte, brachte Dior *Miss Dior, Diorissimo, Diorama, Diorling, Eau sauvage, Diorella* in ziemlich kurzer Zeit auf den Markt.

Chanel verfolgte eine andere Strategie. Nach *Nr. 5* und *Nr. 22* waren nur *Bois des îles, Cuir de Russie* und *Gardénia* herausgekommen, ausgezeichnete Parfüms, die aber nie die Absicht hatten, mit ihrem »leader«, *Nr. 5*, zu rivalisieren.

Und dann kam nichts mehr. Während jeder Kollektion flüsterten die engeren Freunde, daß Mademoiselle eben im Begriff sei, ein neues Parfüm herauszubringen, daß sie alte Rezepte aufbewahrt habe, daß sie daran jede Nacht arbeite und daß man riechen würde, wozu sie fähig sei. Das angekündigte Vergnügen kam aber nicht. In der Rue Cambon schien man vom Prestige des *Nr. 5* wie gelähmt zu sein. Konnte man eine derartige Leistung wiederholen? Und selbst wenn man einen Erfolg erzielte, würde dieser Erfolg den Verkauf von *Nr. 5* nicht beeinträchtigen? Bedeutete dies nicht, hinter einem Schatten herzujagen und die Beute laufenzulassen?

Die gleichen Befürchtungen bei Lanvin. Im Jahre 1948, zwei Jahre nach dem Tode der großen Dame vom Faubourg Saint-Honoré, gab ihre Tochter Marie-Blanche de Polignac eine prachtvolle Festschrift mit dem Titel »Die Oper der Düfte« heraus, die für *Arpège, Scandal, Prétexte, My Sin, Rumeur, L'Eau de Lanvin* warb. Danach gab es nur noch eine einzige Neuerwerbung: *Crescendo*.

*Arpège* war der Spitzenreiter. Wenn man ein anderes Pferd aus demselben Stall ins Rennen schickte, so bestand die Gefahr, daß es die Konkurrenten in Trab brachte.

Seit *Joy*, dem Parfüm, das nach dem Tode Jean Patous das Modehaus rettete, kam nur noch *Câline* aus der Rue Saint-Florentin.

*Femme* bekam zunächst keinen Nachfolger im Hause Rochas, das seit dem Tode Marcels zwei Chefs besaß: Hélène, seine Witwe, und Monsieur Gosset. Hélène mit den Katzenaugen! Die Amerikaner hatten ihr den Spitznamen »gezierter Panther« gegeben – vermutlich aus Spaß am Slogan; denn sie besaß weder die Grausamkeit der Panther noch die Lächerlichkeit der gezierten Frauen.

Die Firma Rochas machte als erste dieser Warterei ein Ende. Mit Hélènes kostbarer Unterstützung, ihrer Schönheit, ihrer Eleganz und ihrem Charme wurde *Madame Rochas* lanciert.

Für dieses Parfüm hatte man lange einen Namen gesucht. Es war schwer, einen besseren oder wenigstens einen ebenso guten wie *Femme* zu finden, so kurz, mit soviel Glanz, der alles mit einem Wort sagte. Man dachte an Hélène. Warum sollte man nicht von ihrem Prestige und der Sympathie profitieren, die man in Paris und in der ganzen Welt für sie empfand? Man entschied sich für *Madame Rochas* nicht ohne Besorgnis. Zum ersten Mal gab man einem Parfüm den Namen einer Pariserin. Vor dem ersten Weltkrieg hatte es zwar bei Rigaud schon das Parfüm *Mary Garden* (nach der Darstellerin des Pelleas) und das Parfüm *Marthe Chenal* gegeben, aber diese Damen waren Sängerinnen und nicht Eigentümerinnen der Firma.

Hélène ging selber in die Vereinigten Staaten, um für ihr Parfüm zu werben, und sie gewann das Spiel.

Rochas hat einen Erfolg zu verbuchen, was aber seine Sorgen nicht mindert. Man prüft die Zahlen. Man studiert die Geschäftsberichte. Wie wird *Femme* reagieren? Aber nicht nur Rochas, auch Chanel wird unruhig. Von dieser *Madame Rochas*, die ja nicht von ihr stammt, kann ihre Strategie von morgen abhängen.

Endlich die Gewißheit! *Madame Rochas* hat *Femme* nicht geschadet. Im Gegenteil. Es erlebte einen neuen Aufschwung, den die größten Optimisten nicht vorausgesehen hatten.

Fieberhafte Vorbereitungen in der Rue Cambon. Jetzt wird es ernst. *Nr. 5* bekommt einen Partner. Mademoiselle und die Wertheimers haben es beschlossen. Da Ernest

Beaux nicht mehr lebt, wird das neue Parfüm von Henry Robert komponiert. Es soll aus Tradition eine Nummer bekommen. Aber die Nr. 19 ist nicht mehr die Nummer eines Probefläschchens, sondern das Datum des Tages, an dem es das Licht der Welt erblickte.

Das Wunder wiederholt sich. *Nr. 19* setzt sich durch, ohne im entferntesten seinen Vorgänger, *Nr. 5*, zu beeinträchtigen.

In der Revolution kann man seinen Vornamen verlieren. In der großen Revolution von 1789 wurde aus Ludwig XVI. ein einfacher Capet. Eine weniger blutige Revolution machte aus Jeanne Lanvin einfach Lanvin.

Das Modehaus Jeanne Lanvin verdankte nun seinen Glanz nicht mehr einem Kundenkreis, der wegen hoher Steuern oder Bevorzugung von Konfektionsware immer kleiner wurde. Das Modehaus wurde nur noch aus Prestigegründen mit den enormen Einkünften aus der Parfümerie unterhalten.

Yves Lanvin und sein Sohn Bernard machten diesem kostspieligen und überholten Betrieb ein Ende. Das alte Geschäftshaus wurde umgebaut. Sie behielten den Modesalon bei, eröffneten aber zusätzlich rentablere Boutiquen für Konfektionsware und modisches Zubehör. Von nun an kann man bei Lanvin Halstücher, Schärpen und Krawatten kaufen. Es gibt dort sogar Herrenhüte, obwohl die Männer kaum noch Hüte tragen, denn Gélot hat sein Hutgeschäft dorthin verlegt.

Zur Feier der Renovierung gaben die Lanvins *Arpège* einen Bruder. Das ist ein Parfüm für Globetrotter, die in Manhattan frühstücken und im Maxim zu Abend essen. Am selben Tag natürlich. Aber es paßt auch zu den intimen Zärtlichkeiten in einem Boudoir. Es ist für das moderne junge Mädchen geschaffen worden, das die Freiheit liebt. Sein Name: *Via Lanvin*. Ein Parfüm, das nach Wind und Abenteuern duftet.

Sogar *Joy* leistet sich einen Nachfolger, der seiner würdig ist. Raymond Barbas wollte sein *Mille* mit dem gleichen Zeremoniell umgeben, das der fürstlichen Geburt von *Joy* vorausgegangen war. Vorerst wird es nur in »begrenzter Auflage« verkauft. Sein Flakon trägt um den Hals einen Namen, den Namen der Käuferin. Seine mit Samt ausgeschlagene Schachtel könnte ein kostbares Schmuckstück bergen. Und wieder ist es das teuerste Parfüm der Welt. 440 Francs für 28 Gramm. Es ist also anderthalbmal so teuer wie der Star *Joy*.

Dieser Preis wurde nicht festgesetzt, um Eindruck zu machen. Er entspricht der Qualität der verwendeten Duftstoffe. Sein Schöpfer, Jean Kerleo, der über Chiris zu Patou kam, sparte hier nicht mit den teuersten Jasminen, den seltensten Rosen und einer Veilchenessenz, die 7 Millionen Alte Francs pro Kilo kostete. Er hatte sogar den chinesischen Osmanthus, eine Blume von diskretem, aber subtilem Duft, dafür ausgewählt. Man findet sie auch anderswo, aber nur in China, wo sie sehr selten ist, besitzt sie alle für ein Parfüm nötigen Tugenden.

Kerleo ist das Kunststück gelungen, ein prächtiges Parfüm zu kreieren, das *Joy* nicht gleicht. *Mille* ist ein Kaleidoskop der Düfte. Obwohl es einen eigenen Charakter hat, besitzt es die Fähigkeit, nach und nach die reichen Düfte anderer und sehr verschiedener Parfüms heraufzubeschwören.

Es ist noch zu früh, um übersehen zu können, ob *Mille* dem *Joy* zum Vorteil gereicht, aber es wäre durchaus möglich.

Auch die beiden Parfüms *Mitsouko* und *Shalimar* verkauften sich besser, nachdem *Chamade* – ein junges Parfüm von Jean-Paul Guerlain, das nach einem Roman von Françoise Sagan benannt worden war – herauskam. Während die Männer auf dem Mond herumspazierten, träumten die Frauen wieder von Claude Farrère und dem russischen Ballett.

Wie ist dieses Phänomen zu erklären? Unsere Zeit hat

einen Hang zur Nostalgie, obwohl sie sich im allgemeinen gegenüber allem, was nicht modern ist, sehr ablehnend verhält. Zweifellos liegt es auch an dem besonderen Kundenkreis des Parfüms.

Nach den Statistiken hat er sich von 1965 bis 1970 verdoppelt. Diese Statistiken zeigen auch, daß die Extraits de parfum täglich ein bißchen mehr von den Eaux de toilette verdrängt werden. Sie zeigen außerdem, daß die treuesten Käuferinnen der »Extraits« aus den einfacheren Schichten kommen, die sich erst neuerdings für die feine Parfümerie interessieren. Für sie ist das Parfüm noch ein Luxusartikel. Unter diesen Umständen ist es nicht verwunderlich, daß der Ruf eines berühmten Parfüms diesen nach Prestige strebenden Käuferkreis verführt.

In Frankreich teilen sich sieben Parfümfirmen von internationalem Ruf 80% des Gesamtumsatzes. Wir verschweigen ihre Namen, um die anderen nicht zu kränken.

Wie denken aber die jungen Leute, die mit der Tradition brechen wollen, über Parfüm? Sie verfügen über beachtliche Einkommen. Das gehört zu den großen Überraschungen der letzten Jahre. Die Geschäftsleute stürzten sich begierig auf diesen Käuferkreis, um ihn auszunehmen. Sicher haben diese jungen Leute einen ausgefallenen Geschmack in puncto Parfüm.

Paco Rabanne sah dies sofort. Als Erfinder der Kleider aus Metallplättchen bestellte er bei seinen »Nasen« ein Parfüm, das nach heißem Stahl riechen sollte. Das Gebiet der ausgefallenen Düfte ist noch kaum erforscht. Die »Nasen« waren begeistert. Endlich konnten sie wieder einmal neue Wege gehen.

Sie lieferten das verlangte Parfüm. Man füllte es in Flakons und schickte es an die Einzelhändler, die sogleich Schreie des Entsetzens ausstießen. Nie würden sie so einen verrückten Duft verkaufen! Man mußte die Lieferung zurücknehmen und unter dem gleichen Namen den jungen Leuten ein braveres Parfüm anbieten.

Ich verschweige den Namen des Modeschöpfers, der ein Eau de toilette haben wollte, das nach der Flüssigkeit riecht, der wir alle unser Leben verdanken. Vom Technischen her war das durchaus möglich, aber unser Couturier hatte wahrscheinlich Rémy de Gourmont nicht gelesen. In seinem Roman »Ein jungfräuliches Herz« steht geschrieben: »Das Sperma ist ein Absinth, dessen Schwere nur die Starken ertragen können. Es vergiftet das Blut der gewöhnlichen Menschen.«

Ich weiß nicht, ob das allzu männliche Wasser vergiftete, aber die Tests müssen abscheulich gewesen sein, weil es nie in der Parfümerie auftauchte. Man kann von Kopf bis Fuß Revolutionär sein und doch eine konformistische Nase haben.

Dann versuchten Neulinge, diese Jugend zu erobern: Courrèges mit *Empreinte*, Jacques Estérel mit *Brigand*, Guy Laroche mit *Fidji* und Yves Saint-Laurent mit *Y*.

Man wollte ihr gefallen und ihr manchmal sogar Spaß machen. Der letzte Schrei war vor kurzem, sich sein Parfüm selbst herzustellen. Junge Mädchen aus dem 16. Bezirk schworen, daß sie nur ihre eigenen Mischungen trügen, die sie heimlich hinter verschlossenen Türen in ihren Badezimmern zubereitet hätten.

Carven kam dieser Mode entgegen und kreierte *Variation*. Es bestand aus einem von Maroni entworfenen Flakon, der mit Eau de toilette gefüllt war, und aus drei Ampullen. Die Hobby-»Nase« brauchte nur zu mischen, um nach Belieben ein holziges, exotisches oder herbes Parfüm zu bekommen.

Um die jungen Bewunderer von »Hair« zu verführen, startete man in der Parfümerie eine Kampagne gegen die Keuschheit, und zwar zuerst in England.

In einem Salon sitzt im Vordergrund eine feingekleidete Dame, die in Träumen versunken ist. Sie hat Grund dazu. Denn im Hintergrund befindet sich – welch ungewöhnlicher Anblick! – ein nackter Herr in Rückenansicht.

Unter diesem Photo stehen die recht zweideutigen Worte: »Wenn Sie an so was denken, dann parfümieren Sie sich mit *Affair*.«

Mit dieser Reklame versuchte das Parfüm *Affair*, bei den jungen Leuten anzukommen. Der Skandal, den es provozierte, scheint ihm nicht den entsprechenden Erfolg gebracht zu haben.

Eine andere nackte Kehrseite, diesmal in Frankreich und weiblich. Eine Dame läuft über einen Strand, um uns für *Evasion* von Bourjois zu gewinnen. Daran sei nichts Erotisches, versichert der Hersteller. Die nackte Dame soll nur frische Luft suggerieren.

Yves Saint-Laurent hat, um *Y* zu lancieren, weder ein cover-girl noch einen cover-boy engagiert. Er opferte sich selbst. Sie können ihn höchstpersönlich und unbekleidet auf seinem Reklamephoto bewundern.

Diese Kühnheit brachte Monsieur Saint-Laurent lange Artikel in den seriösesten Zeitungen ein. Man fragte sich, was diese Nacktheit des Chefs wohl bedeuten könne. War sie nicht das Anzeichen eines unterirdischen Erdbebens im sozialen Gefüge?

Den jungen Mädchen zwischen 14 und 18 waren diese Verführungsmethoden ziemlich schnuppe, denn sie kauften weiterhin an ihrer Schultür Moschusdüfte, um sich auf indische Art zu parfümieren.

Wir müssen sie enttäuschen: Diese Moschusdüfte sind nicht natürlichen Ursprungs, wie ihre Verkäufer behaupten. Es handelt sich um synthetischen Moschus, von Firmenich hergestellt und nicht im Himalaya gesammelt. Er ist im übrigen, obwohl künstlich, von guter Qualität.

Genf ist manchmal näher bei Katmandu, als man glaubt.

Obwohl die Absatzmöglichkeiten für »junge« Parfüms so unberechenbar waren, wurden die Parfüms immer verrückter. Und jeder wollte nun Parfüm herstellen.

Porfirio Rubirosa, Gunther Sachs, Brigitte Bardot, Salvador Dali, der Juwelier Cartier in der Rue de la Paix, der

Schuhfabrikant Durer und der italienische Modeschöpfer Emilio Pucci, der *Vivara* – nach einer kleinen Insel im Golf von Neapel benannt – herausbrachte.

1971 kamen elf neue Parfüms auf den Markt. Ein Rekord. Die Kartei des Verbandes der französischen Parfümerie enthält das Verzeichnis aller französischen Parfüms, die je existierten oder heute noch existieren. Es sind mehr als 18 000 Namen.

Und von den zahllosen Nachahmungen, von denen es in Amerika wimmelt, wollen wir erst gar nicht reden! Zum Beispiel jenes *Argène*, das man in Flakons verkaufte, die *Arpège* von Lanvin täuschend ähnlich sahen.

Eine Industrie, die ein zu großes Wachstum aufweist, ist immer gefährdet. Und tatsächlich drohte der französischen Parfümerie bald eine viel größere Gefahr.

Um 1960 umfaßte diese Industrie 400 Unternehmen, davon waren 140 von mittlerer Größe, und 15 gehörten zur Spitzengruppe. Wir wollen keine Zahlen nennen. Das würde wegen der Abwertung und der fremden Währung nur zu mühsamen Rechnereien führen. Viele dieser Unternehmen waren Familienbetriebe. Etliche hatten sich kaum vergrößert. Man glaubte, daß sie enorme Gewinnspannen hätten. Man sprach von 30% des Umsatzes.

Die Beute war verlockend. Und das Raubtier war schon in der Nähe: das amerikanische Kapital auf der Suche nach guten Geldanlagen.

Die »Parfums Pierre Balmain« waren die ersten, die umfielen. 1960 wurden sie der Revlon Inc., der zweitgrößten Kosmetikfirma in den Vereinigten Staaten, einverleibt.

Zwei Jahre später waren es die »Parfums Corday«, die dem Drängen Max Factors nachgaben. 1965 wurde Coty eine Zweigniederlassung der Pfizer-Gruppe, einer der Giganten der pharmazeutischen Industrie in den USA. Ein Jahr später schluckte Revlon Raphael, Nestlé und Lucien

Lelong. Und Universal Oil Products vereinnahmte Antoine Chiris in Grasse, die älteste und bedeutendste französische Firma, die Essenzen und synthetische Duftstoffe produziert und den Modeschöpfern fertige Rezepte liefert.

Angesichts dieser Gefahr versuchten die französischen Parfümeure, sich zusammenzuschließen.

Guillaume d'Ornano hatte zwischen den beiden Weltkriegen die Firma für kosmetische Produkte Orlane und dann später die »Parfums Jean d'Albret« gegründet. In den Salons erzählte man sich, daß er seine Rezepte von seiner Frau hatte, die russischen Ursprungs war, und daß sie anfangs die Parfüms selber herstellte.

Die Wahrheit war weniger romantisch. Guillaume d'Ornano war durch die harte Schule von François Coty gegangen.

Obwohl Orlane sehr klein angefangen hatte, konnte sich die Firma 1965 dank einer perfekten Betriebsführung zunächst gegen die amerikanische Konkurrenz behaupten.

Auf dem Gebiet der Kosmetik besaß Frankreich nur einen Trumpf. Nur die Firma Oréal war imstande, Revlon, Schulton und Chesborough Ponds die Stirn zu bieten. Sie hatte sich bereits mit Lancôme, Jacques Fath und Guy Laroche zusammengeschlossen.

Die Wertheimer-Gruppe hatte ihrerseits außer Chanel und Bourjois Barbara Gould unter ihre Fittiche genommen. Und der Diparco-Konzern hatte sich Houbigant, Cheramy und »H pour hommes« einverleibt.

Caron war, zusammen mit Coty und Révillon, einer der wenigen Parfümeure, deren Aktien an der Börse gehandelt wurden. Im Februar 1967 gab es eine plötzliche Wendung: eine pharmazeutische Fabrik, A.H.Robins aus Richmond in Virginia, machte ein öffentliches Kaufangebot, um von Caron die Mehrheit des Kapitals zu erwerben. Kostenpunkt: rund fünfzig Millionen Francs.

Sein Generaldirektor gab nach. Caron wurde amerikanisch. Trotzdem wird die Firma weiterhin von Franzosen geleitet. In der ganzen Welt gibt das Etikett »made in France« einem Parfüm erst seinen vollen Wert.

Und das Gemetzel ging weiter. Dunhill vereinnahmte Lenthéric. Givenchy und Millot mußten ihre amerikanische Abteilung Genico überlassen, und Jean Patou mußte an Benden & Co. verkaufen. Molyneux wurde von der Union International Co., Forvil von Bristol Myers übernommen. Yves Saint-Laurent wird von der Firma Charles of the Ritz unterstützt, in der allerdings Lanvin einen Anteil hat. Und wer lancierte Paco Rabanne? Die spanische Firma Puig.

Und damit noch nicht genug. Orlane und Jean d'Albret traten in den Norwich-Trust ein. Jean Dessès lieferte sich Alexander aus. Aber das war noch gar nichts, gemessen an der Bombe, die Mitte 1970 zum Platzen kam.

Auf der Titelseite der Zeitungen die Schlagzeilen: »Amerika raubt kosmetische Produkte« – »Das Ausland steckt seine Nase in unser Patschuli«.

Und darunter die Nachricht: »Die amerikanische Firma Helena Rubinstein Inc. will für die Summe von 230 Millionen Francs die französische Firma ›Parfums Rochas‹ kaufen.«

Die Frauen interessieren sich brennend dafür. Rochas ist für sie Hélène Rochas. Die einen beneiden sie. Wird sie nicht einige hundert Millionen kassieren? Die anderen, die empfindsamen, bedauern sie. Für schwere Dollars werden ihr die Amerikaner ihre Vergangenheit und die Erinnerung an die Zeit rauben, als sie nach der Befreiung an der Seite ihres Mannes kämpfte, um *Femme* zum Erfolg zu verhelfen.

Die Männer sind nicht weniger interessiert, aber aus schwerwiegenderen Gründen. Rochas ist ein Leckerbissen. Nach Dior die zweitgrößte Firma, dem Umsatz nach, wenn man nur die Parfümerie, also »Extraits« oder Eaux de toilette in Betracht zieht.

Der Sohn von Helena, seit dem Tode seiner Mutter Direktor des Unternehmens, beabsichtigt, die zweihundertdreißig Millionen, das sind 80% des Kapitals, zu einem Teil in Rubinstein-Inc.-Aktien und zum anderen in bar zu bezahlen, mit einer Anleihe, die die amerikanische Gesellschaft aufnimmt. Dieses Verfahren ist durchaus üblich. Sich die besten Happen Europas mit europäischem Geld zu verschaffen! Auf diese Weise bemächtigte sich die Firma Gillette – die auch eine Zeitlang daran gedacht hatte, Rochas zu kaufen – der Firma Braun, die in Deutschland elektrische Rasierapparate herstellt.

Es fehlte bloß noch eine Zustimmung zum Vertrag. Die von Monsieur Giscard d'Estaing. Aber warum verweigerte sein Ministerium die Einwilligung, die es Coty und Caron gegeben hatte? Das Warten ging in Bestürzung über. Die Erlaubnis wurde nicht erteilt.

Es war an der Zeit, eine Industrie zu schützen, die sich ein wenig auf ihren Lorbeeren ausgeruht hatte. Um ein Parfüm zu lancieren, muß man viel Geld für Werbung ausgeben – zum Beispiel dreieinhalb Millionen für *Chamade* –, aber die technische Ausrüstung kostet relativ wenig. Man muß auch viel Geld bezahlen, um die »jus« und ihre Flakons vor Nachahmung zu schützen. Aber es gibt kaum andere Branchen, deren Markt noch so wenig ausgeschöpft ist. Von zwei Frauen parfümiert sich eine noch nicht, aber man könnte sie bestimmt dazu bringen.

Das Ministerium hoffte auf Zusammenschlüsse, auch von fremden Branchen. Hatte die Champagner-Firma Moët & Chandon nicht 60% der Aktien von »Dior-Parfums« gekauft? Alles war erlaubt, nur nicht, an das Ausland zu verkaufen.

Das Veto von Giscard löste eine Krise bei Rochas aus. Hélène und die Erben von Marcel und von Albert Gosset waren nicht damit einverstanden. Man mußte einen provisorischen Geschäftsführer ernennen.

Und dennoch war die Gefahr noch nicht gebannt. Die Gefräßigkeit der pharmazeutischen Industrie, die durch wissenschaftliche Entdeckungen und durch die täglich wachsende Macht der Arzneimittel unglaublich reich geworden war, wurde immer größer.

In den Vereinigten Staaten waren die Riesen jetzt soweit, daß sie sich miteinander messen konnten. Eli Lilly (18040 Lohnempfänger) und Américain Cyanard (doppelt soviel Arbeiter und Angestellte) wollten das gleiche Opfer, das wir nicht als schwächlich bezeichnen können, denn »Elizabeth Arden Sales Corporation« hatte einen Umsatz, der 500 Millionen Francs überstieg.

Lilly trug den Sieg davon, während sich die Laboratorien Skuib Beech Nut die amerikanische Gesellschaft Charles of the Ritz-Lanvin einverleibten.

In Frankreich wirkte Roussel-Uclaf für Rochas nicht so erschreckend. Er war vielmehr eine Art Märchenprinz. Er hatte zunächst Boten, Bankfachleute und die Firma Paribas vorgeschickt. Aber jetzt war Roussel bereit, mit 40% in das Parfümgeschäft einzusteigen.

Dieses Finanzmanöver hatte aber noch eine Kehrseite. Hélène Rochas und die Erben von Marcel mußten ein Haus verlassen, das ihnen teuer war. Monsieur Giscard d'Estaing gab trotzdem seine Zustimmung. Roussel hatte sich zwar mit den Farbwerken Hoechst, einer deutschen Firma, zusammengetan, dabei aber die Kontrolle über seine Geschäfte behalten, so daß das Finanz- und Wirtschaftsministerium sich keine Sorgen zu machen brauchte.

Auf diesem Umweg trat nun Rochas, der Schöpfer von *Femme* und von *Madame Rochas* in ein Imperium ein, das bereits Farbstoffe, Farben, Lacke, Glyzerine und Sprengstoffe herstellte.

So wurden die Duftstoffe aus Finanzgründen zu Brüdern des Dynamits. Das sind die Launen der modernen Wirtschaft.

# Die Zukunft

*Das Parfüm hat kaum noch eine Zukunft. – Für Marcel Billot ist »Ma Griffe« der letzte Wendepunkt in der Entwicklung der Parfüms. – Kann man noch neue Stoffe mit neuartigem Geruch entdecken? – Um sie zu finden, ruinieren sich die Amerikaner. – Die Parfümeure haben Tresore in ihren Laboratorien. – Die Jasminkulturen von Grasse werden von Baugesellschaften bedroht. – Das Drama der eingetragenen Schutzmarke. – Die Nutznießerinnen des schwarzen Marktes waren sehr hübsch. – Ein Stückchen Flanell in der Achselhöhle. – Die Chartergesellschaften setzen Japaner vor der Tür des Parfümeurs ab. – Die japanische Gefahr. – Die ausländischen »Nasen«. – Grasse bleibt die Hochburg der echten »Nasen«. – Das Parfüm der Roboter. – Ein Quentchen Glück.*

DIESES letzte Kapitel ist sozusagen mit einem Trauerflor umwunden. Einerseits bin ich traurig, daß ich Sie verlassen muß, jedenfalls die, die genug Geduld aufbrachten, mir bis hierher zu folgen. Andererseits hat, wie Sie vielleicht wissen, das Parfüm kaum noch eine Zukunft.

Zudem habe ich Gewissensbisse. Ich habe, wenn auch unbeabsichtigt, so viele Namen weggelassen, die es verdient hätten, genannt zu werden. Mögen sich die Opfer meiner Vergeßlichkeit trösten! Es gibt ausgezeichnete Parfüms, die um die Wette verkauft werden und trotzdem nicht in die Geschichte der Düfte eingehen. Was wollen Sie? Man kann ein sehr ordentlicher Mensch sein, ohne die Schlacht bei Austerlitz gewonnen zu haben.

Werden nun in naher Zukunft neue Düfte auftauchen, die sich in der Parfümerie durchsetzen könnten? Marcel

Billot, Ehrenpräsident der »Société des Parfumeurs de France« und ehemaliger technischer Direktor bei Houbigant, hatte die Freundlichkeit, an meiner Stelle zu antworten.

Für ihn trägt der letzte Wendepunkt in der Entwicklung der Parfüms die Aufschrift *Ma Griffe.* Dieses widersprüchliche Parfüm von Carven – ein ungestümer Start mit einer Grünnote, gefolgt von einer Rosennote auf einer pudrigen Grundnote – hat die Periode der grünen Noten eingeleitet.

Die Zeit, in der wir leben, ist nach der Meinung von Monsieur Billot eine Epoche der Neuauflagen und des Abwartens.

Was bleibt uns denn dann noch übrig? Die Hoffnung auf neue Stoffe oder auf binäre oder trinäre Kombinationen, die unsere Geruchsgewohnheiten erschüttern könnten.

Die Laboratorien haben die besten Möglichkeiten, beides zu entdecken. In Frankreich und in der Schweiz verfügen die Hersteller synthetischer Duftstoffe wie Givaudan, Firmenich, Cynarome, Roure & Bertrand über Laboratorien, die immer besser ausgerüstet werden, um die Parfümeure, die keine eigenen Ideen haben, zu beliefern und gleichzeitig neue Möglichkeiten der Duftstoffchemie zu erforschen.

Aber es sind wieder einmal die Amerikaner, die für diese Forschungen am besten ausgerüstet sind. Die Universitäten der Vereinigten Staaten investieren bedeutende Summen in die Duftforschung, und ihre Chemiker experimentieren unablässig mit Terpenen, Sesquiterpenen und Stoffen mit moschusartigem Geruch.

Diesen Forschungen sehen wir mit viel Sympathie, aber auch mit ein wenig Besorgnis entgegen. Gewiß, seit der Affäre Rochas ist die Invasion des amerikanischen Kapitals gebremst worden. Aber unsere Ausfuhr in die Vereinigten Staaten ist weiterhin beträchtlich. Das französische Parfüm ist dort immer noch König. Wird seine Vorherrschaft eines Tages bedroht sein? Die amerikanischen Parfümeure verfolgen beharrlich dieses Ziel und werden ihre Ambitionen nicht auf ihr eigenes Land beschränken.

Manche Leute quittieren das mit einem Achselzucken. Unsere Frauen sind nicht bereit, sich auf amerikanische Art zu parfümieren. Vielleicht sind sie zu optimistisch.

Als im Jahre 1967 die »Parfums Fabergé« – eine Filiale der amerikanischen Fabergé-Rayette-Gesellschaft – eine Herrennote *Brut for men* in Frankreich auf den Markt brachte, lächelte man ebenfalls. Niemals, sagte man, könnte man den Franzosen, die noch so von Tabus abhängig sind, ein derart dem amerikanischen Geschmack angepaßtes Eau de toilette aufdrängen.

Die Skeptiker hatten sich getäuscht. Fabergé fand in Frankreich einen bedeutenden Kundenkreis, und zwar unter jenen Männern, die sich entschlossen hatten, gegen die schlechten Gerüche anzukämpfen, die in den Städten immer mehr überhandnehmen.

Warum sollten die Frauen, wenn diese besagten neuen Duftstoffe in den USA schließlich doch entdeckt würden, nicht genauso reagieren? Warum sollte die Vorliebe für Eaux de toilette nicht eines Tages aufhören, um starken Parfüms Platz zu machen, weil es keine andere Möglichkeit mehr gibt, sich vor der Luftverschmutzung zu schützen?

In der Zwischenzeit wollen wir uns noch ein bißchen in Frankreich umsehen.

Die Familienunternehmen haben die letzten Krisen auf dem Parfümmarkt bestimmt am besten überstanden. Guerlain, Lanvin, Patou, Hermès und Rigaud, bei denen sich die Generationen wie die Rahmen der Enfleurage übereinanderschichten, konnten sich halten.

Was nicht heißen soll, daß diese Firmen keine Sorgen hätten. Die natürlichen Duftstoffe werden immer seltener.

Die Pottwale werden ausgerottet. Die Moschustiere und Zibetkatzen können jeden Augenblick Opfer eines internationalen Konflikts werden. In manchen Ländern widersetzen sich die Arbeiter, wenn sie für einen Hungerlohn bei Wind und Wetter kostbare Blüten sammeln sollen.

Bei Patou, Dior, Guerlain und Lanvin befinden sich diese kostbaren natürlichen Duftstoffe in den Tresoren ihrer Laboratorien. Da gibt es Moschus, der aussieht wie ein in Leinwand gewickelter runder Käse, Ambra in einem Glasgefäß, Veilchenessenz in einer bleigrauen Flasche mit einem schönen Etikett aus alter Zeit. Auf einer anderen Flasche steht das Wort »Communal«. Das ist eine Mischung aus Jasmin-»absolus« von verschiedenen Firmen in Grasse.

Der Tresor, der diese Schätze birgt, wird ebenso überwacht wie der Tresor eines Juweliers.

Ein Laborant stellt das Konzentrat her, das dann in den Alkohol gegossen wird. Er mischt in einer riesigen Flasche, die auf einer Waage steht, die natürlichen und synthetischen Duftstoffe nach einem Rezept, das er – auf Karton geschrieben – neben sich liegen hat. Ist seine Arbeit beendet, dann kommt die »Nase« und prüft das Resultat. Aber wenn man diese zerbrechlichen Glasflaschen sieht, bekommt man es mit der Angst zu tun. Eine ungeschickte Handbewegung, und ein Vermögen würde auf den Boden geschüttet!

Es besteht keine Aussicht, daß die Preise sinken. Neuerdings ist der Jasmin von Grasse gefährdet. Baugesellschaften möchten die Felder kaufen, auf denen er kultiviert wird.

In Italien die gleiche Angst. Die Jasminfelder laufen Gefahr – trotz der hohen Preise für den »absolu«: zehntausend Francs pro Kilo –, durch einträglichere Kulturen ersetzt zu werden.

Zwar bekommen die »Nasen« jede Woche Proben aus Katalonien, Andalusien, Marokko und von den Kanarischen Inseln. Sie schnuppern. Nein, dieser Jasmin ist dem von Grasse noch nicht ebenbürtig. Sie geben jedoch die Hoffnung nicht auf. Manchmal genügt schon eine Kleinigkeit, ein besser gedüngter Boden, eine sonnigere Lage, um den Blüten aus einer mittelmäßigen Gegend außergewöhnliche Qualitäten zu verleihen.

Wie dem auch sei, das Parfüm wird in den kommenden Jahren immer teurer werden. Es droht ihm aber noch eine weitere Gefahr. Das Wirtschaftsministerium hat die Absicht, die »eingetragene Schutzmarke« abzuschaffen. Das würde bedeuten, daß Basare und Apotheken, Buden und Warenhäuser das Recht hätten, Parfüms von Dior, Patou, Lanvin oder Rochas zu verkaufen, während sich diese Parfümeure heute noch das Recht vorbehalten, ihre Einzelhändler selber zu wählen.

Lange Zeit war ein Artikel von Guerlain nur in seinen eigenen Läden zu bekommen. Dieses Geschäftsgebaren, das sehr zum Prestige beiträgt, wurde später ein wenig geändert. Trotzdem behielten die Guerlain-Geschäfte in Paris das Monopol für ihre Parfüms.

Es gibt kein besseres Beispiel, um zu zeigen, wie wichtig für das Parfüm – ein Luxusartikel par excellence – die Qualität seiner Verkaufsräume ist.

Würde ein Lebensmittelhändler ein *Joy* gleichzeitig mit einem Posten Seife verkaufen, dann wäre es kein *Joy* mehr. Ein Laden ist nur ein vergrößerter Flakon, und es ist bekannt, wie sehr der kunstvolle Flakon zum Erfolg des Parfüms beiträgt.

Würde man dies nicht beachten, würde man sein Prestige ernstlich gefährden und es dadurch seinen Konkurrenten von morgen, den starken amerikanischen Parfüms, ausliefern. Der Basar verleitet dazu, die ordinären Düfte eines Basars zu lieben.

Man muß zugeben, daß die besonderen Verkaufsräume, die die Parfümerie heute verteidigen muß, nicht immer so waren, wie sie eigentlich sein sollten. Die Liebe zur Tradition hat auch ihre Schattenseiten. Wenn man an der Vergangenheit hängt, hat man Bedenken, sich seiner alten Angestellten zu entledigen. Manche Häuser von hohem Ansehen machten solche Fehler aus Schwäche oder aus Güte.

Da gab es auch die ehemaligen Friseure, die sich in ihrer

Glanzzeit zu Drogisten heraufgearbeitet hatten. Jetzt waren sie alt geworden und ihre Läden ebenfalls. Parfüms lieben die Dunkelheit. Das war aber kein Grund, um sie in düsteren und schmutzigen Löchern mit fleckigen Spiegeln und nach Pomade riechender Täfelung zu verkaufen.

Und schließlich gab es noch die Nutznießerinnen der Besatzungszeit. Sie waren als Zwanzigjährige einmal sehr hübsch gewesen, so hübsch, daß sie die Freundinnen des schwarzen Marktes wurden. Oder, um es deutlicher auszudrücken, die Freundinnen der Bosse des schwarzen Marktes. Als Belohnung oder als Entschädigung hatte man ihnen seinerzeit einen eigenen Laden geschenkt. Leider besaßen nicht alle eine kaufmännische Ader.

Diese ergrauten Figaros und diese reifen Hetären waren aber nur eine kleine Minderheit, die sich in der Menge der guten Parfümhändler verirrt hatte. Trotzdem war es, als die guten Zeiten vorbei waren, unvermeidlich, eine gründliche Säuberung vorzunehmen.

Die Entlassenen könnten eine Entschuldigung vorbringen: Die Kundschaft der Parfümgeschäfte ist nicht immer leicht zufriedenzustellen. Es soll Kundinnen geben, die mit einem Stück weißen Flanells in der Achselhöhle ankommen, das seit vierundzwanzig Stunden an dieser warmen Stelle steckt. Mitten im Laden zieht sie es hervor, zerschneidet es in Probestückchen und läßt jedes mit einer anderen Essenz parfümieren. Und dann fängt sie an zu schnuppern. Auf diese Weise erfährt sie, wie das Parfüm auf ihren Eigengeruch reagiert. Das ist praktisch, aber Sie müssen zugeben, für den Parfümeur nicht sehr appetitlich.

Seit einiger Zeit sind in Paris und in den Großstädten Parfümerien anderen Stils eröffnet worden. Sie warten nicht mehr auf ihre Kunden. Sie holen sie. In Paris hat sich eine Parfümerie mit einer japanischen Charterfluggesellschaft in Verbindung gesetzt. Wenn die Boeing in Orly landet, wird ihre »Luftfracht« bereits von einem Bus erwartet. Eine Stunde später stehen achtzig Japaner vor dem Ladentisch unseres Parfümeurs Schlange. Jeder kauft das gleiche Parfüm und auch die gleiche Menge.

Dieser disziplinierte Japaner ist eine glückliche Fügung für unsere Parfümindustrie. Er ersetzt den wegen des Dollarsturzes verarmten Amerikaner. Gestern noch verlief die Kurve des Parfümverkaufs genau wie die Kurve der US-Touristen in Paris. Jetzt wird dieser Verdienstausfall durch die Japaner kompensiert.

Diese neue Liebe zum Parfüm im Land der aufgehenden Sonne ist nicht ungefährlich. Der Japaner begnügt sich nie damit, nur einzukaufen. Früher oder später fängt er mit dem Kopieren an. Er soll unsere wundervollen Parfüms bereits imitieren. Aber der Japaner ist kein bloßer Nachahmer. Er kann durchaus kreativ sein. Auf anderen Gebieten hat er es bereits bewiesen. Wer weiß, ob nicht eines Tages das japanische Parfüm unseren Markt erobert, zumal die Löhne dort sehr niedrig und Arbeitskräfte in großer Zahl vorhanden sind.

Heute haben alle Länder der Welt den Ehrgeiz, Parfüms herzustellen. Ach was! sagen die Optimisten. Unsere »Nasen« werden uns davor bewahren. Es kann doch außerhalb Frankreichs keine guten »Nasen« geben!

Da kennen sie die Geschichte des Parfüms aber schlecht! Englands Parfümerie hat eine lange Tradition hinter sich. Wurde nicht der alte Guerlain in England ausgebildet? Die englische Parfümerie wurde zur gleichen Zeit wie die französische von Amerika angegriffen, und als die Schlacht am heftigsten tobte, fiel der Lavendel – der Lavendel von Yardley – in die Hände des Feindes.

Es ist also nicht verwunderlich, daß so berühmte »Nasen« wie Rimmel, Piesse, Atskinson, Poucher und Wells aus Großbritannien stammen.

Deutschland hat weniger Begabung für das Parfüm, dafür ist es, wohlgemerkt, einer der größten Hersteller von synthetischen Duftstoffen, was Doktor Pampel ermöglichte, der französischen Parfümerie gute Dienste zu leisten. Als er in den Laboratorien von Heyne in Leipzig arbeitete, stellte er mehrere Basen zusammen, die er unseren Parfümeuren überließ.

Der Spanier Javer Serra gründete die Firma Dana und kreierte das Parfüm *Tabu*. Aber verdankte er sein Können nicht seiner Ausbildung in Grasse und Paris?

In dieser französischen Schule, die viele hochbegabte Parfümeure und zahlreiche Talente hervorbrachte, liegt unsere wahre Stärke. Das Genie ist eine Ausnahme, das sich nicht um Grenzen kümmert. Aber das Talent bildet sich nur durch den Kontakt mit anderen Talenten.

Grasse liefert die »Nasen« für die großen Parfüm-Laboratorien und wird das noch lange tun.

Doch diese »Nasen«, ob sie nun in einem Labor angestellt sind oder noch frei arbeiten, sind nicht mehr glücklich. Sie klagen über die von Amerika übernommenen Methoden, die von zu vielen unserer Parfümeure angewendet werden.

Früher wählten die Parfümeure eine »Nase« und bestellten bei ihr einen Duft. Heute veranstalten sie einen Wettbewerb mit all den Risiken dieser Wettbewerbe, die nicht die Originalität, sondern die Mittelmäßigkeit fördern.

Wenn unsere »Nase« siegt, mit wem wird sie dann arbeiten, um ihr Werk zu vollenden? Wie früher, mit einem Chef, der verantwortungsbewußt ist, sich gut auskennt und sie mit seinem guten Geschmack beraten könnte? Nein, mit einem unfähigen und oft durch interne Streitereien gespaltenen Team. Ihr Parfüm ist dann nur noch eine Figur auf dem Schachbrett persönlicher Ambitionen. Ohne seinen Duft gerochen zu haben, wird es von der einen Clique als ausgezeichnet gelobt und als abscheulich von der anderen abgelehnt.

Endlich wird es akzeptiert. Aber die Schrecken der »Nase« sind damit noch nicht zu Ende. Ihr Parfüm muß noch getestet werden! Frauen, die ganz zufällig ausgewählt werden, geben ihr Urteil ab.

Das ist einer der Fehler unserer Gesellschaft. Sie vergöttert den Technokraten. Sie fragt ihn respektvoll nach seinen Ansichten über Ethik oder Metaphysik. Taucht aber ein rein technisches Problem auf, dann hütet man sich, ihn zu Rate zu ziehen. Seinem sachverständigen Urteil zieht man die Meinung von Dummköpfen vor. Ganz ehrlich, glauben Sie, daß *Nr. 5* das Licht der Welt erblickt hätte, wenn es diese Hindernisse hätte überwinden müssen?

Wenn Sie dieses Buch zugeklappt haben, was wird dann in Ihrem Gedächtnis haften bleiben? Bilder von einigen Männern und Frauen. Alles Originale, die meisten davon mit schwierigem Charakter und unfähig, Widerspruch zu ertragen, aber mit einem eisernen Willen, das Konventionelle umzustoßen und ihre eigenen Ideen durchzusetzen.

Das Gegenteil von einem Team oder von der Masse.

Die Gefahr, die dem Parfüm droht, ist nicht die ausländische Konkurrenz, sondern der Untergang des Individuums.

Die Roboter werden Parfüm verabscheuen. Sie werden alle Kinder impfen, um ihnen ein für allemal einen guten Geruch zu geben, den sie nicht vertuschen dürfen.

Und eines Tages wird dann eines dieser Kinder in einem verstaatlichten Park eine seltsame Blume entdecken, die die Maschinen aus Versehen nicht ausgerissen haben. Eine Blume, die nicht aus einer Zyanverbindung, sondern aus einem verirrten Samenkorn entstanden ist und einen wunderbaren Duft ausströmt.

Das Kind wird seine Freunde rufen. Still und lange werden sie um die Blume herumstehen und tief einatmen. Und um dieses Duftes willen werden sie zu einem großen Kreuzzug aufbrechen, um das Glück zurückzuerobern.

Denn was ist letzten Endes ein Parfüm? Nach 255 Seiten wird es Zeit, es zu sagen. Seltener als Moschus, begehrter als Ambra, kostbarer als Osmanthus, ist es ein Quentchen Glück, das, wie jedes wahre Glück, nicht egoistisch ist, sondern allen gespendet wird.

Sie haben das letzte Wort, Françoise.

*Erlauben Sie mir, die Heldinnen meiner Lieblingsbücher zu parfümieren.*

Nana *war sich ihrer körperlichen Ausstrahlung so sicher und so überzeugt, daß der Duft ihrer Haut das stärkste aller Aphrodisiaka wäre, daß sie sich vermutlich damit begnügte, nacheinander die Parfüms ihrer Freunde zu benutzen. Vielleicht besprengte sie sich auch mit erotischer Gebärde ganz animalisch mit einem Kölnischwasser vom Apotheker.*

La Traviata*: Marguerite Gautier wollte nichts dem Zufall überlassen, weder in ihrer Kleidung noch in ihrem Herzen. Sie war ein Freudenmädchen, und die teuersten Parfüms waren a priori die besten . . . weil sie sie geschenkt bekam. Ich persönlich kann mir die triumphierende Marguerite Gautier recht gut in ihrer Kalesche vorstellen, wie sie gleichzeitig nach dem Bois de Boulogne, dem Tabak ihres Geliebten und auf ihrer Haut nach dem Eau de toilette Mitsouko duftet. Am Abend in der Oper versucht das Parfüm natürlich, die Kamelie zu übertrumpfen. Das hat wohl eine symbolische Bedeutung, weil die Kamelie so weiß wie die Unschuld und Mitsouko ein Abgesandter des Satans ist.*

*Die* Sanseverina*: Wie kann man eine Frau parfümieren, die selbst ganz Duft, ganz Landschaft und ganz Liebe ist? Die Sanseverina braucht zuerst ein stolzes Parfüm wie L'Heure bleue von Guerlain, dann ein Parfüm voller Abenteuer und wilder Ritte wie Bandit von Piguet und schließlich ein leidenschaftliches und melancholisches Parfüm wie Je reviens von Worth. Allerdings spielt das Parfüm in Liebesgeschichten in der Erinnerung selten die Hauptrolle. Das, was das Herz zum Klopfen bringt, ist der bestimmte Geruch einer Treppe oder der diffuse Duft eines* *morgendlichen Regens auf dem Asphalt. Als namenloser Duft ist er nun unauffindbar und wird immer wieder gesucht.*

Romeo und Julia*: Es gibt viele Heldinnen, von denen man nur den Schimmer ihres Gesichtes kennt. Man weiß zum Beispiel nichts von Julia, als sie Romeo auf ihrem Balkon erwartete. Man kann nur hoffen, daß ihr Parfüm lange haftete und daß ihm der Regen nichts ausmachte.*

*Und was nahm* Lady Macbeth, *nachdem sie die drei Kinder ihres Gastes hatte ermorden lassen? Als die Reue sie gepackt hatte, wandelte sie durch ihr finsteres Schloß und rieb sich unablässig die Hände: »Alle Wohlgerüche Arabiens würden diese kleine Hand nicht wohlriechend machen.« Das war ganz richtig, aber wir erfahren nicht, welche von diesen arabischen Wohlgerüchen sie benutzte. Sie hat vermutlich Dans la nuit von Worth und manche andere während der kurzen Zeit versucht, die ihr noch zum Leben blieb.*

*Man kann sich Lady Macbeth und Phädra und viele andere Frauen mit einem grausamen Schicksal gut vorstellen, wie sie sich in einer Wolke von Moschus, Tuberose, giftigen und schwarzen Blumen (schwarz wie die Nacht) bewegen. Wo könnte man Opiate finden, die ihrer würdig sind? Nein, dergleichen gibt es nicht. Man müßte den Geruch des Blutes und den Duft des Patschuli hinzufügen. Oder man kann sich im Gegenteil vorstellen, daß diese gerissenen Frauen sich mit frischen, luftigen, sehr mädchenhaften Düften parfümieren: Cœur joie von Ricci für die finstere Lady Macbeth, Tubéreuse von Le Galion für Phädra, und damit werden alle getäuscht. Kurz, ich würde diese niederträchtigen Kreaturen mit den Parfüms von Shirley Temple parfümieren. (Und nicht zu vergessen: Balafre für Laurel und Hardy.)*

*Was* Kleopatra *anbelangt, so ist es klar, daß sie ihren triumphalen Einzug in Rom nicht nur ihrer kleinen Nase, sondern vor allem ihren berühmten orientalischen Par-*

*füms verdankte, mit denen sie die sportlichen Römer erfreute. Sie trug »Conquête« für die Menge – und für Cäsar.*

Madame Bovary*: War sie einfach das Opfer einer Neurose, oder war sie die Frau par excellence . . .? Auf alle Fälle ist sie der Inbegriff von vielerlei Düften: Charme, Unruhe, ein bißchen Wollust, viel Phantasie und ein grenzenloser Narzißmus. Was benutzte sie? Und für wen? Es gab ja zweifellos eine Zeitlang* Rodolphe*. Es ist wohl selbstverständlich, daß Madame Bovary sogar in dem Garten ihres Mannes, der Landarzt war, nicht nur den beruhigenden Duft einer ehrbaren Frau verbreitete. In dem Bild à la Vuillard, das ihre Lektüre uns suggeriert (Frau im Garten sitzend), wehte vermutlich ein leichter Duft von Moschus und Tuberose, der manchmal, je nach der Windrichtung, den zarten und süßlichen Duft der Reseden überdeckte. Wenn Madame Bovary ein Parfüm benutzt hätte, so wäre es sicher Fleur de Rocaille von Caron gewesen.*

*Auch Dichter sind gegen Parfüms nicht gefeit, ganz im Gegenteil. Weiß ich denn, was sich zwischen Laura und Petrarca abspielte . . .? Und wenn Laura ein sehr süßliches, sehr starkes Parfüm gehabt hätte, das allen Weihrauch der Kirche übertönte – der berühmten Kirche, wo Petrarca das Profil seiner Leidenschaft betrachtete? Es hätte genügt, daß der Dichter das Parfüm seiner Vielgeliebten einmal zuviel, einmal mehr, kurz, ein letztes Mal eingeatmet hätte, um ihr endgültig zu verfallen. Das kann dazu beitragen, die unheilvolle, erbarmungslose Seite seiner Liebesgeschichte zu verstehen.*

*Kommen wir jetzt zu den Männern: Alle Parfüms, die man für sie macht, appellieren anscheinend an die Waffen der Männlichkeit und an die Lust zum Abenteuer. Diese Parfüms sind, ach, so typisch für unser Jahrhundert! Es gibt da Balafre von Lancôme, das wahrscheinlich von einer Manie der Heidelberger Studenten inspiriert wurde: eine vielversprechende Mensur und später eine große weiße Narbe auf der Wange als Zeichen der Männlichkeit. Die Reklame von Balafre ist im übrigen auf den Büchern der »Schwarzen Serie« zu finden ... das gibt zu denken. In weniger fürchterlichem Stil finden wir Moustache von Rochas, Pour Monsieur von Chanel, Signoricci von Ricci, das zärtliche Y von Saint-Laurent und schließlich Monsieur Lanvin, das ich für eines der gelungensten halte, weil es Lust macht, auf Reisen zu gehen. Welches dieser männlichen Parfüms soll man nun wählen? Zur Zeit kann man noch sagen, daß Parfüm, Blumen und Pralinen den Frauen von den Männern überreicht werden. Es gibt natürlich verliebte Frauen, die ihrer großen oder kleinen Liebe ein Parfüm zu Weihnachten kaufen. Aber ich weiß nicht, ob das fragliche Objekt es eines Tages benutzen wird: Es besteht die Gefahr, daß es in irgendeinem Schrank bei den Dutzend Krawatten landet, die schon von derselben Dame geschenkt wurden. Die Männer möchten immer noch gern allein eitel sein, und man kann sich schlecht vorstellen, daß ein »Kumpel« einem anderen »Kumpel« einen Flakon Parfüm zum Geburtstag schenkt.*

*Wer also kauft diese männlichen Parfüms? Die Männer selber, denke ich. Und die von ihren Einkäufen enttäuschten Frauen stehlen ihnen aus Rache ihre angeblich so männlichen Eaux de toilette, weil die Parfüms für Männer oft viel leichter, weniger süßlich sind und besser zum Sommer passen.*

*Und nun werde ich zum Spaß meine Lieblingsstars parfümieren:*

Lauren Bacall: *Quadrille, leicht und ein bißchen heiser wie ihre etwas scharfe Stimme.*

Garbo: *Femme von Rochas. Für eine Frau, die ganz Frau ist.*

Taylor: *Joy von Patou, denn es ist sinnlich. Man würde ihr gern Fracas schenken, aber das entspricht nicht ihrem aufsehenerregenden Stil.*

Bardot: *Vent vert, Eau de toilette von Balmain. Sie liebt den Wind, das Abenteuer und das Grün des weiten Landes.*

Jeanne Moreau: *Sie verdient Diorama, ein wirkliches Parfüm. Ein Parfüm wie sie selbst, verwirrend und verwegen zugleich.*

Ava Gardner: *Nr. 5 von Chanel, ein Parfüm das ebenso geeignet für Corridas bei Tag wie für Corridas zur Nacht, kurz, vornehm ist.*

*Was* Marlene Dietrich *betrifft, so versuchen ihre langen Schritte über alle Uhren hinweg mir zu beweisen, daß sie L'Heure bleue benutzt.*

Mae West *ist sehr schwer zu finden. Sie klammert sich an ein durchgehendes Pferd, sitzt auf einer rasenden Lokomotive oder hängt sich an einen Mann. Kurz, sie braucht ein fesselndes und haftendes Parfüm, also ist es klar, daß jeder Augenblick ihres Lebens Joy von Patou fordert.*

*Und dann gab es einmal* Marilyn Monroe, *die (wie sie selbst sagte) nur Nr. 5 von Chanel trug. Man möchte ihr jetzt, zehn Jahre später, Lastwagen voll Je reviens schicken, damit dieses Wunder geschieht ...*

*Die Königin von England, das weiß jeder, kleidet sich bei den englischen Modeschöpfern ein. Aber nimmt sie heimlich für den Herzog von Edinburgh spritzigere, lustigere, auffallendere Parfüms wie Arpège oder Mitsouko? Wir werden es nie erfahren, weil die Königin von England Tag und Nacht ihre Krone tragen muß.*

*Das Parfüm soll Ihnen zuerst helfen, geliebt zu werden, und dann zu halten, zu verführen und »ihm« weiterhin zu gefallen. Jede verliebte Frau ist ein kleiner Napoleon, und das Parfüm ist einer ihrer besten Adjutanten. Nachdem die besten Truppen in Marsch gesetzt sind, bleibt ihm nur noch übrig, als eine Art Lotsenfisch zu dienen. Wie in einem riesigen Netz wird ihr die ersehnte Beute mit geschlossenen Augen, aber mit geöffneter Nase folgen.*

*In einem neugewählten Parfüm liegt ebensoviel Hoffnung wie Trauer um das aufgegebene. »Halt, das ist ja mein Ex-Parfüm.« Und man ist ebenso erstaunt, es an einer anderen zu riechen, wie man erstaunt wäre, seine große Liebe eine andere küssen zu sehen.*

*Ein Parfüm geht nicht ungestraft durch ein Leben, es gehört zu sehr dazu: »Ich bin sicher, daß ich Arthur zu der Zeit noch nicht kannte, ich benutzte damals Shalimar.«*

*Die Parfüms vergessen uns nicht, sie schämen sich ein bißchen, woanders hingegangen zu sein, und wie um sich zu entschuldigen, sind sie weniger gut. Bei mir mochte ich sie, aber bei anderen sind sie widerlich. Süßlicher, stärker, altmodisch. Im übrigen ist jeder Bruch mit einem heißgeliebten Parfüm ein endgültiger Bruch, es gibt keine Versöhnung. Der Adjutant, der vielleicht die Schlacht gewonnen hatte, der schöne Adjutant ist entlassen worden. Ich kenne keine Frau, die zu ihrem alten Parfüm zurückkehrt. Die Erinnerung ist ebenso stark wie die Hoffnung. Das ist der typische, undankbare Abschied der Frau von ihrem Parfüm. Es sei denn, sie benutzt das neue Parfüm wie einen Meldereiter, der den Auftrag hat, dem Mann mitzuteilen, daß die Zeit des Cœur joie – also seine Zeit – abgelaufen ist. Jetzt ist Fleur de Rocaille an der Reihe. Die verbalen Erklärungen werden folgen. Aber schon ist der Mann unruhig geworden, verwirrt durch irgend etwas Neues, er fühlt das Unwiederbringliche, das der Wechsel des Parfüms andeutet.*

*Ein Parfüm aufgeben bedeutet für eine treu veranlagte Frau etwa dasselbe, als ob sie ihren Hund weggegeben hätte, um einen anderen zu kaufen. Ich übertreibe natürlich ... aber es gibt diese Vergangenheit, all diese Blicke, all diese Tänze – dieses Leben eines verletzlichen und anderen Selbst, das von einem Duft von Rochas getragen wurde.*

*Tatsächlich erfolgt der Übergang ganz anders. Die Frauen beginnen damit, überhaupt kein Parfüm mehr zu nehmen oder für einen Abend das Parfüm einer Freundin zu be-*

*nutzen. Das ist die neutrale Periode, Schweden oder die Schweiz, zwischen der Vergangenheit und der Zukunft. Seine Zukunft findet man später, zufällig, vielleicht bei einer anderen, vielleicht dank einer geschickten Reklame, und das wird eine Eroberung, die neue Eroberung, das »Guerlain« sein.*

*Ich gehe nicht so weit zu behaupten, daß sie über ihrem Flakon Tränen vergießen . . . aber die verlassenen Frauen sind oft nicht weit davon entfernt. Dieses Parfüm erinnert sie an alles. Der Mann, der treulose, der zuwenig oder zuviel geliebte, hatte die Gewohnheit, es in der Mulde ihrer Schulter einzuatmen, es zu genießen. Jetzt erscheint die gewohnte Geste, die das Parfüm hinter ein verlassenes Ohr tupft, grotesk und illusorisch . . .*

*Zwei extreme Haltungen, die beide dem schrecklichen Entschluß vorausgehen: das Parfüm zu wechseln.*

*Oft entspricht dieser Wechsel einer Liebesgeschichte. Man wechselt den Geliebten, also wechselt man das Parfüm. Man tut das, um alles aus dieser Zeit zu vergessen. Und außerdem ist das eine etwas seltsame, aber sehr wirksame Art, eine Trennung anzukündigen. (Glauben Sie mir, dieses Verfahren habe ich schon angewendet.) . . . Man trifft sich mit »ihm«, und man hat das Parfüm gewechselt... Logischerweise sagt sich ein Mann: »Nanu...« Er stellt Fragen, und die Antworten sind mehr oder weniger richtig. Aber der erste Schritt ist getan . . .*

*Es gibt immer einen großen Unterschied zwischen dem alten Parfüm und dem neuen. Man hatte zum Beispiel ein leichtes, heiteres Parfüm, und nun benutzt man einen aufdringlichen Tuberoseduft. Der arme Junge sagt ganz entsetzt: »Wie kommst du darauf? Was ist denn passiert?« Man nimmt den Gesichtsausdruck einer Frau an, die schon Schlimmeres gesehen hat, man beginnt den Zweifel zu nähren. Und wenn er das nicht versteht, ist es besser, zu ihm zu gehen und ganz ruhig zu sagen: »Arthur, ich liebe dich nicht mehr.«*

*La vie quotidienne sous le Second Empire,* Maurice Allem – Hachette
*La vie quotidienne contemporaine en Italie,* Jean Anglade – Hachette
*Chanel solitaire,* Claude Baillen – Gallimard
*Introduction à l'étude des parfums*, T. Bassiri – Masson
*Parfums et parfumeurs*, Pierre Blaizot – Editions à l'étoile
*Les savons et les détergents*, Charles X. Cornu – P.U.F.
*Histoire de la chimie,* Jean Cueilleron – P.U.F.
*Le livre des herbes étrangleuses, vénéneuses, hallucinogènes, carnivores et maléfiques*, Pierre Ferran – Bibliothèque Marabout
*Le livre des parfums*, Paul Fougère – Robert Morel
*La technique moderne et les formules de la parfumerie,* Henri Fouquet – Librairie Polytechnique Béranger
*Comment un nom devient une griffe*, Lucien François – N.R.F.
*Les années Chanel,* Pierre Galante – Paris Match
*Nouveaux parfums synthétiques*, R. M. Gattefosse – Desforges, Girardot & Cie.
*Coco Chanel, Geheimnis eines Lebens*, Marcel Haedrich – Blanvalet, 1972
*Précis de physiologie,* H. Hermann, J.-F. Cier – Masson
*Célébration des essences,* Xavier Jehanno – Robert Morel
*Manuel de parfumerie*, I. Lazennec – J.-B. Baillière & Fils
*Odeurs et parfums*, Jacques Le Magnen – P.U. F.
*Le guide des convenances*, Liselotte – Bibliothèque du Petit Echo de la Mode
*La ville empoisonnée*, Jean Lorrain – Crès
*Acrobaties*, Lugné-Poe – N.R.F.
*Magie astrale des parfums,* Georges Muchery – Editions du Chariot

*Madame,* Patrick O'Higgins – Robert Laffont
*En habillant l'époque,* Paul Poiret
*Les migrations animales,* Matthieu Ricard – Marabout Université
*Souvenirs et parfums,* Constantin Weriguine – Plon
*Physiologie* – Encyclopédie de la Pléiade – N. R. F.
*France Pharmacie*, Mai 1973
*Recherches*, Dezember 1961
*Dictionnaire des parfums de France* – Les Editions 26
*Le théâtre indiscret de l'an* 1924 – Crès
*Guide des plaisirs à Paris*
*Nos vedettes* – Editions Joe Bridge
*Archives* Paris Match, Marie-Claire, Maison de Marie-Claire

# Verzeichnis der genannten Parfüms

Weitere Bücher von Françoise Sagan

Bonjour Tristesse
Ein gewisses Lächeln
In einem Monat, in einem Jahr
Lieben Sie Brahms ...
Chamade
Die wunderbaren Wolken
Die Wächter des Herzens
Ein bißchen Sonne im kalten Wasser
Ein Klavier im Grünen
Blaue Flecken auf der Seele

Deutsche Gesamtauflage
aller Sagan-Bücher bisher
5,4 Millionen Exemplare